普通高等教育精品教材

机械工程实训

（第三版）

主编 江丽珍 童 洲
主审 韩 伟 段海峰

中国轻工业出版社

图书在版编目（CIP）数据

机械工程实训/江丽珍，童洲主编．—3版．—北京：中国轻工业出版社，2021.12

ISBN 978－7－5184－3403－9

Ⅰ.①机…　Ⅱ.①江…②童…　Ⅲ.①机械工程—高等学校—教材　Ⅳ.①TH

中国版本图书馆CIP数据核字（2021）第031198号

责任编辑：李　红

策划编辑：王　淳　李　红　　责任终审：张乃柬　　封面设计：锋尚设计

版式设计：砚祥志远　　责任校对：吴大朋　　责任监印：张　可

出版发行：中国轻工业出版社（北京东长安街6号，邮编：100740）

印　　刷：三河市万龙印装有限公司

经　　销：各地新华书店

版　　次：2021年12月第3版第1次印刷

开　　本：720×1000　1/16　印张：15.5

字　　数：380千字

书　　号：ISBN 978-7-5184-3403-9　定价：39.80元

邮购电话：010－65241695

发行电话：010－85119835　传真：85113293

网　　址：http：//www.chlip.com.cn

Email：club@chlip.com.cn

如发现图书残缺请与我社邮购联系调换

200086J1X301ZBW

第三版前言

“机械工程实训”也称为“金工实习”，是一门实践性很强的课程。理工科院校的机类专业学生毕业后将进入企业工作，为了使机类专业学生了解现代制造加工的基本过程，熟悉一般机械加工和先进制造技术的常用工具设备和主要工艺，提高学生的动手实践能力，我们在教学实践的基础上，对《机械工程实训(第二版)》教材进行了修订，根据机类专业学生实训的实际情况和现代制造技术的进步发展，结合理工科院校机类专业学生金工实习的实际设备及课时情况，修改、增加了一些内容。其中增编的主要是多轴数控加工、CAE 模流分析和机械装夹等内容。经过试用，学生反馈和教学效果良好，再经过老师们的多次修改，最终形成了以培养应用型人才为目标的机类学生工程训练实习教材。

本书主要包括工程材料与钢的热处理、铸造、冲压、模具、焊接、钳工、机械装夹、车削、铣削、数控加工、电加工、快速成型、可编程序控制器等工种的实训教学内容。

参加本书编写工作的老师分工如下：江丽珍、童洲任主编，韩伟、段海峰负责主审工作，童洲负责编写常用量具部分，陈晓斌负责热处理部分，苏红蔚负责铸造部分，黄凌森负责板料冲压部分，江丽珍负责模具部分，柯世金负责焊接部分，唐晓鑫负责钳工部分，喻子豪负责机械装夹部分，陈李中负责车削加工部分，钟永针负责铣削加工部分，刘建光负责数控加工部分，罗邦芬负责数控车床部分，胡伟锋负责数控铣床部分，韩伟负责数控自动编程部分，丘宏岳负责加工中心部分，颜建负责数控电加工部分，莫泽生负责快速成型部分，刘楚生负责可编程序控制器部分。

如有不当，敬请同行指正，谢谢。

编　者

广州城市理工学院（原华南理工大学广州学院）

目　录

第一章　常用量具的测量技术

第一节　概　　述

PPT 课件

一、测量的定义

所谓测量，就是利用测量工具将被测量物（或称对象）与同性质的标准量（即测量单位）进行比较，以确定被测量物的数据、规律的过程，即对被测量物作出量化描述。测量过程包含测量对象、测量单位、测量器具和测量精度等因素，机械制造中测量对象主要是长度、角度、形状和位置误差等几何量及表面粗糙度，将得出的测量值作为加工依据。

零件经过加工后，其几何参数等是否符合图纸规定的设计要求，需要借助量具对工件进行测量和检验。

二、量具的种类

在机械加工及设备检修中，常用的量具有：

(1) 线纹类量具：如钢直尺和钢卷尺等。

(2) 游标类量具：如游标卡尺、游标高度尺和游标深度尺等。

(3) 测微类量具：如千分尺、内径千分尺和深度千分尺等。

(4) 指示类量具：如百分尺、内径百分表和杠杆百分表等。

(5) 角度测量用量具：如直角尺、万能角度规和水平仪等。

(6) 其他常用量具：如塞尺和各种量规等。

三、量具的测量误差

测量误差是指测量结果与被测量对象的真值之差，测量误差的大小决定了测量的精度。

造成测量误差的因素有很多种，其中包含：基准体本身的误差；测量方法不完善引起的误差；量具本身的误差；测量力引起的误差；测量时，对准工件和读数时引起的对准误差；温度、湿度、气压、振动及灰尘等环境条件引起的误差。另外，测量人员的技术熟练程度、疲劳程度等，也会成为产生测量误差的因素。在分析测量误差时，应找出造成误差的主要原因，采取恰当的预防措施，以保证测量结果精确。

第二节　常 用 量 具

一、钢　直　尺

钢直尺是最简单的长度量具，它有四种规格，长度分别为150mm，300mm，500mm和1000mm，一般用于量取尺寸、测量工件以及作为画直线时的导向工具（图1－1）。

钢直尺用于测量零件的长度尺寸时，它的测量精度较差。这是由于钢直尺的刻线间距为1mm，而刻线本身的宽度就有0.1～0.2mm，所以测量时读数误差比较大，只能读出毫米数，即它的最小读数值为1mm。比1mm小的数值，只能估读得出。

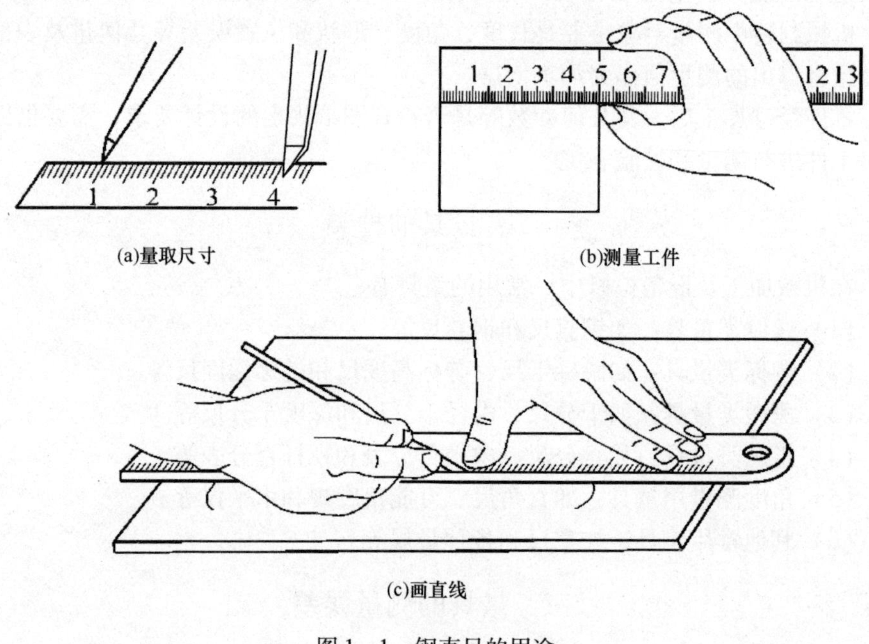

图1－1　钢直尺的用途

二、游 标 卡 尺

游标卡尺是一种常用的量具，应用范围较广，具有结构简单、使用方便、精度中等和测量的尺寸范围大等特点，可用来测量零件的外径、内径、长度、宽度、厚度、深度和孔距等（图1－2）。

游标卡尺的读数机构由主尺和游标两部分组成。游标卡尺的主尺和游标上有两副活动量爪，分别是内测量爪和外测量爪，内测量爪通常用来测量内径，外测

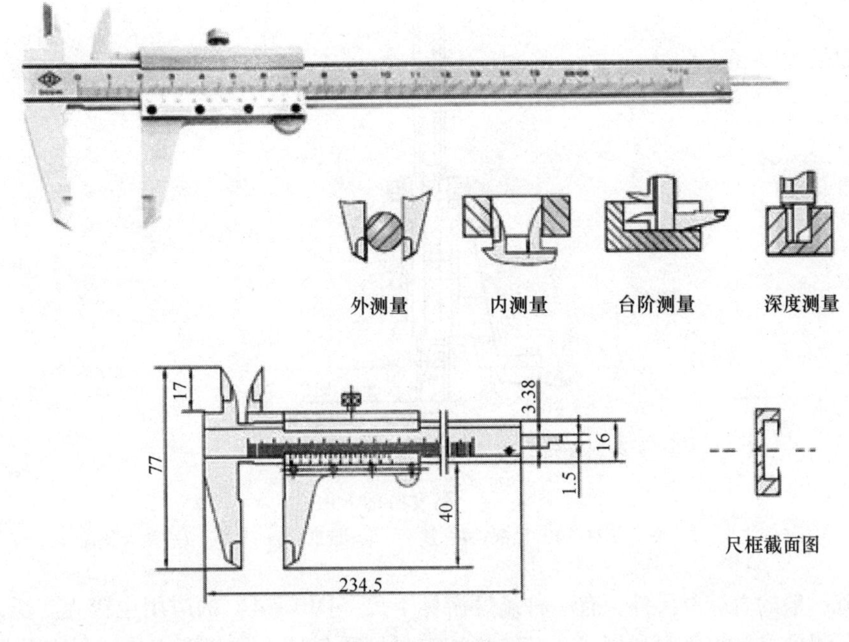

图1-2　游标卡尺

量爪通常用来测量长度和外径。当主尺和游标上的测量爪贴合时，游标上的“0”刻线对准主尺上的“0”刻线，此时量爪间的距离为“0”。游标卡尺的读数原理是以尺身和游标的联合运用，即利用尺身刻线间距与游标刻线间距差来进行小数读数的。以精度为0.02mm的游标卡尺为例，其读数方法可分为三个步骤：

（1）根据副尺零线以左的主尺上的最近刻度读出整毫米数。

（2）根据副尺零线以右与主尺上的刻度对准的刻线数乘上0.02读出小数。

（3）将上面整数和小数两部分加起来，即为总尺寸。

如图1-3所示，副尺0线所对主尺左面的刻度64mm，副尺0线后的第9条线与主尺的一条刻线对齐。副尺0线后的第9条线表示：$0.02 \times 9 = 0.18$（mm）

所以被测工件的尺寸为：$64 + 0.18 = 64.18$（mm）

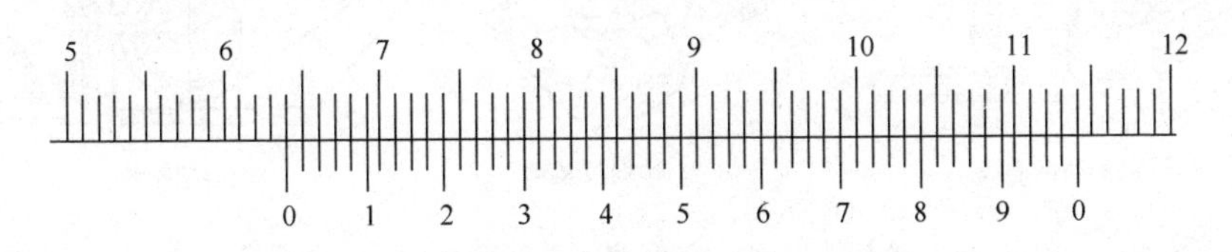

图1-3　0.02mm游标卡尺的读数方法

注意：进行测量时，若出现游标上任何一条刻线都不与尺身上某一条刻线对准时，可找出两条与尺身上某一刻线比较对准的游标刻线，这样，被测尺寸的小数部分等于左边一条游标刻线所指示的读数值加上游标分度值的一半。

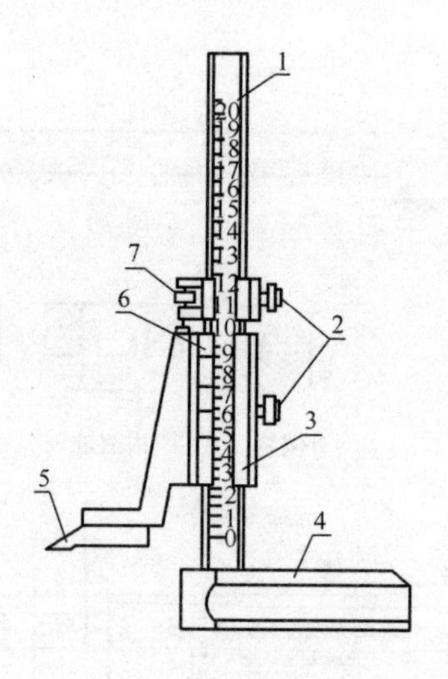

图1-4　高度游标卡尺

1—主尺　2—紧固螺钉　3—尺框　4—基座　5—量爪　6—游标　7—微动装置

除一般的游标卡尺外，有一种高度游标卡尺（图1-4）的应用也较为广泛，主要用于测量零件的高度和划线。其结构特点是用质量较大的基座4代替固定量爪5，而上下移动的尺框3则通过横臂装有用于测量高度和划线用的量爪，量爪的测量面上镶有硬质合金，提高量爪使用寿命。高度游标卡尺的测量工作应在平台上进行。

当量爪的测量面与基座的底平面位于同一平面时，如在同一平台平面上，主尺1与游标6的零线相互对准，所以在测量高度时，量爪测量面的高度就是被测量零件的高度尺寸，它的具体数值与游标卡尺一样，可在主尺（整数部分）和游标（小数部分）上读出。应用高度游标卡尺划线时，调好划线高度，用紧固螺钉2把尺框锁紧后，应先在平台上进行调整再划线。如图1-5所示为高度游标卡尺的应用。

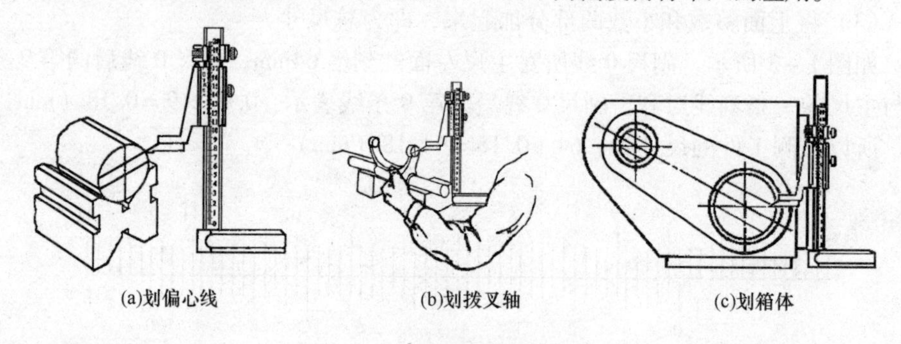

图1-5　高度游标卡尺的应用

三、千　分　尺

千分尺也称螺旋测微器，是比游标卡尺更精密的测量长度的工具，用它测长度可以准确到0.01mm，测量范围为几个厘米。通常所说的千分尺是指外径千分尺

（图 1－6），测微螺杆 3 的一部分加工成螺距为 0. 5mm 的螺纹，当它在固定套管 4 的螺套中转动时，将前进或后退，微分筒 6 和粗调旋钮 7 连成一体，其周边等分成 50 个分格。螺杆转动的整圈数由固定套管 4 上间隔 0. 5mm 的刻线去测量，不足一圈的部分由活动套管 6 周边的刻线去测量，最终测量结果需要估读一位小数。

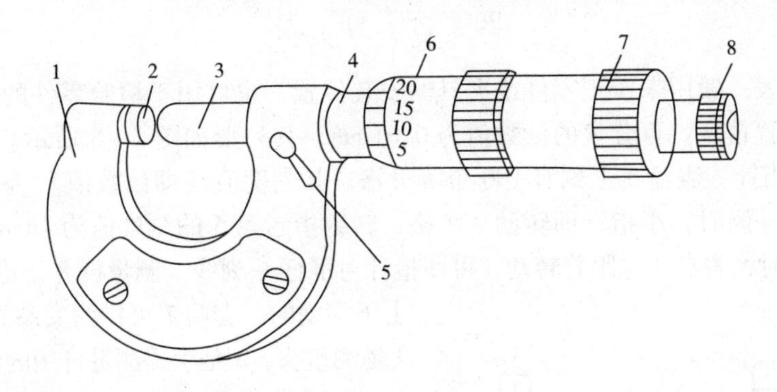

图 1－6　外径千分尺

1—尺架　2—测砧　3—测微螺杆　4—固定套管　5—锁紧装置　6—微分筒　7—测力装置　8—旋钮

在千分尺的固定套筒上刻有轴向中线，作为微分筒读数的基准线。另外，为了计算测微螺杆旋转的整数转，在固定套筒中线的两侧，刻有两排刻线，刻线间距均为 1mm，上下两排相互错开 0. 5mm（图 1－7）。

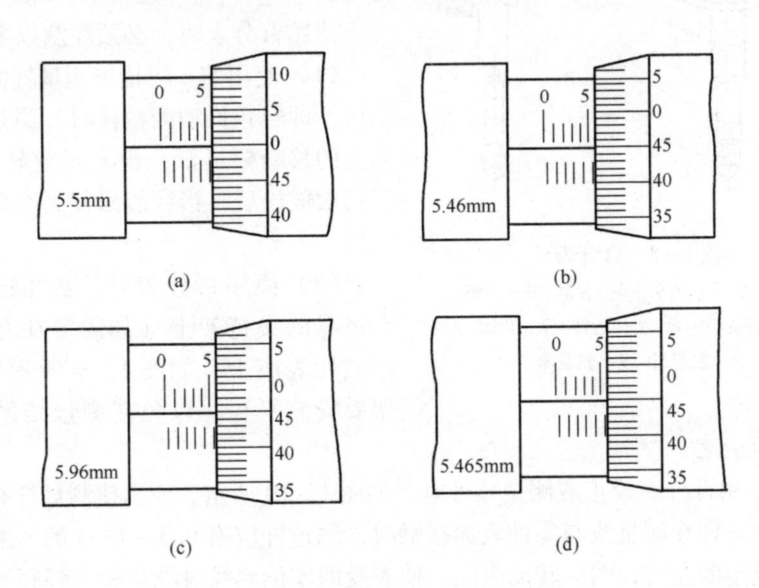

图 1－7　千分尺的刻线原理和读数示例

千分尺的具体读数方法可分为三步：

（1）读出固定套筒上露出的刻线尺寸，一定要注意不能遗漏应读出的

0.5mm 的刻线值。

（2）读出微分筒上的尺寸，要看清微分筒圆周上哪一格与固定套筒的中线基准对齐，将格数乘 0.01mm 即得微分筒上的尺寸。

（3）将上面两个数相加，即为千分尺上测得尺寸。

四、百　分　表

百分表一般用来校正零件或夹具的安装位置，也可用于检验零件的形状精度或相互位置精度。百分表的读数值为 0.01mm，其外形如图 1－8 所示。8 为测量杆，6 为指针，表盘 3 上刻有 100 个等分格，其刻度值（即读数值）为 0.01mm。当指针转一圈时，小指针即转动一小格，转数指示盘 5 的刻度值为 1mm。用手转动表圈 4 时，表盘 3 也跟着转动，可使指针对准任一刻线。测量杆 8 是沿着套筒 7 上下移动的，套筒 7 可作为安装百分表用。9 是测量头，2 是手提测量杆用的圆头。

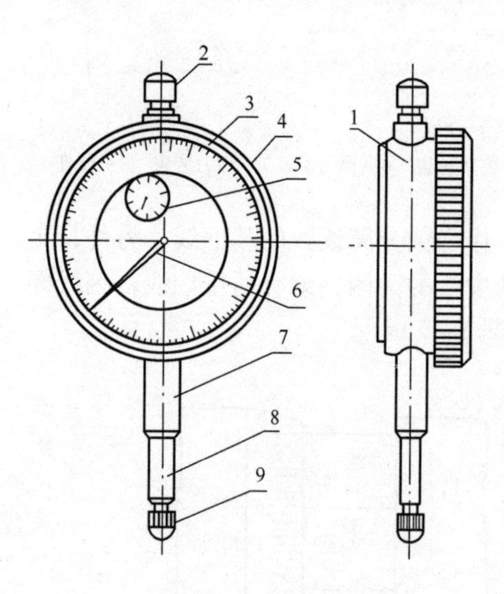

图 1－8　百分表

1—表壳　2—圆头　3—表盘　4—表圈
5—转数指示盘　6—指针　7—套筒
8—测量杆　9—测量头

百分表适用于尺寸精度为 IT6 ~ IT8 级零件的校正和检验。百分表按其制造精度，可分为 0、1 和 2 级三种，0 级精度较高。使用时，应按照零件的形状和精度要求，选用合适的百分表的精度等级和测量范围。

使用百分表时，必须注意以下几点：

（1）使用前，应检查测量杆活动的灵活性。即轻轻推动测量杆时，测量杆在套筒内的移动要灵活，没有任何轧卡现象，且每次放松后，指针能回复到原来的刻度位置。

（2）使用百分表时，必须把它固定在可靠的夹持架上（如固定在万能表架或磁性表座上，如图 1－9 所示），夹持架要安放平稳，以免使测量结果不准确或摔坏百分表。

（3）用百分表校正或测量零件时，如图 1－10 所示。应当使测量杆有一定的初始测力。即在测量头与零件表面接触时，测量杆应有 0.3 ~ 1mm 的压缩量，使指针转过半圈左右，然后转动表圈，使表盘的零位刻线对准指针。轻轻地拉动手提测量杆的圆头，拉起和放松几次，检查指针所指的零位有无改变。当指针的零位稳定后，再开始测量或校正零件的工作。如果是校正零件，此时开始改变零件的相对位置，读出指针的偏摆值，就是零件安装的偏差数值。

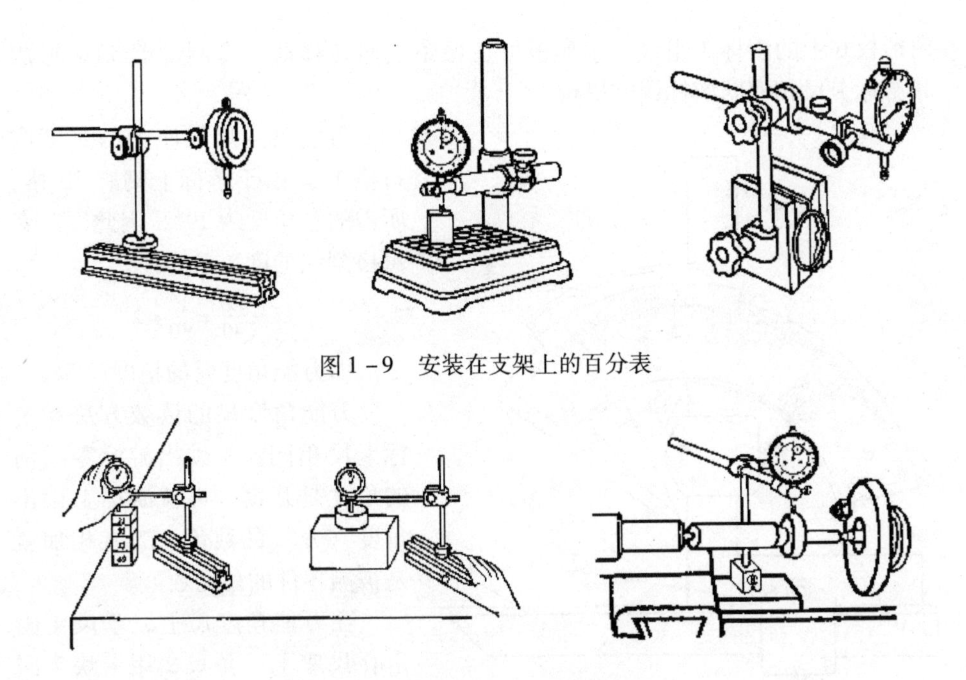

图1－9　安装在支架上的百分表

图1－10　百分表尺寸校正与检验方法

五、内外卡钳和万能角度尺

内外卡钳是最简单的比较量具。外卡钳是用来测量外径和平面的，内卡钳是用来测量内径和凹槽的（图1－11）。它们本身都不能直接读出测量结果，而是把测量得的长度尺寸（直径也属于长度尺寸）在钢直尺上进行读数或在钢直尺上先取下所需尺寸，再去检验零件的直径是否符合。由于它具有结构简单、制造方便、价格低廉、维护和使用方便等特点，它被广泛应用于要求不高的零件尺寸的测量和检验，尤其对于锻铸件毛坯尺寸的测量和检验，卡钳是最合适的测量工具。

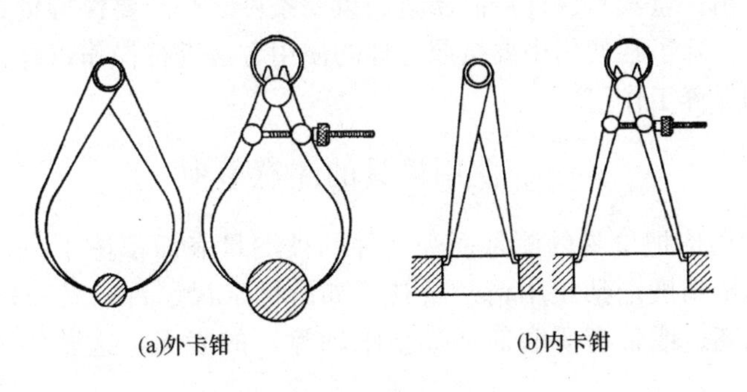

图1－11　内外卡钳

万能角度尺是用来测量精密零件内外角度或进行角度划线的角度量具。万能角度尺的读数机构，如图1－12所示。是由刻有基本角度刻线的尺座1，和固定在扇形板 6 上的游标 3 组成。扇形板可在尺座上回转移动（有制动器 5），形成了和游标卡尺相似的游标读数机构。

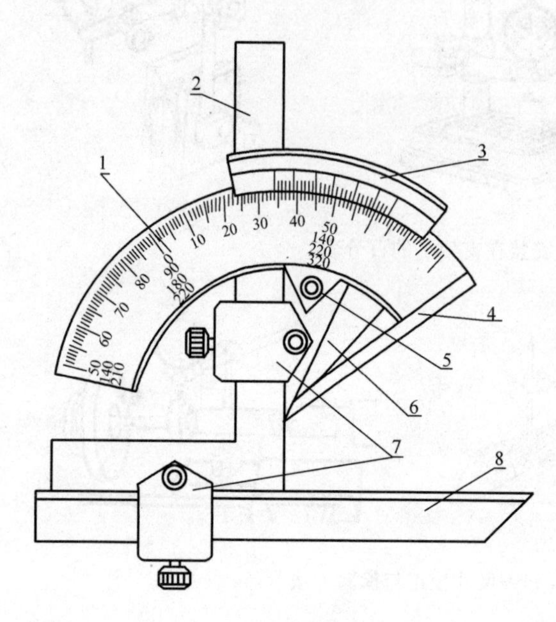

图 1－12　万能角度尺

1—尺座　2—角尺　3—游标　4—基尺　5—制动头　6—扇形板　7—卡块　8—直尺

万能角度尺尺座上的刻度线每格 1°。由于游标上刻有 30 格，所占的总角度为 29°，因此，二者每格刻线的度数差为：

$$1° - \frac{29°}{30} = \frac{1°}{30} = 2'$$

即万能角度尺的精度为 2′。

万能角度尺的读数方法和游标卡尺相同，先读出游标零线前的角度是几度，再从游标上读出角度“分”的数值，二者相加就是被测零件的角度数值。

在万能角度尺上，基尺 4 固定在尺座上，角尺 2 用卡块 7 固定在扇形板上，直尺 8 用卡块固定在角尺上。若把角尺 2 拆下，也可把直尺 8 固定在扇形板上。由于角尺 2 和直尺 8 可以移动和拆换，使万能角度尺可以测量 0°～320°的任何角度。

第三节　量具的使用与维护

正确使用精密量具是保证产品质量的重要条件之一。要保持量具的精度和它工作的可靠性，除了在使用中要按照合理的使用方法进行操作以外，还必须做好量具的维护和保养工作。

一、使用量具的注意事项

（1）测量前应把量具的测量面和零件的被测量表面都擦干净，以免因脏物存在而影响测量精度。禁止用精密量具（如游标卡尺、百分尺和百分表等）去测量锻铸件毛坯，或带有研磨剂（如金刚砂等）的表面，这样易使测量面磨损而失去精度。

（2）量具在使用过程中，不要和工具、刀具（如锉刀、榔头、车刀和钻头）等堆放在一起，以免碰伤量具。也不要随便放在机床上，免因机床振动而使量具掉下来损坏。游标卡尺等精密量具应平放在专用盒子里，免使尺身变形。

（3）量具是测量工具，绝对不能作为其他工具的代用品。例如拿游标卡尺划线，拿百分尺当小榔头，拿钢直尺当起子拧转螺钉，以及用钢直尺清理切屑等都是错误的。把量具当玩具，如把百分尺等拿在手中任意挥动或摇转等也是错误的，易使量具失去精度。

（4）对不熟悉的量具，在使用前必须了解该量具的工作原理、性能和读数方法，仔细阅读使用说明书和有关技术资料。

（5）使用精密量具时，不能用力过猛，在测量精密零件时，为防止温度引起测量误差，有条件时应使测量房间的温度达到要求。

（6）对于有电气装置的量具，使用时要注意使用电压，不能弄错。

二、维护量具的注意事项

（1）存放量具的地方要清洁、干燥、无腐蚀性气体。不要把精密量具放在磁场附近，例如磨床的磁性工作台上，以免使量具感磁。

（2）发现精密量具有不正常现象时，如量具表面不平、有毛刺、有锈斑以及刻度不准、尺身弯曲变形、活动不灵活等，使用者不应当自行拆修，更不允许自行用榔头敲、锉刀锉、砂布打光等粗糙办法修理，以免反而增大量具误差。发现上述情况，使用者应当主动送计量站检修，并经检定量具精度后再继续使用。

（3）量具使用后，应及时擦干净，除不锈钢量具或有保护镀层者外，金属表面应涂上一层防锈油，放在专用的盒子里，保存在干燥的地方，以免生锈。

（4）精密量具应实行定期检定和保养，长期使用的精密量具，要定期送计量站进行保养和检定精度，以免因量具的示值误差超差而造成产品质量事故。

思考与练习

1. 测量的重要性体现在哪里？减小测量误差可以从哪些方面入手？
2. 游标卡尺的读数方法是什么？请举例说明。
3. 简述千分尺的工作原理。
4. 万能角度尺不同状态的测量范围有哪几种？
5. 使用量具时，应该注意些什么？

第二章　机械工程材料与钢的热处理

第一节　概　　述

PPT 课件

一、常用的机械工程材料简介

机械工程材料涉及面很广，总的来说按属性可分为金属材料和非金属材料两大类。

金属材料包括黑色金属和有色金属两类。黑色金属是指铁和铁的合金，俗称钢铁材料。有色金属是指除黑色金属之外的所有金属及其合金。

非金属材料可分为无机非金属材料和有机高分子材料两大类。

在机械制造中最重要的材料是金属材料，而其中钢铁材料的应用范围最广、用量最大。钢铁材料是以铁和碳为基本组元的合金，所以钢铁材料也称为铁碳合金。钢铁材料按含碳量可分为三种，含碳量小于0.0218%的铁碳合金称为工业纯铁；含碳量介于0.0218%～2.11%的铁碳合金称为钢；含碳量大于2.11%的铁碳合金称为铸铁。其中钢和铸铁的用途最广泛。

1. 钢

钢材种类丰富，应用范围广，可以根据化学成分和用途来进行分类（表2－1）。

表2－1　钢的分类

分类方法	名称	说明
按化学成分分	碳素钢	碳素钢是指碳含量低于2%，并有少量硅、锰、磷以及硫等杂质的铁碳合金。按照含碳量的不同，可分为3种： 1. 含碳量小于0.25%的称为低碳钢，常见牌号如10、20钢或Q195等 2. 含碳量介于0.25%～0.60%的称为中碳钢，常见牌号如45、40Cr等 3. 含碳量大于0.60%的称为高碳钢，常见牌号如T8、T10等
	合金钢	合金钢是指为了改善性能，在碳素钢基础上加入合金元素构成的钢。按照合金元素的含量，可分为3种： 1. 合金元素含量小于5%的称为低合金钢 2. 合金元素含量介于5%～10%的称为中合金钢 3. 合金元素含量大于10%的称为高合金钢

续表

分类方法	名称	说明
按钢的用途分	结构钢	结构钢一般用于制造各种建筑、机械结构零件，这类钢材一般是低、中碳钢和低、中合金钢
	工具钢	工具钢一般用于制造各种刀具、模具、量具，这类钢材一般是高碳钢和高合金钢
	特殊钢	特殊钢是指具有特殊性能的钢材，主要用于各种特殊要求的场合，如不锈钢、耐热钢等

2. 铸铁

铸铁是用铸造生铁（部分炼钢生铁）为原料在炉中重新熔化，浇注成铸件而得到。铸铁中杂质含量比钢多，整体力学性能不如钢好，但铸铁的铸造性能优良，减振性好，容易切削加工，价格便宜，所以在工业中应用也很广泛。铸铁按碳存在的形态不同可分为白口铸铁、灰口铸铁、麻口铸铁三类。

二、钢铁材料的火花鉴别

1. 火花鉴别概念

火花鉴别是将钢与高速旋转的砂轮接触，根据磨削产生的火花形状和颜色，近似地确定钢的化学成分的方法。当钢被砂轮磨削成高温微细颗粒并被高速抛射出来时，在空气中剧烈氧化，金属微粒产生高热和光，形成明亮的流线，并使金属微粒熔化达熔融状态，使所含的碳氧化为 CO 气体进而爆裂成火花。火花鉴别法是现场鉴别钢铁材料最简易的方法之一。

钢在砂轮上磨削时所射出的火花由根部火花、中部火花和尾部火花构成火花束，如图 2－1 所示。

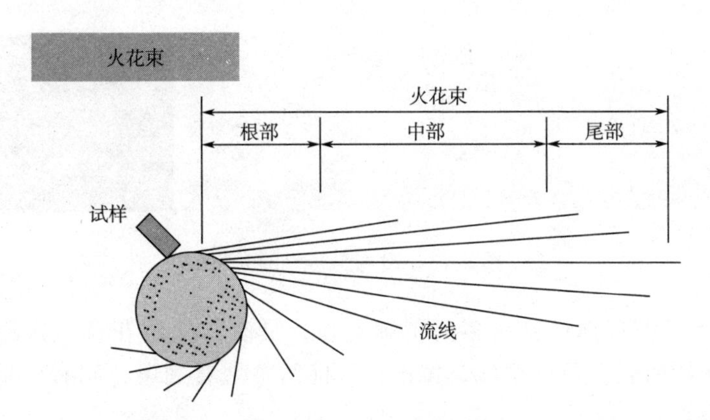

图 2－1　火花束

磨削时，由灼热粉末形成的线条状火花称为流线。流线在飞行途中爆炸发出稍粗而明亮的点称为节点。火花在爆裂时所射出的线条称为芒线。芒线所组成的火花称为节花。节花分一次花、二次花、三次花不等。芒线附近呈现明亮的小点称为花粉。火花束的组成，如图 2－2 所示。

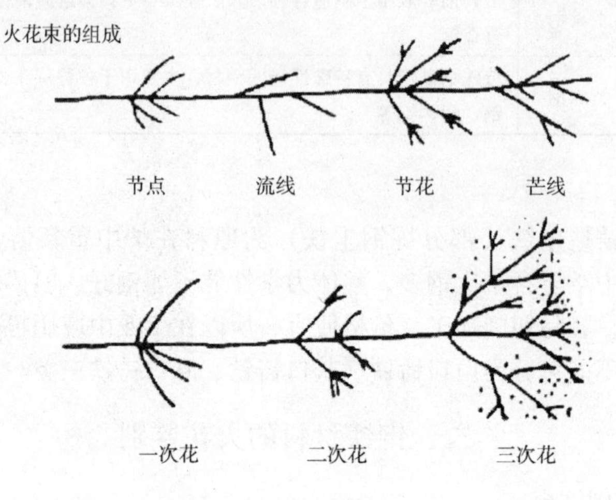

图 2－2　火花束的组成

2. 低、中、高碳钢的火花特征

火花鉴别对于碳钢的鉴别比较准确，但对合金钢，尤其是多种合金元素的合金钢，各合金元素对火花的影响不同，它们互相制约，鉴别比较困难，在此介绍常用的低、中、高碳钢的火花特征。

（1）20 号低碳钢：流线少、线条粗且较长，具有一次多分叉爆花，芒线稍粗，发光明亮，色泽较浅，呈草黄色，多为一次花，无花粉，如图 2－3 所示。

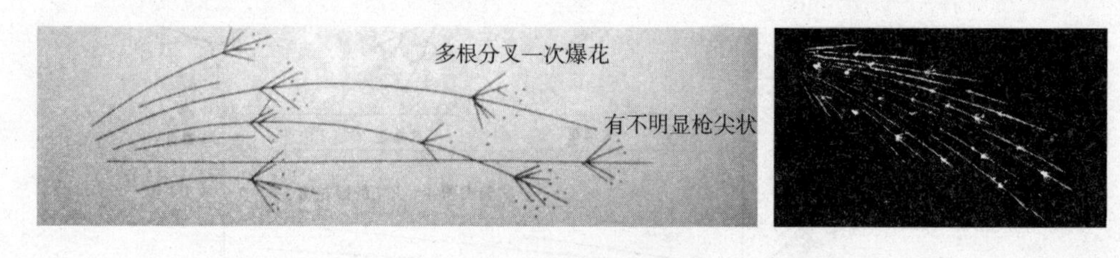

图 2－3　20 号低碳钢的火花

（2）45 号中碳钢；流线多而稍细且长，具有二次爆花及三次爆花，芒线较粗，发光较明亮，色泽稍深，偏橙色，能清楚地看到爆花间有少量花粉，如图 2－4 所示。

（3）T12 号高碳钢：流线多且细密，火束短而粗，有三次及以上多次爆花，芒线细，发光较暗，色泽加深，偏暗红色，花粉较多，如图 2－5 所示。

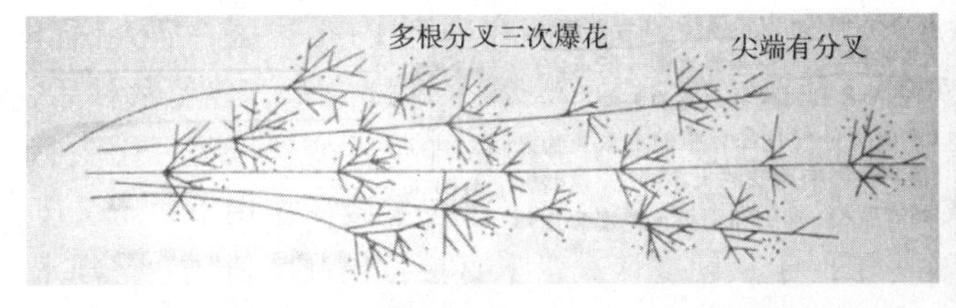

图 2-4　45 号中碳钢的火花

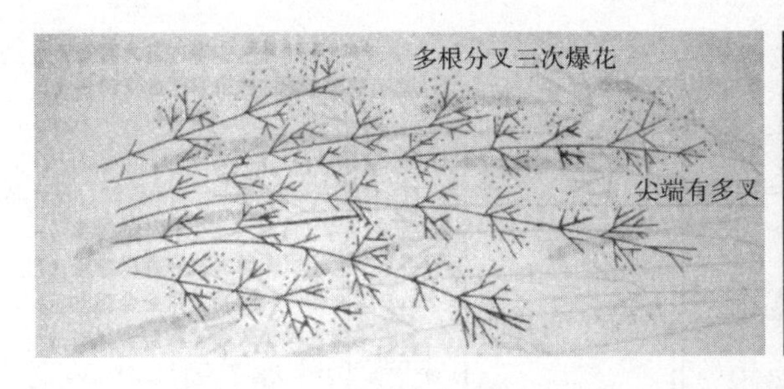

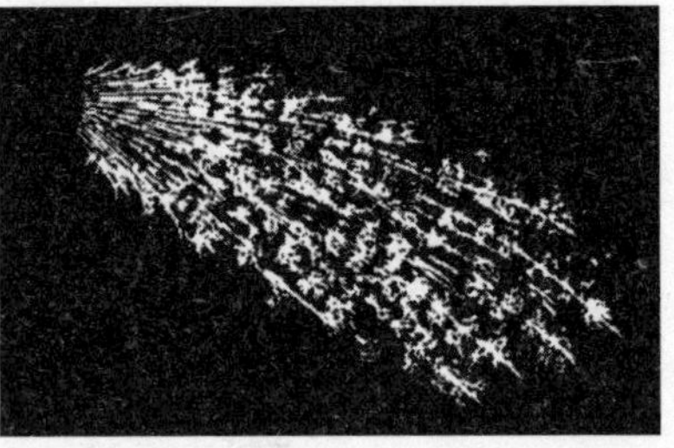

图 2-5　T12 号高碳钢的火花

三、金属材料的力学性能

金属材料的力学性能是指金属材料在外力作用下表现出来的性能。描述力学性能的指标很多，如强度、塑性、冲击韧性、硬度等。

强度是指材料在外力作用下抵抗变形和破坏的能力。强度分为几类，一般以抗拉强度 Rm 作为最基本的强度指标，另外屈服强度 ReL 也比较常用。

塑性是指材料受力后发生塑性变形而不被破坏的能力，常用伸长率 A 和断面收缩率 Z 作为材料的塑性指标。

冲击韧性是指材料抵抗冲击载荷的能力。冲击韧性的好坏用冲击韧度 α_k 表示。

硬度是指材料局部抵抗硬物压入其表面的能力。目前常用的描述材料硬度的指标有洛氏硬度和布氏硬度。

1. 洛氏硬度

洛氏硬度试验是用一定的载荷将一个金刚石圆锥体或淬火钢球压入被测试样表面，经过一定时间后，卸除载荷，然后根据压痕的深度来确定试样的硬度值。洛氏硬度计可以采用三种不同的压头和三种载荷，组成各种不同的洛氏硬度标度，如 HRA、HRB、HRC，可以测量从软到硬的各种不同材料。

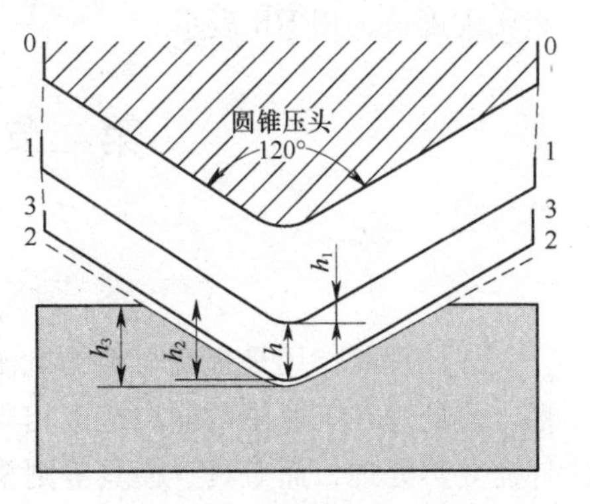

图 2-6　洛氏硬度测定方法

洛氏硬度测定方法。以 HRC 测试为例（图 2-6），采用顶角为 120°金刚石圆锥压头。测试时先加预载荷100N，压头从起始位置0—0压到1—1位置，压入试件深度为h_1，再加总载荷1500N，压头位置为2—2，压入深度为h_2，停留数秒后，将主载荷1400N卸除，保留预载荷100N。由于被测试样弹性变形恢复，压头有所抬高，位置为3—3，实际压入试件深度为h_3，因此在主载荷作用下，压头压入试件的深度$h = h_3 - h_1$。为了便于从硬度计表盘上直接读出硬度值，一是规定表盘上每一小格相当于0.002mm压深；二是将HRC值用HRC = 100 − h/0.002的公式表示（图2－7）。

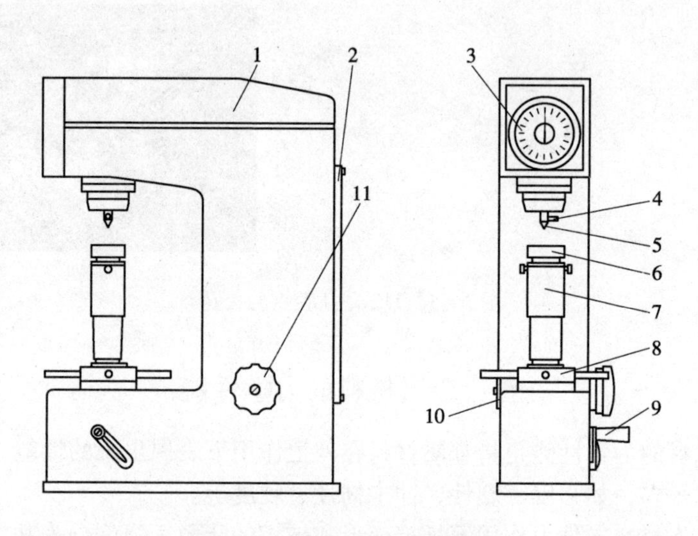

图2－7　洛氏硬度计结构图

1—上盖　2—后盖　3—表盘　4—压头锁紧螺钉　5—压头　6—试台
7—保护罩　8—旋轮　9—加卸试验力手柄　10—缓冲器调节窗　11—变荷手轮

2. 布氏硬度

布氏硬度测试是以一定的载荷将一直径D的淬火钢球压入被测试样表面，经过一定时间后，卸除载荷，测出压痕平均直径，以载荷与压痕表面积的比值作为布氏硬度值，用HB表示。

第二节　钢的热处理

一、热处理定义

热处理的作用是提高材料的机械性能、消除残余应力和改善金属的切削加工性。热处理在工业中的应用范围相当广泛，在机床、汽车等制造中，有七八成零件需要热处理，而工具、模具等则全部要进行热处理。所以，只要是重要的零件都要进行热处理。

热处理是指将金属材料在固态下进行加热、保温及冷却，从而改变材料的内部组织结构，获得所需性能的一种工艺。热处理都是在固态下进行的，只改变工件的内部组织结构，宏观上不改变工件的外形和尺寸。热处理工艺曲线如图 2－8 所示。

根据加热温度，冷却条件以及对材料成分和性能要求的不同，热处理工艺可分为退火、正火、淬火、回火以及调质和表面热处理。

用于热处理加热的设备称为热处理炉，是以燃料及电力作热源的，其中以电作热源的炉在生产中用得较多。根据热处理工艺的不同，所用的加热炉也不同，有电阻炉和盐浴炉等。最常用的就是箱式电阻炉。

电阻炉的工作原理是将电流通过电阻发热体后发出热能，传给工件，使工件升温。箱式电阻炉外形（图 2－9），主要是由炉门、炉衬、炉壳、电热元件和炉底等构成。

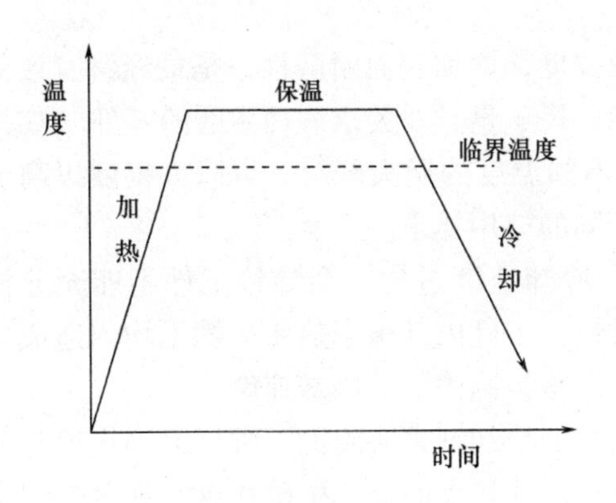

图 2－8　热处理工艺曲线

图 2－9　箱式电阻炉

二、退火与正火，淬火与回火

退火与正火是应用非常广泛的热处理工艺，通常作为预先热处理工序，安排在铸造或者锻造之后，切削粗加工之前，为下一道工序作准备。淬火与回火一般作为最终热处理工序，使工件获得稳定的组织及所需的力学性能。

1. 退火

将钢加热到适当温度，保温一定时间，然后缓慢冷却（一般随炉冷却）的热处理工艺称为退火。

退火的主要目的：

（1）降低硬度，改善切削加工性。

（2）消除残余应力，稳定尺寸，减少变形与裂纹倾向。

（3）细化晶粒，调整组织，消除组织缺陷。

（4）均匀材料内部的组织结构和化学成分，改善材料性能或为以后热处理做组织准备。

2. 正火

将钢加热到一定温度，保温一定时间后，从炉内取出来，放在静止的空气中冷却的热处理工艺称为正火。

正火与退火的作用相似，主要目的是细化组织，改善钢的性能，获得接近平衡状态的组织。正火与退火工艺相比，其主要区别是正火的冷却速度较快，得到的工件强度和硬度较高。正火的生产周期短，冷却不占用设备，故退火与正火同样能达到性能要求时，优先选用正火。大部分中、低碳钢的工件一般都采用正火热处理。一般高碳钢、合金钢工件常采用退火，若用正火，由于冷却速度较快，其正火后硬度较高，不利于切削加工。

3. 淬火

将钢加热到适当温度，保温一定时间，然后进行快速冷却的热处理工艺称为淬火。

淬火可以大幅度提高工件的硬度及强度，增加表面耐磨性，是最经济有效的强化钢铁的工艺。淬火广泛用于各种工、模、量具及要求表面耐磨的零件（如齿轮、轧辊、渗碳零件等）。通过淬火与不同温度的回火配合，可以大幅度提高金属的强度、韧性及疲劳强度，以满足不同的使用要求。

淬火处理中，冷却速度非常关键，冷却速度过慢，会导致工件不能充分淬硬，达不到要求。但是如果冷却速度过快，工件内部由于热胀冷缩不均匀造成内应力，可能使工件变形或开裂，所以要严格控制淬火的冷却速度。

控制冷却速度，主要是通过选择适当的冷却剂来实施的。常用的淬火冷却剂有水、盐水、碱水、油等。一般形状简单尺寸较大的低、中碳素钢工件可选用水或者盐水作为冷却剂。而油的冷却速度比水低，可以减少工件的变形开裂，所以常用于合金钢和形状复杂的碳素钢工件的淬火。

4. 回火

将淬火钢重新加热到适当温度，保温一定时间，然后在空气中冷却的工艺称为回火。

对于未经淬火的钢，回火是没有意义的，而淬火钢不经回火一般也不能直接使用。淬火件处于高应力状态，容易发生变形或开裂，钢件经淬火后应及时进行回火。

回火的目的是：

（1）消除工件淬火时产生的残留应力，防止变形和开裂。

（2）调整工件的硬度、强度、塑性和韧性，达到使用性能要求。

（3）稳定组织与尺寸，保证精度。

（4）改善和提高加工性能。

因此，回火是工件获得所需性能的最后一道重要工序。根据回火温度的不同，回火分为低温回火、中温回火和高温回火三种。

（1）低温回火。回火温度为150～250℃。低温回火可以部分消除淬火造成的内应力，降低钢的脆性，提高韧性，同时保持较高的硬度。故广泛应用于要求硬度高、耐磨性好的零件，如量具、刃具、滚动轴承及表面淬火件等。

（2）中温回火。回火温度为350～450℃。中温回火可以消除大部分内应力，硬度有所下降，具有一定的韧性和弹性。中温回火主要应用于各类弹簧、发条及热锻模具等工件。

（3）高温回火。回火温度为500～650℃。高温回火可以消除内应力，工件硬度显著下降，但此时工件既具有良好的塑性和韧性，又具有较高的强度。淬火后再经高温回火的工艺称为调质处理。对于大部分综合力学性要求较高能的重要零件，如连杆、轴、齿轮等，都要经过调质处理。

三、表面热处理

对工件表面进行强化的金属热处理工艺称为表面热处理。它只改变工件表面的组织和性能，不改变工件内部的组织和性能。这种工艺可以使工件达到“外硬内韧”的效果。表面热处理可分为表面淬火和化学热处理两大类。

1. 表面淬火

表面淬火是将钢件的表面层淬透到一定深度，而内部仍保持未淬火状态的一种局部淬火的方法。表面淬火时通过快速加热，使钢件表面很快达到淬火的温度，在热量来不及穿到工件内部就立即冷却，实现局部淬火。

表面淬火可分为感应加热（高频、中频、工频）表面淬火、火焰加热表面淬火、电接触加热表面淬火、电解液加热表面淬火、激光加热表面淬火、电子束表面淬火等。工业上应用最多的为感应加热和火焰加热表面淬火。

2. 化学热处理

化学热处理是将工件置于一定温度的化学介质中，通过加热、保温、冷却，使介质中的某些元素渗入工件表面，改变工件表面的化学成分和组织，从而获得所需性能的一种工艺。

根据渗入元素的不同，化学热处理可分为渗碳、渗氮、渗硼、渗硅、渗硫、渗铝、渗铬、渗锌、碳氮共渗、铝铬共渗等。

第三节 钢铁材料显微组织观察

一、铁碳合金基本组织

碳钢和铸铁是工业上应用最广的金属材料，它们的性能与组织有密切联系。因此，熟悉掌握它们的组织，对于合理选用钢铁材料具有十分重要的实际意义。

这里主要介绍碳钢和白口铸铁的平衡组织。所谓平衡状态的显微组织是指合金在极为缓慢的冷却条件下（如退火状态即接近平衡状态）所得到的组织。铁碳合金分为纯铁、碳钢和铸铁三种。所有碳钢和白口铸铁在室温时的显微组织均由铁素体（F）和渗碳体（Fe_3C）组成。但是，由于碳含量不同，结晶条件的差别，铁素体和渗碳体的相对数量、形态，分布和混合情况均不一样，因而呈现各种不同特征的组织组成物。碳钢和白口铸铁在室温下的平衡组织，如表 2－2 所示，显微组织图，如图 2－10 ~ 图 2－15 所示。

表 2－2　　铁碳合金平衡组织

合金类型		碳质量分数，ω（C）	显微组织
工业纯铁		≤0.0218%	铁素体（F）
碳钢	亚共析钢	0.0218% ~0.77%	铁素体（F）＋珠光体（P）
	共析钢	0.77%	珠光体（P）
	过共析钢	0.77% ~2.11%	珠光体（P）＋二次渗碳体（Fe_3C_{II}）
白口铸铁	亚共晶白口铸铁	2.11% ~4.3%	珠光体（P）＋二次渗碳体（Fe_3C_{II}）＋莱氏体（Ld′）
	共晶白口铸铁	4.3%	莱氏体（Ld′）
	过共晶白口铸铁	4.3% ~6.69%	一次渗碳体（Fe_3C_I）＋莱氏体（Ld′）

图 2－10　亚共析钢显微组织（400×）

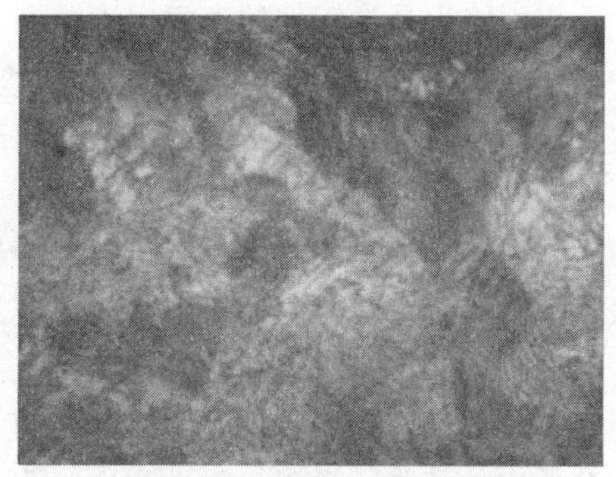

图 2－11　共析钢显微组织（400×）

图 2－12　过共析钢显微组织（400×）

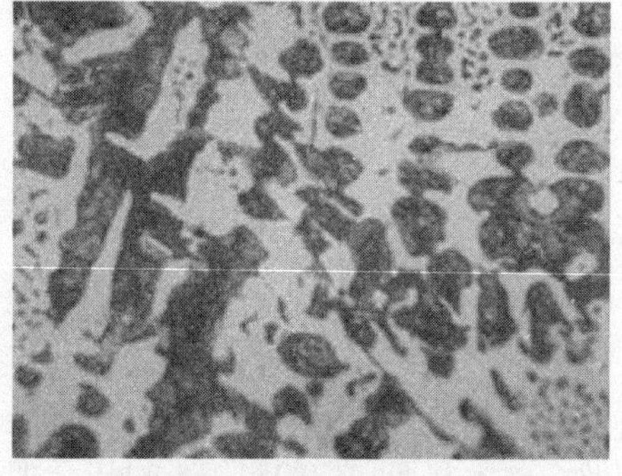

图2－13　亚共晶白口铸铁显微组织（400×）

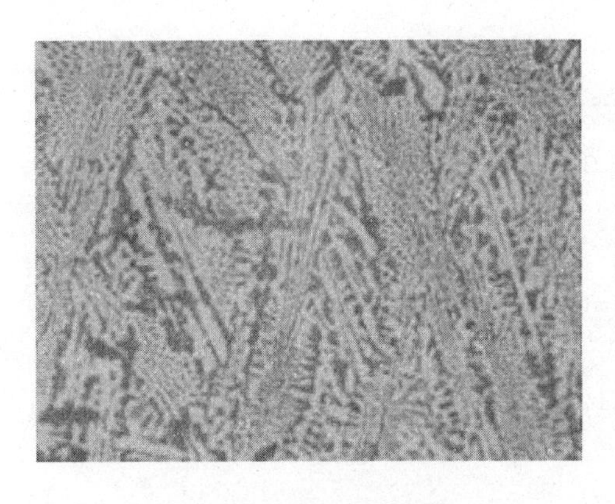

图2－14　共晶白口铸铁显微组织（400×）

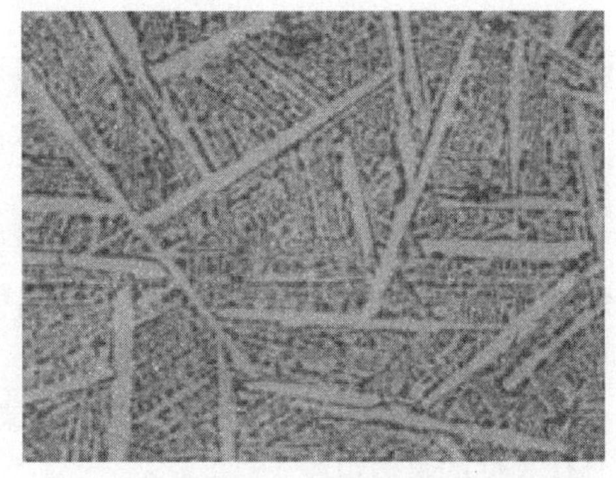

图2－15　过共晶白口铸铁显微组织（400×）

（1）铁素体（F）。铁素体具有磁性及良好的塑性、韧性，强度和硬度较低。

（2）渗碳体（Fe_3C）。渗碳体是铁和碳形成的一种化合物，其含碳量为6.69%，渗碳体的硬度很高，它是一种硬而脆的相，强度和塑性都很差，耐腐蚀性强。

（3）珠光体（P）。在一般退火处理情况下，珠光体是由铁素体与渗碳体相互混合交替排列形成的层片状组织。

（4）莱氏体（Ld′）。莱氏体是在室温时珠光体和渗碳体所组成的机械混合物。莱氏体的显微组织特征是在亮白色的渗碳体基底上相间地分布着暗黑色斑点及细条状的珠光体。莱氏体中含有的渗碳体较多，故性能与渗碳体相近，极为硬脆。

二、金相显微镜

金相显微镜是专门用于观察金属和矿物等不透明物体金相组织的显微镜。这些不透明物体无法在普通的透射光显微镜中观察，所以金相显微镜和普通显微镜的主要差别在于前者以反射光，而后者以透射光照明。金相显微镜具有稳定性好、成像清晰、分辨率高、视场大而平坦的特点。其外形如图2－16所示。

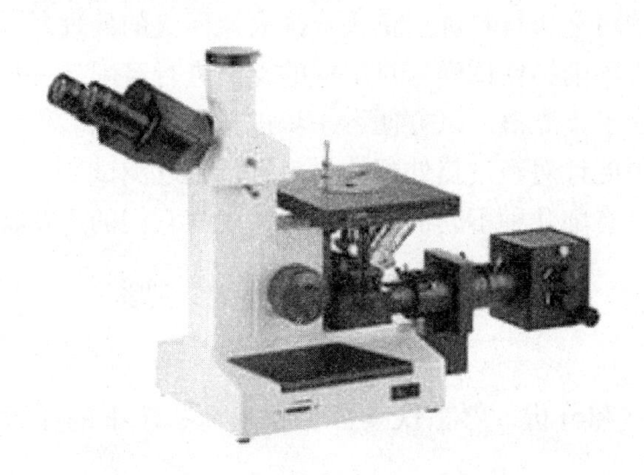

图2－16　XJL－17型金相显微镜

使用方法如下：

（1）根据观察试样所需的放大倍数要求，正确选配物镜和目镜。

（2）调节载物台中心与物镜中心对齐，将试样放在载物台中心，试样的观察表面应朝下。

（3）转动粗调焦旋钮，降低载物台，使试样观察表面接近物镜；然后反向转动粗调焦旋钮，升起载物台，使在目镜中可以看到模糊形象；最后转动微调焦手轮，直至图像最清晰为止。

（4）前后左右移动载物台，观察试样的不同部位，以便全面分析并找到最具代表性的显微组织。

（5）观察完毕后应及时切断电源，以延长灯泡使用寿命，盖上防尘罩。

第四节 热处理实训

一、金属热处理方法

1. 要求

（1）了解钢的热处理基本工艺过程、原理及应用。

（2）了解钢铁材料的火花鉴别方法。

（3）掌握电阻炉、砂轮机及硬度计的使用方法。

2. 实习安排

（1）讲解示范：钢的热处理工艺、不同钢铁材料的火花特征区别。

①电阻炉的工作原理，热处理工艺的操作要领及安全注意问题。

②洛氏硬度计的测试原理以及操作。

③砂轮机的安全操作要领。

（2）学生独立操作。

①使用电阻炉对金属材料进行正火、淬火及回火的处理。

②利用砂轮机磨削钢铁试样，对试样的端面进行磨削，去掉试样端面的氧化层，使得试样端面平整光滑，以方便下一步进行硬度测试。

③使用洛氏硬度计对经过热处理的材料进行硬度测试。

④使用砂轮机磨削几种不同的钢铁材料，观察它们的火花特征并做好记录。

二、铁碳合金显微组织观察

1. 要求

（1）通过观察和分析，熟悉铁碳合金在平衡状态下的显微组织，熟悉金相显微镜的使用。

（2）了解铁碳合金中的相及组织组成物的本质、形态及分布特征。

2. 实习安排

（1）讲解示范：铁碳合金平衡组织及金相显微镜的操作要领。

（2）学生独立操作。

①使用金相显微镜对铁碳合金的显微组织进行观察。

②用铅笔绘出所观察样品的显微组织示意图。画图时要抓住各种组织组成物形态的特征，并用符号标出各组织组成物。

3. 小结

完成热处理报告，整理工具、关闭电源，打扫清洁卫生。

第五节　实习安全操作规程

（1）必须按规定着装。不准穿凉鞋、短裤入实习场地，严禁吸烟。

（2）爱护仪器设备。所有设备必须在实习指导人员的指导下进行操作。

（3）开、关炉门要快，炉门打开的时间不能过长，以免炉温下降和降低炉膛的耐火材料与电阻丝的寿命。

（4）在放、取试样时不能碰到硅碳棒（电阻丝）和热电偶。往炉中放、取试样时必须使用夹钳；夹钳必须擦干，不得沾有油和水。

（5）试样由炉中取出淬火时，动作要迅速，以免温度下降，影响淬火质量。

（6）试样在淬火液中应不断搅动，否则试样表面会由于冷却不均匀而出现软点。

（7）淬火时水温应保持在较低温度，水温过高要及时换水。

（8）要注意安全，不要随手触摸未冷却的工件。同时防触电、防灼伤、防火和防爆。发生意外时要镇静，及时报告实习指导人员或有关部门。

（9）实习完毕，应做好仪器设备的复位工作，关闭电闸，把试样、工具等物品放到指定位置。保养好仪器设备。清扫室内卫生，关好门窗，在得到实习指导人员允许后方可离开。

思考与练习

1. 金属材料有哪些基本的力学性能？

2. 钢材分为哪几种类型？

3. 简述低、中、高碳钢在砂轮磨削时的火花区别。

4. 简单说明热处理的概念和目的。

5. 热处理有哪些基本工艺？

6. 淬火的目的是什么？

第三章 铸 造

PPT 课件

第一节 概 述

铸造是将液态金属浇注到与零件形状、尺寸相适应的铸型型腔中，待其冷却凝固后，获得一定形状和尺寸的零件或毛坯的成型加工方法。通过铸造加工方法得到的金属件称为铸件。铸件一般作为毛坯经切削加工成为零件，但也有部分铸件能满足零件使用要求，可直接作为零件使用。

一、铸造的特点

（1）适应性广。铸件的重量从几克到数百吨；其壁厚可由 1mm ~ 1m；其形状从简单外形到复杂内腔，可单件、小批生产直到大批量生产。

（2）经济性好。原材料来源广泛，价格低廉，生产成本较低。

（3）应用广泛。在机床、内燃机、重型机械中，铸件占机器总重量 70% 以上。

（4）工序多，过程控制困难，废品率高，劳动强度大，劳动条件差，污染环境。

二、铸造的分类

铸造生产方法很多，常见的有两大类：

（1）砂型铸造。用型砂紧实成型的铸造方法。

（2）特种铸造。是指除了砂型铸造以外的其他铸造方法，如熔模铸造、金属型铸造、压力铸造、离心铸造等。

第二节 砂型铸造

砂型铸造是目前生产中用得最多、最基本的铸造方法。铸造型砂原材料来源广泛，价格低廉。钢、铁及大多数有色金属都可用作铸件材料。砂型铸造的主要工艺流程包括：制造模样和芯盒；配制型砂和芯砂；造型、造芯、合箱、熔炼金属及浇注、落砂、清理和检验，如图 3 – 1 所示。

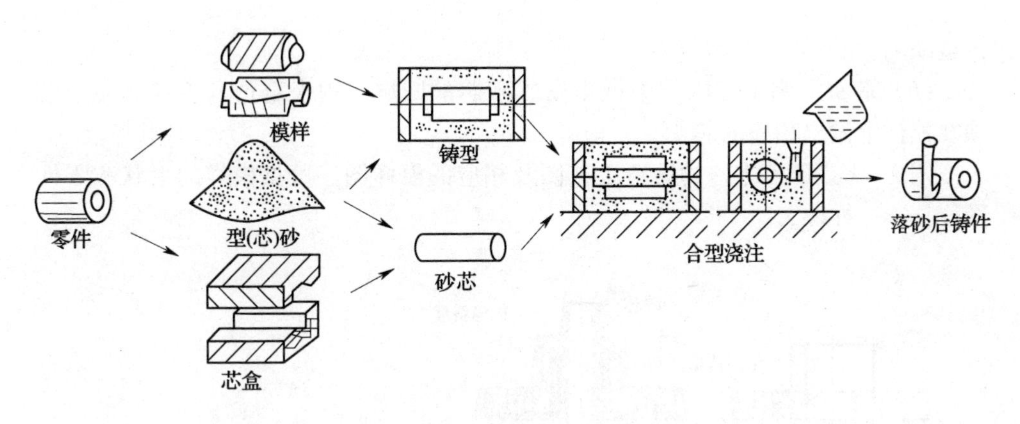

图 3－1　砂型铸造工艺流程图

一、模样与型砂

1. 模样

模样用来形成铸件的外部轮廓。芯盒用来制作砂芯。造型时分别用模样和芯盒制作砂型和砂芯。制造模样和芯盒的常用材料有木材、塑料、金属。在设计制造模样和芯盒时，要先设计铸造工艺图，在设计工艺图时，主要考虑以下一些铸造工艺参数：

（1）分型面的选择。分型面是上、下砂型的分界面，选择分型面时必须使模样能从砂型中顺利取出，并且使造型方便，同时能保证铸件质量。为了便于取模，分型面应选择在模样的最大截面处，如图 3－2 所示。

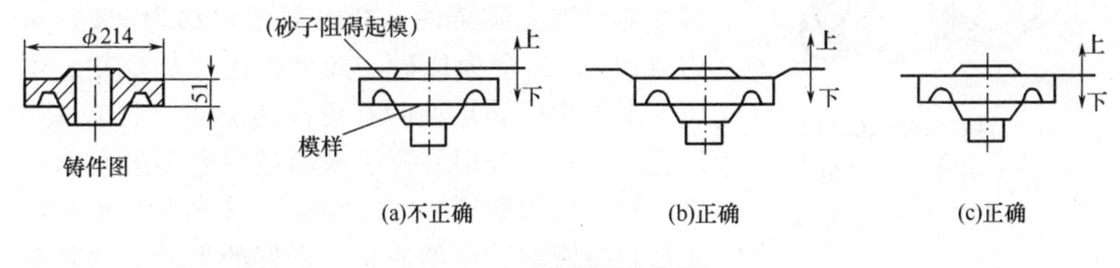

图 3－2　分型面的位置

（2）加工余量。铸件上要切削加工的表面，制造模样时，都要留出合适的加工余量。

（3）收缩量。液体金属冷凝后要收缩，因此模样的尺寸应比铸件尺寸大些。放大的尺寸称为收缩量。

（4）拔模斜度。也称为起模斜度。为了便于从砂型中取出模样，凡垂直于分型面的模样表面都应有 0.5°～3°的斜度。

（5）铸造圆角。铸件表面相交的转角处以圆角过渡。利于造型和避免产生铸造缺陷。

（6）芯头。为了在砂型中做出安置砂芯的凹坑，用来定位和支撑砂芯，必须在模样上做出相应的芯头。

图3－3是压盖零件的铸造工艺图及相应的模样图。可见模样的形状和零件图往往不一样。

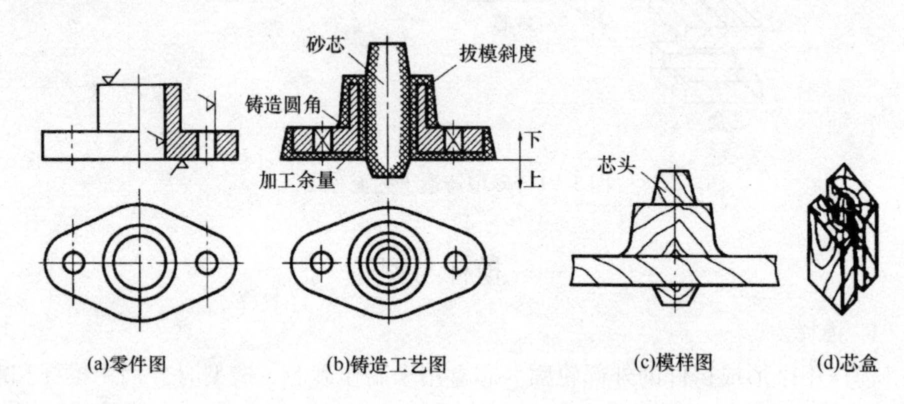

图3－3　压盖零件的铸造工艺图及相应的模样图

2. 型砂

型砂是用于制造砂型的材料，通常由原砂、黏土和水，按一定比例混合而成。原砂的主要成分是二氧化硅（SiO_2），有很好的耐高温性能。粘结剂与水混合后包裹在原砂外，可把原砂粘在一起。为获得优质铸件，其中粘结剂约为9%，水约为6%，其余为原砂。此外，还要加煤粉、木屑等附加物以满足型砂有更高性能要求。单件小批量生产时，常用手捏法来粗略判断型砂是否合格。紧实后的型砂结构，如图3－4所示。型砂的质量直接影响铸件的质量。良好的型砂必须具备以下性能：

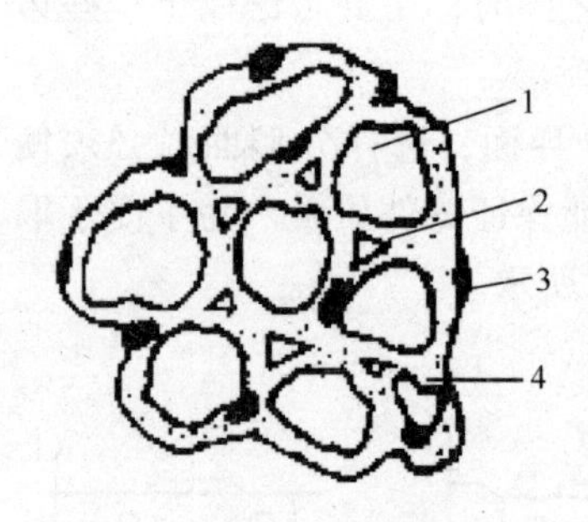

图3－4　型砂结构示意图

1—砂粒　2—空隙

3—附加物　4—黏土膜

（1）强度。型砂在外力作用下不被破坏的能力称为强度。强度过大或过小都会使铸件产生铸造缺陷。

（2）透气性。型砂允许气体通过的能力称为透气性。透气性差，铸件将产生气孔或浇不足等缺陷。透气性过高，易形成粘砂现象。

（3）耐火性。型砂在高温作用下不软化、不烧结的能力称为耐火性。耐火性差，铸件表面易粘砂。

（4）退让性。铸件在冷却、凝固收缩时，砂型有随之收缩的能力称为退让性。退让性不好，会使铸件产生变形和裂纹等缺陷。砂型越紧实，退让性越差。

二、造型、造芯、合型与浇注系统和冒口

1. 造型

利用型砂和模样以及其他工艺装备制造砂型的过程称为造型。造型按操作方法分为手工造型和机器造型。手工造型常用于单件或小批量生产。机器造型多用于大批量或专业化生产。手工造型方法按模样特征分为两箱整模造型、两箱分模造型、挖砂造型、活块造型等。下面介绍最常用的两种手工造型方法：

（1）两箱整模造型。造型时整个模样全部置于一个砂箱内，这种造型方法称为整模造型。适用于形状简单、最大截面在端部的铸件。如齿轮坯、轴承座、罩、壳等，如图 3－5 所示。

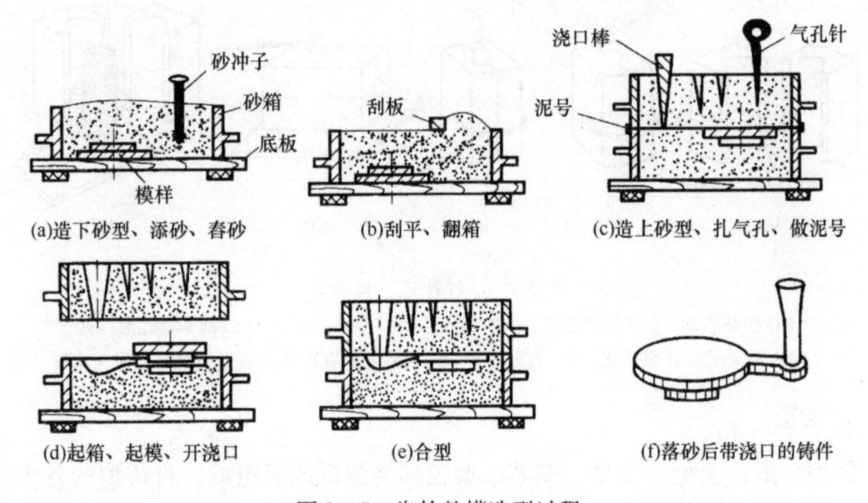

图 3－5　齿轮整模造型过程

（2）两箱分模造型。当铸件的最大截面不在铸件的端部时，为了便于造型和起模，模样要分成两半或几部分，这种造型称为分模造型。广泛用于形状比较复杂的铸件生产，如短管、轴套、阀体等有孔铸件，如图 3－6 所示。

2. 造芯

利用芯砂、芯盒和其他工艺装备制造砂芯的过程称为造芯。砂芯也称为型芯。型芯的作用是形成铸件的内腔，因此型芯的形状和铸件内腔相适应。芯体用于形成铸件的内腔，芯头用于定位和支承芯体。浇注时，砂芯被高温金属液包围，因此对芯砂的性能要求比型砂更高。圆柱形砂芯常用对开式芯盒制造，制造过程如图 3－7 所示。

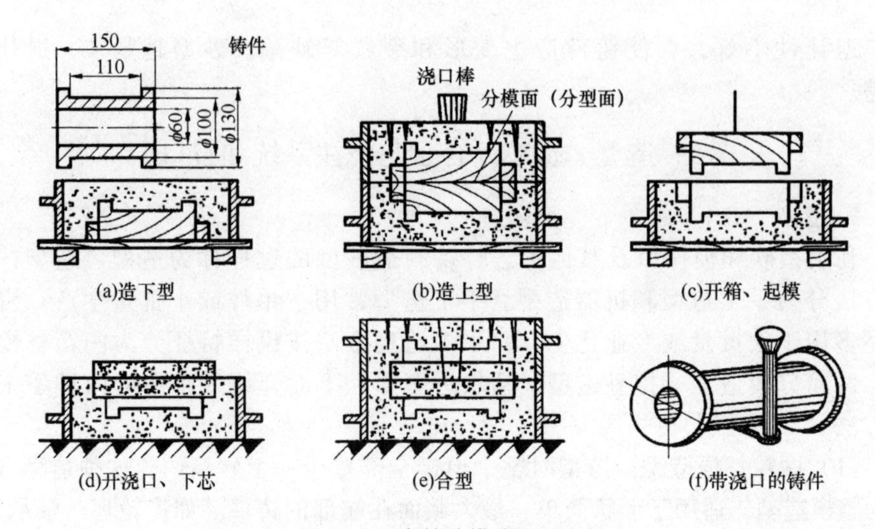

图 3-6　套筒分模造型过程

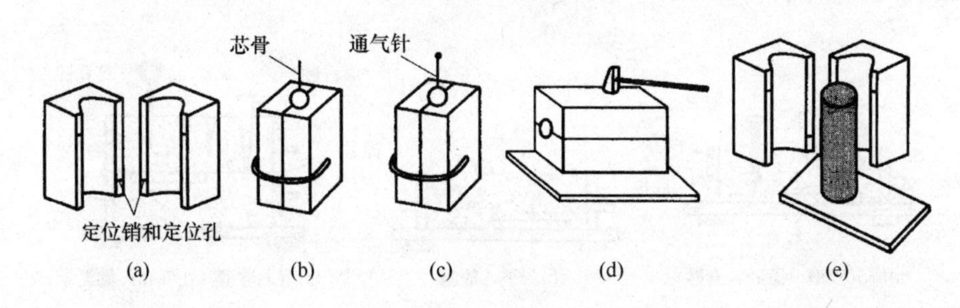

图 3-7　对开式芯盒制芯

（a）准备芯盒　（b）夹紧芯盒，分次加入芯砂、芯骨，舂砂　（c）刮平、扎通气孔

（d）松开夹子，轻敲芯盒　（e）打开芯盒，取出砂芯，在砂芯的表面涂覆一层耐火涂料

3. 合型（箱）

铸型一般由上型、下型、型芯、型腔和浇注系统等组成。将铸型的各个组成部分按照工艺要求组合成一个完整的铸型的操作过程称为合型（箱）。有砂芯的铸型一般先下芯，按照工艺要求将砂芯放入铸型内规定位置。砂芯一般位于下型中。下芯后检查砂芯位置是否正确及松动。下完砂芯后把上砂型抬起，找正位置后垂直下落，使上下砂型开合面紧密合在一起，如图 3-8 所示。合型前，要检查型腔内和砂芯表面的浮砂和赃物是否清理干净，各出气孔、浇注系统是否畅通和干净。

4. 浇注系统和冒口

为了把金属液平稳地引进型腔和冒口，在造型时，必须在铸型中开设一系列通道，这些通道称为浇注系统。通常由外浇口、直浇道、横浇道和内浇口组成，如图 3-9 所示。

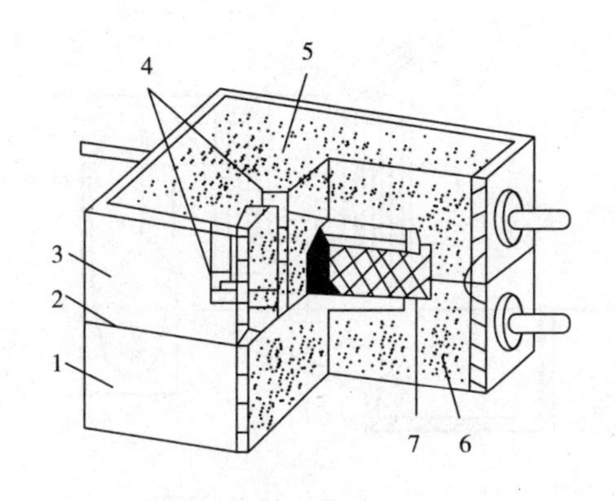

图3－8 铸型

1—下砂箱 2—分型面 3—上砂箱 4—浇注系统 5—上型 6—下型 7—砂芯

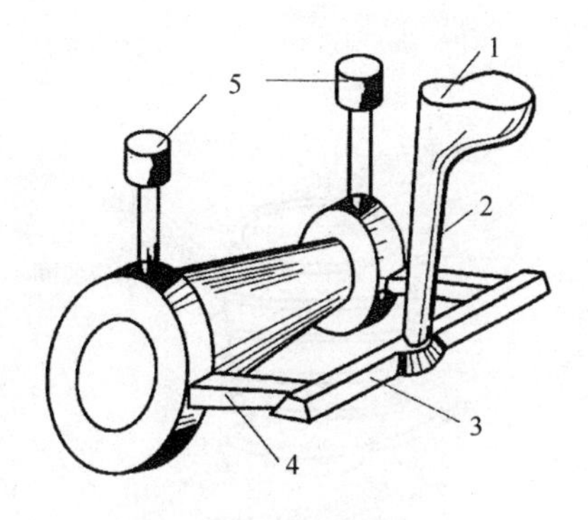

图3－9 浇注系统及冒口

1—外浇口 2—直浇道 3—横浇道 4—内浇口 5—冒口

（1）外浇口。减轻金属液对铸型的冲击，使金属液平稳地流入直浇道里。

（2）直浇道。形成冲型的静压力，使金属液迅速充满型腔。

（3）横浇道。挡渣并引导金属液进入内浇口。

（4）内浇口。引导金属液进入型腔，并决定金属液进入型腔的部位、流速和流向。

（5）冒口。它用于排除型腔中的气体、砂粒和熔渣等夹杂物以及起补缩作用，不起导流作用。

三、熔炼、浇注及落砂清理

1. 熔炼

金属熔炼是铸造生产的重要环节之一，对铸件质量有重要影响。若熔炼工艺控制不当，会使铸件因成分和机械性能不合格而报废。不同的铸造合金要选用不同的熔炼设备和熔炼工艺。铸造生产中常用的熔炼设备有：冲天炉、感应电炉、坩埚炉等。熔炼铸铁常用感应电炉、冲天炉等，熔炼铸造有色金属常用坩埚炉等。

感应电炉的基本原理和结构示意图如图3－10所示，金属炉料置于坩埚中，坩埚外面绕有通水冷却的感应线圈，当感应线圈通过交变电流时，在感应线圈周围就会产生交变磁场，交变磁场使金属炉料中产生感应电动热并引起涡流使金属炉料加热和熔化。感应电炉熔炼铁水出炉温度高，便于铁水成分控制和炉前处理，但耗电量大，需要大量冷却水。

坩埚炉的示意图如图3－11所示。常用的铸造铝合金、铸造铜合金、铸造镁合金和铸造锌合金等铸造有色金属的熔点低，其常用的熔炼用炉有坩埚炉和反射炉两类，用电、油、煤气或焦炭等作为燃料。中、小工厂普遍采用坩埚炉熔化，如电阻坩埚炉、焦炭坩埚炉等，生产大型铸件时一般使用反射炉熔化，如重油反射炉、煤气反射炉等。

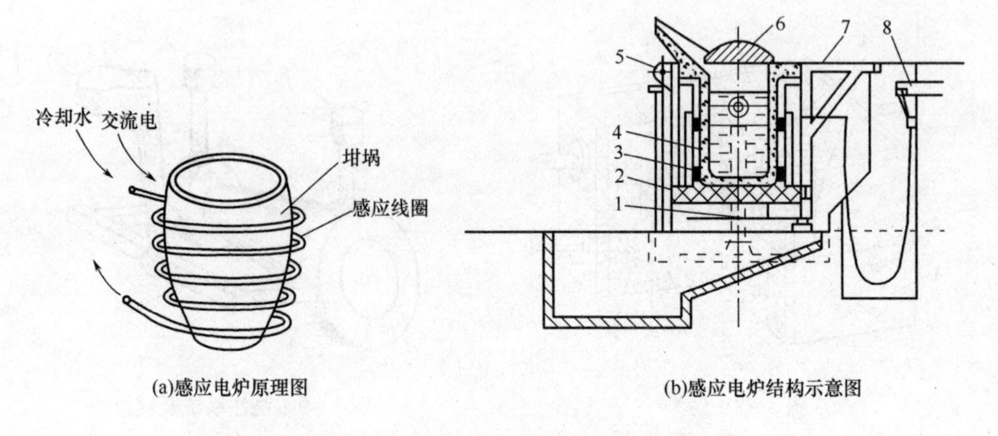

图 3－10　感应电炉原理图和结构示意图

1—液压倾倒装置　2—隔热砖　3—线圈　4—坩埚　5—转动轴　6—炉盖

7—作业板　8—水电引入系统

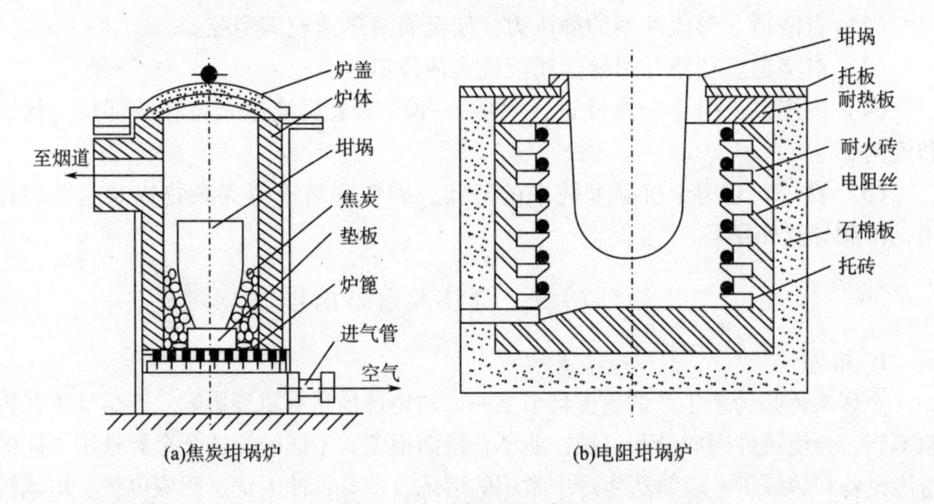

图 3－11　坩埚炉示意图

2. 浇注

浇注是把液体金属浇入铸型的过程。浇注时要控制好浇注温度和浇注速度。温度过高或过低都会使铸件产生各种缺陷。一般中小型铸铁件的浇注温度为 1260～1350℃，薄壁铸件为 1350～1400℃。浇注速度要适中，不能中断。此外，浇注前要在砂箱上放置压铁以防止铁水的浮力将砂箱抬起使铸件报废。

3. 铸件的落砂

浇注后，将铸件从铸型中取出来的过程称为落砂。落砂应该在铸件冷却到一定温度后进行。落砂温度过高，会使铸件出现变形、裂纹、表面硬化、白口等缺陷；落砂温度过低，占用过多的砂箱和生产场地，生产效率低。一般应在保证铸件质量的前提下尽早落砂。

4. 铸件的清理

将铸件上的浇冒口、粘砂、铸件内的砂芯、飞边毛刺等清理掉，并进行缺陷修整的工序叫清理。铸件必须清理后才能进行下一步加工。

四、铸件的常见缺陷

铸件的缺陷有很多，具有缺陷的铸件是否定为废品，必须按铸件的用途和要求以及缺陷产生的部位和严重程度来决定。一般情况下，铸件有轻微缺陷，可以直接使用；铸件有中等缺陷，允许修补后使用；铸件有严重缺陷，则只能报废。常见的铸件缺陷名称、特征及产生的主要原因，如表 3－1 所示。

表 3－1　　常见的铸件缺陷名称、特征及产生的主要原因

缺陷名称	特征	产生的主要原因
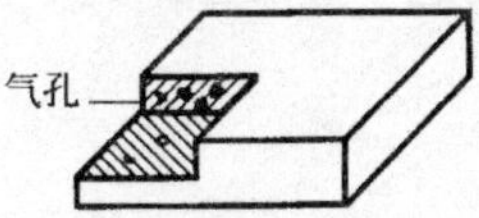 气孔	在铸件内部或表面有大小不等的光滑孔洞	型砂含水过多，透气性差；起模和修型时刷水过多；砂芯烘干不良或砂芯通气孔堵塞；浇注温度过低或浇注速度太快等
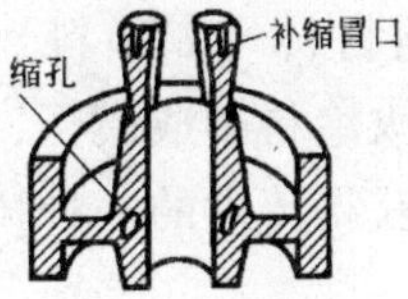 缩孔 补缩冒口	缩孔多分布在铸件较厚的断面处，形状不规则，孔内粗糙	铸件结构设计不合理，如壁厚相差过大，造成局部金属聚集；浇注系统和冒口的位置不对，或冒口过小；浇注温度太高，或金属化学成分不合格，收缩过大
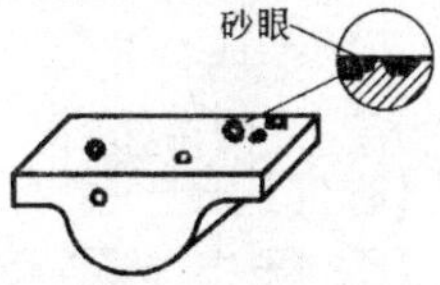 砂眼	在铸件内部或表面有充塞砂粒的孔眼	型砂和芯砂的强度不够；砂型和砂芯的紧实度不够；合箱时铸型局部损坏、浇注系统不合理，冲坏了铸型
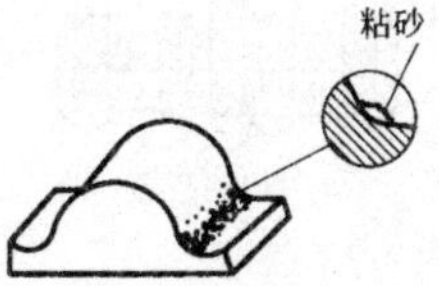 粘砂	铸件表面粗糙，粘有砂粒	型砂和芯砂的耐火性不够；浇注温度太高；未刷涂料或涂料太薄
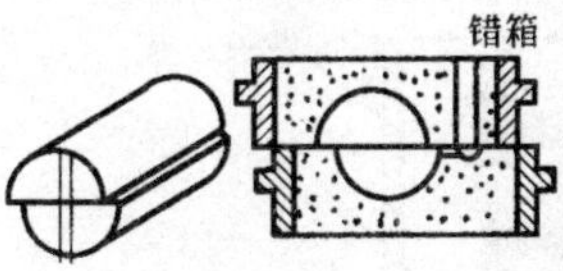 错箱	铸件在分型面有错移	模样的上半模和下半模未对好；合箱时，上、下砂箱未对准
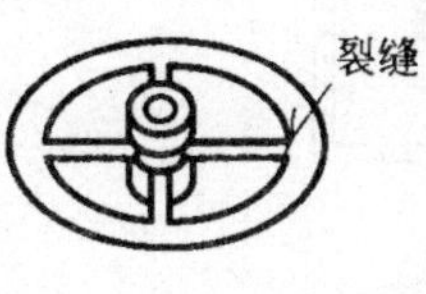 裂缝	铸件开裂，开裂处金属表面氧化	铸件的结构设计不合理，壁厚相差太大时凝固收缩造成；砂型和砂芯的退让性差；落砂过早

续表

缺陷名称	特征	产生的主要原因
冷隔	铸件上有未完全融合的缝隙或洼坑，其交接处是圆滑的	浇注温度太低；浇注速度太慢或浇注过程曾有中断；浇注系统位置开设不当或浇道太小

第三节　特种铸造

随着科学技术的发展和生产水平的提高，对铸件质量、劳动生产效率、劳动条件和生产成本有了进一步的要求，因而，铸造方法有了长足发展。所谓特种铸造是指不同于砂型铸造的其他铸造方法。常用的有熔模铸造、金属型铸造、离心铸造、压力铸造、低压铸造、陶瓷型铸造等。

一、熔模铸造

熔模铸造又被称为失蜡铸造或精密铸造。它是用易熔材料（如蜡料）制成模样并组装成蜡模组，然后在模样表面上反复涂覆多层耐火涂料制成模壳，待模壳硬化和干燥后将蜡模熔去，模壳再经高温焙烧后，浇注获得铸件的一种铸造方法。熔模铸造工艺过程示意图，如图 3－12 所示。

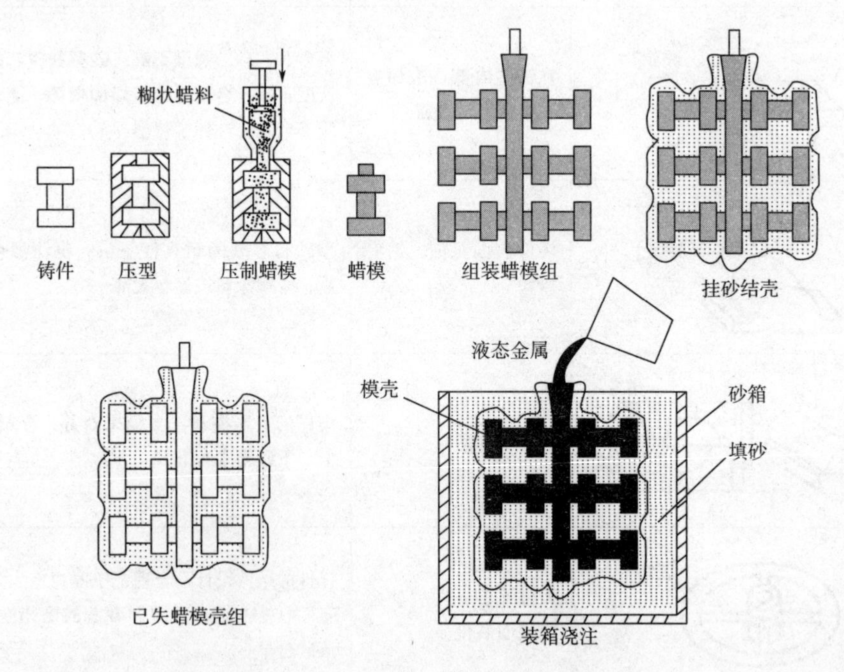

图 3－12　熔模铸造工艺过程示意图

二、压力铸造

金属液在高压下高速充填压铸模型腔，并在压力下凝固成铸件的高效铸造方法，称为压力铸造，简称压铸。它的基本特点是高压（5～150MPa）和高速（5～100m/s）。压力铸造是在压铸机上进行的。压铸机可分为热室压铸机和冷室压铸机两大类，冷室压铸机又可分为立式和卧式等类型，但它们的工作原理基本相似。压铸机工艺过程示意图，如图3－13所示。

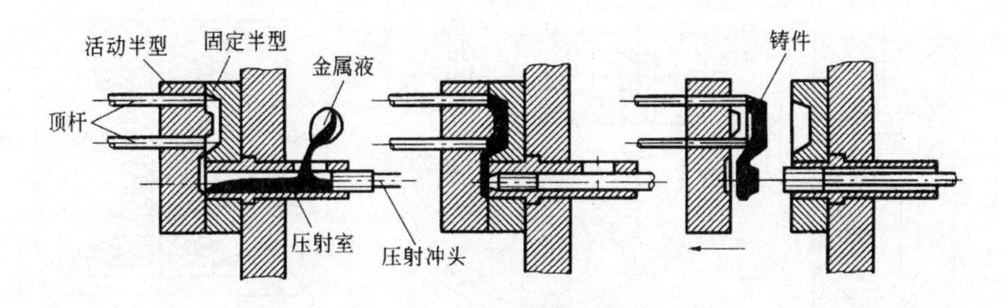

图3－13 压力铸造工艺过程示意图

压铸工艺的优点是压铸件具有“三高”：

铸件精度高（IT11～IT13，*Ra*3.2～0.8μm）、强度与硬度高（σ_b 比砂型铸件高20%～40%）、生产率高（50～150件/小时）。

缺点是存在无法克服的皮下气孔，且塑性差；设备投资大，应用范围较窄（适于低熔点的合金和较小的、薄壁且均匀的铸件。适宜的壁厚：锌合金1～4mm，铝合金1.5～5mm，铜合金2～5mm）。

三、离心铸造

离心铸造指将液态铸造合金浇入高速旋转（250～1500r/min）的铸型中，使其在离心力作用下填充铸型和结晶的铸造方法，如图3－14所示。

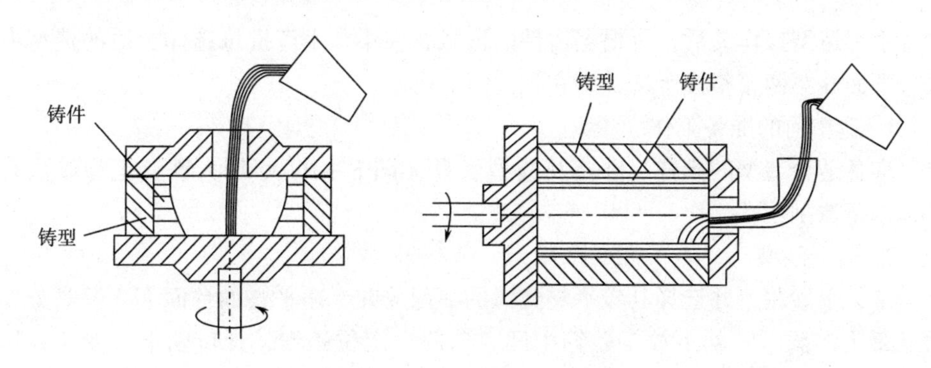

图3－14 离心铸造示意图

用离心铸造生产中空圆筒形铸件，质量较好，且不需要型芯，没有浇冒口，所以可简化工艺，出品率高，且具有较高的劳动生产效率。

四、金属型铸造

将液态金属浇入用金属材料制成的铸型而获得铸件的方法，称为金属型铸造。金属铸型可反复使用，又称为永久型铸造或硬模铸造。金属型一般用耐热铸铁或耐热钢做成。金属型的结构和类型如图 3－15 所示。

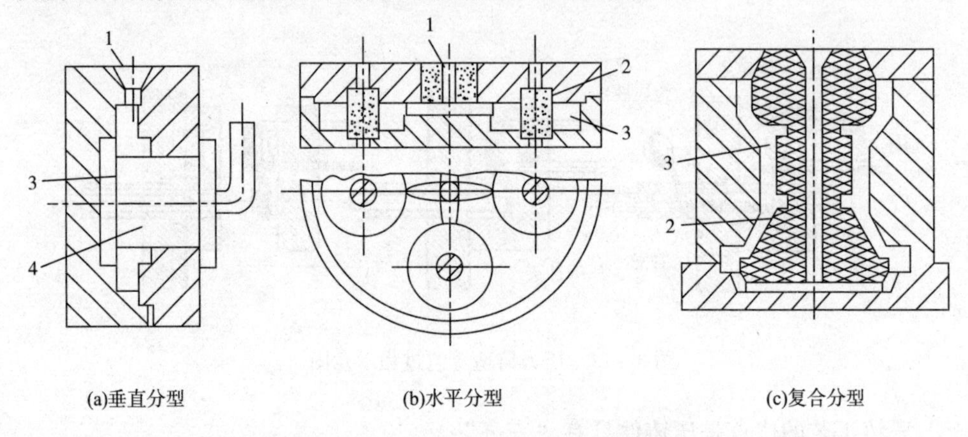

图 3－15　金属型铸造的结构和类型

1—浇口　2—砂芯　3—型腔　4—金属型芯

金属型生产的铸件，其力学性能比砂型铸件高。同样的合金，其抗拉强度平均可提高约 25%，屈服强度平均提高约 20%，其抗蚀性能和硬度也有显著提高；铸件的精度和表面光洁程度比砂型铸件高，而且质量和尺寸稳定。但金属型透气性差，而且无退让性，易造成铸件浇不足、开裂或铸铁件白口等缺陷。

第四节　铸 造 实 训

手工造型操作灵活，可根据铸件的形状、大小和生产批量选择合适的造型方法。下面介绍两箱整模手工造型实训。

1. 造型前的准备工作

准备适合造型的模样、砂箱及造型工具（图 3－16）。用大铁铲把型砂混合好，以备造型用。

2. 造下砂型

拿一个砂箱，并选择其较平整光滑的一面放在干净平整的台面上。模具分型面（最大的截面）朝下放于砂箱中间，拿两个定位销帽，开口朝下，放在砂箱两对角处，距离砂箱壁的距离以舂砂棒能顺利穿过为宜。

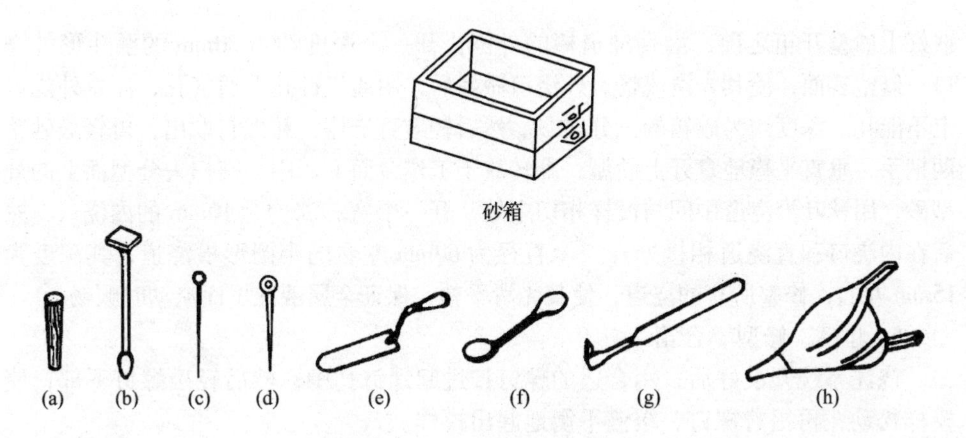

图3－16　常用手工造型工具

(a)浇口棒　(b)砂冲子　(c)通气针　(d)起模针　(e)墁刀　(f)秋叶　(g)砂勾　(h)皮老虎

整个砂型分三层做好。第一、二层只能用舂砂棒舂砂，第三层用舂砂锤舂砂。第一层放约半个砂箱高的型砂，放好型砂后，一只手按住定位销帽，另一只手抓住舂砂棒上部用力舂砂，先固定好定位销。然后沿着砂箱壁舂击型砂，并按照由外向内的顺序多次来回舂击，大部分型砂舂紧，只留下表面一薄层松散型砂。

第二层型砂，与砂箱平齐即可。型砂放好后，用舂砂棒沿着砂箱壁交错来回舂几次，在模样上方再多舂几次。最后也只留下表面一层松散的型砂即可加第三层型砂。

第三层型砂加到高于砂箱50mm左右即可，并且型砂必须堆成一个平台。手持舂砂锤的上部，从砂箱一角开始，按照纵向或横向顺序把型砂舂紧。舂砂时注意舂砂棒不要抬得太高，以避免振动太大把模样振松动。也不要舂到砂箱上，以避免损坏砂箱。型砂舂紧后，用刮砂棒刮掉高于砂箱的型砂，使砂型面与砂箱平齐。再用通气针扎上通气孔。模样上方扎半个砂箱深，其他地方扎三分之二个砂箱深。这样，下砂型就造好了。造成好的下砂型大约能承受40kg左右的冲击力。

3. 造上砂型

把造好的下砂型翻转180°，放于干净平整的工件台面上。放好定位销，放上直浇棒，直浇棒应放在没有定位销的砂箱对角线一旁，离模样大约一个舂砂棒的距离，约20mm，然后拿一个砂箱，把较光滑的一面朝下，放于下砂箱上，并使上下两个砂箱对齐，两个砂箱的两个把手位于同一侧。在下砂型上撒上分型砂（原砂），模样上不能撒分型砂。

捏一块直径为15mm左右的砂块轻覆盖在模样的螺钉孔上，防止松散的型砂进入起模螺钉孔中。

整个上砂型也像下砂型一样，分三层做好。填砂和舂砂方法一样，只是舂砂力量要低于下砂型，造好上砂型大约能承受30kg的冲击力。

4. 开浇注系统

浇注系统只有直浇道部分的形状由模样做出，其余部分都由人工手工开出。在造好上砂型开箱之前，沿直浇道棒的外围，开一个深度约为30mm的漏斗形外浇口，修整表面，使其光滑流畅。外浇口做好后，用通气针扎上通气孔，注意外浇口上不能扎。深度约为砂箱的三分之二。然后轻敲直浇棒，并把它取出，再轻敲砂箱两把手，垂直平稳地拿开上砂型，翻转放于工作台面上。用手刷扫去分型面上的分型砂，用秋叶沿浇道中间与模样相切之处，开一个宽和深均为10mm的内浇口，然后在内浇口和直浇道相接处开一个直径为60mm左右的半圆形横浇道，其深度为15mm左右，修整所有的浇道，使其光滑平整，保证金属液在里面流动时顺畅。

5. 起模、修型、合箱

浇注系统开设好后，用合适的螺钉拧进起螺钉孔中，然后轻敲螺钉下部，使模样松动，再提着螺钉，缓慢平衡地起出模样。

查看型腔是否有缺陷，如有缺陷必须进行修补。缺角的地方，加砂，放入模具重新压平，有裂纹和散砂的地方用提钩进行修整，使整个型腔光滑，其表面不能落有散砂。

检查型腔和浇注系统全部合格后，把上砂型翻转，盖在下砂型上，注意定位销的位置，以避免合箱时损坏造好的砂型。

第五节　实习安全操作规程

在铸造生产中，主要有烫伤、喷溅伤、机械伤和碰、砸伤等。实训时，要注意下面的一些安全规章制度。

（1）实习时，冬天不得穿大衣、风衣和戴长围巾，夏天不得赤脚、赤臂、穿短裤、拖鞋。

（2）按照实习内容，检查和准备好自用设备和工具。

（3）造型过程中，在舂砂时不要把手放在砂箱上，以免砸伤自己或他人的手。

（4）造型中，清除散砂不得用嘴吹，以防将砂粒吹入自己或他人眼中。

（5）要文明实习，每天实习完毕，将造型工具清点好，摆放在工具箱内，并清理好现场。

（6）不得擅自动用设备及电源开关。

思考与练习

1. 试述砂型铸造的工艺过程。

2. 型砂由哪些材料混拌而成，应具备哪些主要性能？

3. 零件、铸件和模样三者在形状与尺寸上有何区别？为什么？

4. 手工造型有哪些主要方法？各适用于何种铸件？

5. 铸件的主要缺陷有哪些？试述几种缺陷产生的原因。

6. 热室压铸机主要应用于哪些金属材料压铸成型？

第四章　板料冲压

第一节　概　　述

一、冲压定义及特点

板料冲压是利用冲压设备和冲模，使板料在模具内产生分离或变形的加工方法，这种方法通常在常温、常压下进行，因此又称为冷冲压或冲压。适合于冲压加工的板料一般为塑性好、变形抗力低的薄板，常用的材料有低碳钢、不锈钢、铜、铝、纸板、皮革等。

冲压具有如下特点：

（1）冲压生产操作简单、生产效率高，易于实现机械化和自动化。

（2）冲压件尺寸精度高、互换性好、质量稳定、表面光洁、无须机械加工。

（3）冲模结构复杂，精度要求高，制造费用高。

二、冲压基本工序

冲压基本工序分为分离工序和变形工序两大类。加工时使胚料的一部分与另一部分产生分离的工序称为分离工序，包括剪切、冲裁（冲孔和落料）、剖切等工序；加工时使坯料的一部分产生变形而不被破坏的工序称为变形工序，包括弯曲、拉深和翻边等工序。

1. 冲裁

冲裁是使板料在冲模刃口作用下，沿封闭轮廓分离的工序，包括冲孔和落料工序，如图 4－1 所示。落料是在板坯中冲出需要的工件，余料为废料。冲孔是在工件中冲出所需要的孔。

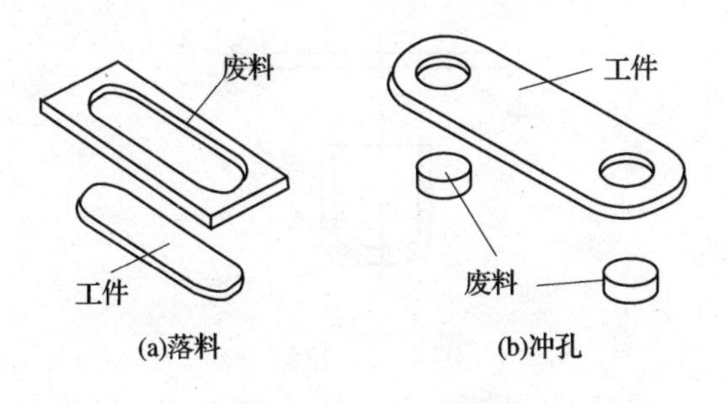

图 4－1　落料与冲孔

2. 弯曲

弯曲是把坯料弯成一定曲率、一定角度形状，属于变形工序，如图 4－2 所示。弯曲时，板的内侧受压缩，而外侧被拉伸，当拉应力超过材料的强度极限时，就会出现裂纹，因此弯曲变形要选择好弯曲半径，防止弯裂，消除弹复现象。

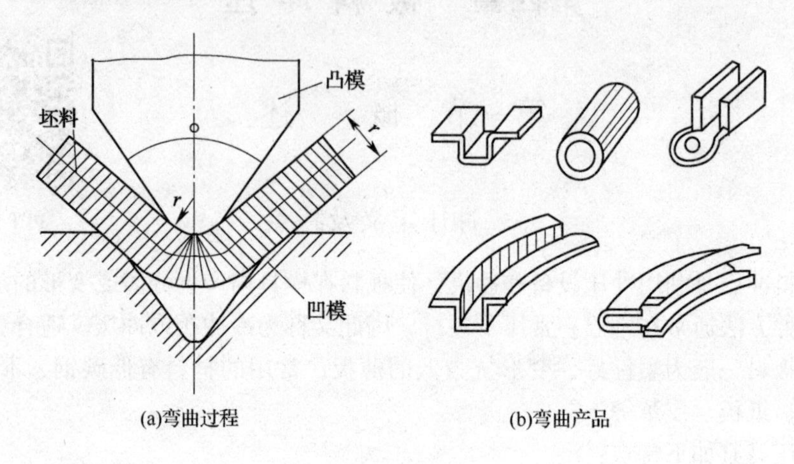

(a)弯曲过程　　(b)弯曲产品

图 4－2　弯曲

3. 拉深

拉深也称拉伸，是变形工序。拉深是将平板坯料变成开口空心件，或将开口空心件进一步改变尺寸，如图 4－3 所示。坯料一般通过落料工序得到，深度大的工件要经过多次拉深才能加工完成。

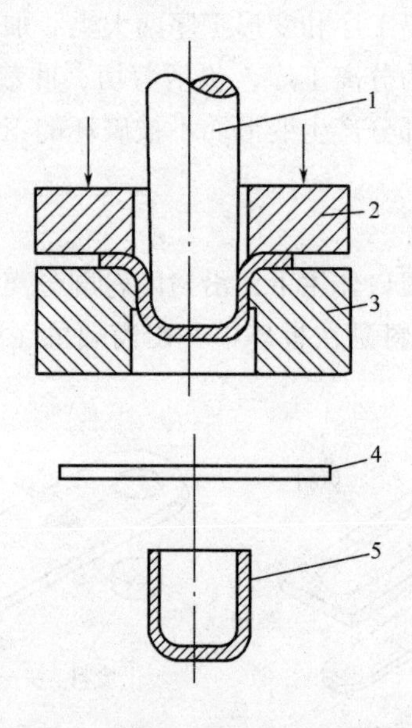

图 4－3　拉深

1—凸模　2—压边圈　3—凹模　4—坯料　5—拉深件

第二节　冲压设备

常用的冲压设备有冲床、剪床。冲床也称压力机，剪床也称剪板机，冲压在冲床完成，冲压用的坯料、条料在剪床上剪切完成。

一、冲　　床

冲床根据结构类型的不同分为很多种，常用的是开式冲床，如图4－4所示。其工作原理是由电动机、飞轮（带轮）的回转运动转变成滑块沿导轨的上下直线运动；冲床工作时电动机通过皮带带动飞轮不断空转，踩下踏板操纵离合器的开闭来控制滑块的上下运动。离合器闭合时，滑块下行，固定在滑块的上模或上刀刃随滑块运动，完成冲压或剪切；离合器脱开时，滑块在制动器的作用下停留在最上边的位置。

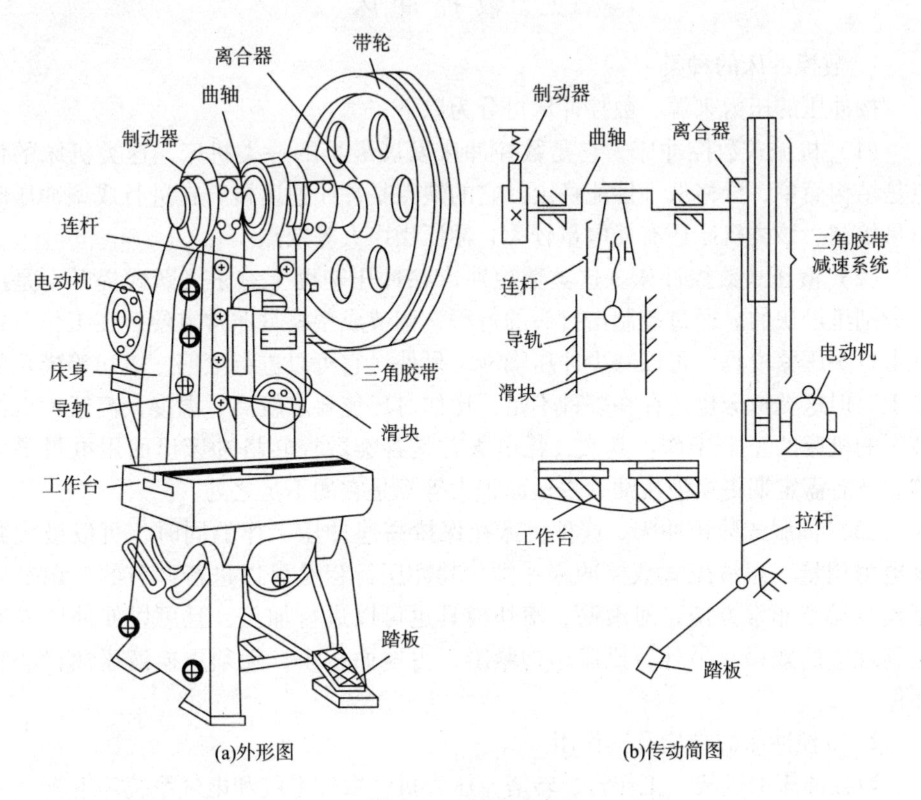

图4－4　开式冲床

二、剪　　床

剪床是下料用的基本设备，主要参数是所能剪切的最大板厚和宽度，传动机构和剪切示意图如图4－5所示。常用的剪床有斜口刃剪床、平口刃剪床，剪床的工作原理与冲床基本相同。

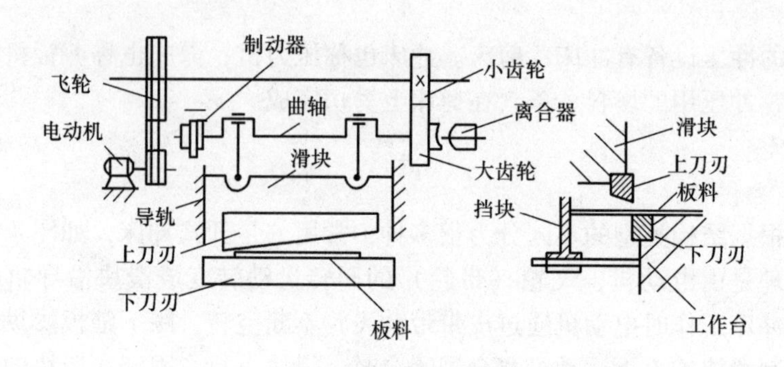

图4－5　剪床传动机构和剪切示意图

三、数控冲床

1. 数控冲床的种类

按冲压的压力来源，数控冲床可分为以下三类：

（1）机械式数控冲床。它是数控冲床发展最早的一类机床，这类机床的优点是结构简单、价格低、性能稳定。它的缺点是冲压速度慢，在进行成型冲压时不易控制。该类机床还有耗电量较大、冲压噪声大等缺点。

（2）液压式数控冲床。这类数控冲床在冲压速度上有了飞跃式提升，是所有类别里最快的。通过控制击打头的行程，调节成型模具非常方便。在工作时控制击打头压紧模具，可以减少冲压噪声。另外，它可以进行滚筋、滚切等模具的加工。但这类机床也还存在多种不足，比如对环境要求较高，温度太高或太低都会影响机床的正常工作。其次，耗电大，是各类数控转塔冲床里面用电量最大的。还有需定期更换液压油、占地面积大等都是它的不足之处。

（3）伺服式数控冲床。这种机床在保持高速冲压工作的同时，可以极大减少电力用量。跟液压式数控冲床一样，其冲压行程是可以进行调节的，调节成型模具加工非常方便，对滚筋、滚切模具也可以进行加工，且可以使冲压噪声达到理想的效果。另外，机床结构紧凑，占地面积小，无须更换液压油，非常环保。

2. 数控冲床的结构及其作用

数控冲床由机架、工作台、转塔、压力机、数控系统和电气系统等组成。

机架指的是机床的床身，它的机身外形通常表现为两种形式：C型结构和O型结构。C型结构是指机床的悬臂开放不封闭，所以也称为开式结构。O型结构则呈封闭形式，称为闭式结构。相对来说，O型比C型的总体刚性要好，重加工时更加稳定，但是在相同加工性能下O型机床相对比C型机床体积更庞大，C型机床由于开放，可利用空间更多，更为灵活。

数控冲床的工作台相对其他类型的机床来说，显得更加宽阔，上面布满了密密麻麻的毛刷部件，既支撑了大块的板料，又使得材料在上面更加容易滑动。

转塔也称为回转头、转盘，是数控冲床上用来存放模具的地方，也称为模具库。数控冲床的转盘共有两个，分别称为上转盘和下转盘。一般上转盘用来安装上模的导向套、上模总成、模具支撑弹簧等，下转盘用来安装下模、模具压板等。转塔转动，以便更换冲压模具，这个由电机驱动链条链轮带动，这个转轴通常称为 T 轴。

压力机给机床提供了冲压所需要的动力，根据压力的来源，分为机械式、液压式和伺服式三种。目前，液压式数控冲床使用较多，机械式的则逐步被淘汰，伺服电机驱动的数控冲床由于兼有机械式和液压式的优点，所以发展很快。

数控系统用于数控冲床的运算、管理和控制，是整个机床的中枢部分。电气系统则为整台机床提供动力。

3. 数控冲床编程技术

用户程序是用户根据加工工件的尺寸、工艺过程和工艺要求，按照一定格式，用功能代码编写的一套指令。数控冲床常用的编程指令见表 4 - 1。

表 4 - 1　　数控冲床常用的编程指令

指令	使用格式	含　义
G90	G90	绝对坐标（默认）
G91	G91	相对坐标
G00	G00 X_ Y_	快速定位
G01	G01 X_ Y_	直线步冲或冲孔
G02	G02 X_ Y_ I_ J_	顺时针圆弧步冲或冲孔，X、Y 为圆弧终点坐标值，I、J 之值是圆或圆弧所在的圆心相对于起点的增量值
G03	G03 X_ Y_ I_ J_	逆时针圆弧步冲或冲孔，X、Y 为圆弧终点坐标值，I、J 之值是圆或圆弧所在的圆心相对于起点的增量值
M80	位于 G00 指令最后（同一行）	单次冲压。执行此指令一次，冲头只冲一次。用于冲孔没有规律，且较少的情况下
T	T_	定义模具

早期的数控冲床没有自动编程软件，只能在数控系统上直接手工编程，而现在的数控冲床基本配备了自动编程软件，利用软件来自动编程，工作效率和对复杂零件的加工能力比以前都得到了飞跃式的提升。

数控冲床常用的模具及其代号见表 4 - 2。

表 4－2　　数控冲床常用的模具及其代号

图例	中文名称	形状代号	图例	中文名称	形状代号
○	圆形	RO	⊂⊃	长圆形	OB
▭	长方形	RE	✚	倒圆角	CR
□	正方形	SQ			

第三节　冲压实训

一、普通冲床操作

将冲模安装在冲床上，一般上模通过模柄固定在滑块模柄孔，下模固定在工作台或垫板上。装模时必须使模具的闭合高度介于冲床的最大闭合高度和最小闭合高度之间。模具安装好后试冲，启动冲床；电动机通过皮带带动飞轮空转，踩下踏板让滑块试运行，把坯料放入冲模冲压。单次行程操作时，踩踏板要一次一次进行，冲压一次后脚要离开踏板，不允许脚长时间停留在踏板上。

冲模的种类很多，冲模安装前要了解冲模结构和使用要求，将工作台和下模座底面擦拭干净。

下面是带有导向结构冲模安装在开式冲床的过程：

（1）踩下踏板，使离合器闭合，手拿转动棒转动飞轮，使滑块降至下死点位置。

（2）调整滑块闭合高度，使滑块底面至工作台或垫板的距离大于冲模闭合高度（转动连杆里的螺杆进行调整）。

（3）拆掉模柄压块螺母，卸下模柄压块。

（4）将冲模搬上冲床工作台，移动冲模；使模柄紧贴模柄孔。

（5）装上模柄压块，调整连杆长度，使滑块底面与上模座顶面紧贴无隙。

（6）拧紧模柄压块螺母、螺丝。用压板、螺丝固定下模。

（7）拿转动棒转动飞轮使滑块上下运行，确认顺畅无误后启动冲床。

（8）冲床启动后，踩下踏板试冲，转动连杆调整上模与下模的位置，冲出合格制件后锁紧螺杆。

（9）模具拆卸：拿转动棒转动飞轮使滑块降至下死点位置，拆掉模柄压块螺母，卸下模柄压块（也可以通过拧紧模柄压块中的螺丝顶松模柄压块后卸下）。上调滑块脱离与上模座顶面的接触。搬走模具。

二、剪床操作

以下操作步骤以普通的斜口刃剪床为例：

（1）用钢尺测量剪床挡板与刀口是否平行，如剪床挡板与刀口平行操作第（3）步，如剪床刀口与挡板不平行，操作第（2）步。

（2）松开剪床挡板一侧的固定螺丝，一人在前面查看钢尺的刻度；另一人在后面调节挡板与刀口的位置，直到刀口与挡板左右两侧的尺寸一致，即刀口与挡板相互平行，然后把挡板固定螺丝锁紧。

（3）松开挡板调节杆左右两侧的固定螺丝，一人在前通过钢尺查看刀口与挡板之间的距离；另一人在后面通过转动调节杆，将刀口与挡板的距离调整到所需要的尺寸，锁紧调节杆左右两侧的固定螺丝。

（4）启动剪床，将试剪的材料放到剪床上，顶到剪床的挡板，然后用手按住材料，确定安全后伸脚去踩动剪床的踏板，剪出试剪的材料。

（5）用尺测量试剪材料的尺寸，如尺寸与所需尺寸不符则由第（3）步开始重复操作，如尺寸在所需尺寸范围内，则可将需要裁剪的材料放到剪床上进行裁剪。

三、数控冲床操作

以下操作步骤以国产机械式数控冲床常用的数控冲压软件为例。

（1）进入数控冲压程序。打开所要加工的代码（G代码）文件。

（2）使机床回到机械坐标原点（即复位），以建立机床坐标系。在程序主界面下用鼠标点击常用工具条上的【F8手动操作】，进入手动操作界面→在手动操作界面下点击常用工具条的【F6回零】，进行回零→等待回零结束。

（3）上板料，使用夹钳固定。

（4）移动板料至冲压中心，设置工件坐标零点。移动板材到模具冲头下，定位后清零：如果处于程序主界面下用鼠标点击常用工具条上的【F8手动操作】，进入手动操作界面→在手动操作界面下点击常用工具条的【F7清零】使工件坐标为零。

（5）进行自动加工。如果处于手动操作界面则点击【F9返回】回到程序主界面；按手柄盒上的绿色“启动”按钮，开始自动加工。

（6）开始冲压，直到冲压完成。

（7）使用增量移动：能够精确移动X/Y轴位置。在程序主界面下用鼠标点击常用工具条上的【F8手动操作】，进入手动操作界面→在手动操作界面下点击常用工具条的【F8增量】，可使指定轴在当前位置上增量移动，命令格式是在轴名称（X或Y）字母后加数字，如X32、Y32。

第四节　实习安全操作规程

（1）操作冲床时，操作者必须集中精神、认真操作。

（2）操作冲床时，操作者的手不得进入危险区域，必须以工具代替手进入危险区域。

（3）冲床操作时，只允许操作者一人开机、送料、取件，操作踏板。

（4）冲床开机后，需要踩下踏板进行试冲，正常后才可进行冲压操作。

（5）操作冲床时，操作者须正对冲床坐好、坐稳。

（6）冲压时先将坯料放置冲模后再伸脚踩踏板，每冲压完一次，脚要离开踏板。

（7）操作者离开设备或有紧急情况时一定要停机。

（8）单次行程操作时，有连冲现象、设备有异响、板料卡死在冲模等情况出现时要暂停工作，等待处理。

（9）学生冲床实训时，一定要先熟悉机床操作，听从老师安排，不得加工未指定图形，不得随意触碰按钮。

（10）上下大件板料或产品时要戴好防护手套，长期工作时要戴好耳塞。

（11）禁止在机床周边追逐打闹，不做与加工无关的事。

（12）保持场地整洁，工具按要求摆放。

（13）操作完毕后放好工具，清洁设备、打扫卫生。

思考与练习

1. 冲压的主要特点是什么？
2. 冲压的基本工序有哪些？试举出几种冲压件的基本工序。
3. 简述数控冲床的定义。
4. 数控冲床有哪些特点？
5. 数控冲床由哪些部件组成？
6. 比较机械式和液压式数控冲床的优缺点。
7. 数控冲床的常用模具有哪些？

PPT课件

模具

第五章　模　具

模具是成型制品或零部件大批量生产的重要工艺装备，是用来限定成型对象的形状和尺寸的专用工具。模具可以保证产品的尺寸精度，使产品质量稳定，而且在加工中不破坏产品表面；也可以保证少或无切削，材料耗费低。模具生产的发展水平是机械制造水平的重要标志之一。模具种类很多，按所成型的材料的不同，模具可分为金属模具和非金属模具。金属模具有：铸造模、锻造模、冲压模、压铸模等。非金属模具有：注射成型模、吹塑模、压塑模、热成型模、橡胶模等。

第一节　模具基础知识

一、冲　压　模

冲压是在常温下，利用冲压模在压力机上对材料（通常是金属材料）施加压力，使其产生塑性变形或分离从而获得所需形状和尺寸的零件的一种压力加工方法。这种加工方法通常称为冷冲压。

1. 冲压工序

一个冲压件往往需要经过多道冲压工序才能完成，如图5－1所示，一个机壳经过了五道冲压工序冲压而成。冲压工序大致可分为分离工序和成型工序两大类。

（1）分离工序：使冲压件与板料沿一定轮廓相互分离的工序，如冲孔、落料、切口等。

（2）成型工序：使材料发生塑性变形而获得一定形状和尺寸的零件的工序，如弯曲、拉深、翻边等。

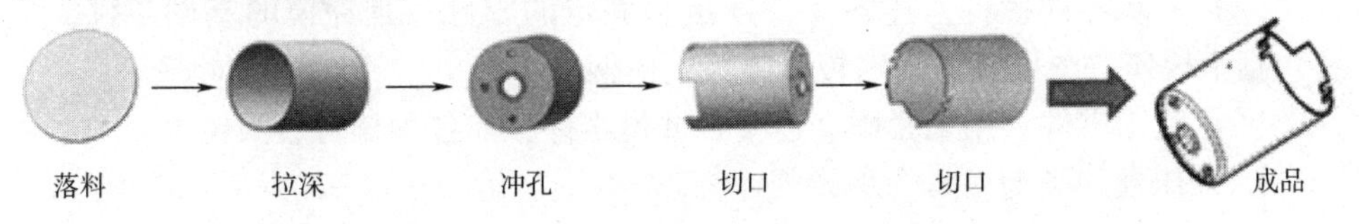

图5－1　机壳的冲压工艺流程

2. 冲压模的结构组成

冲压模分为上模和下模两大部分，上模通过模柄固定在压力机的滑块上，随滑块一起沿压力机导轨上下运动；下模固定在压力机的工作台上。典型的冲模如

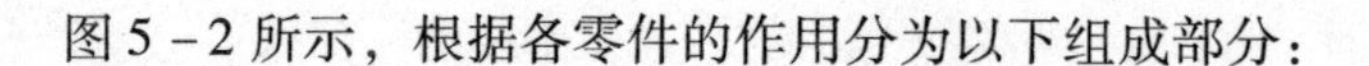

图 5－2 所示，根据各零件的作用分为以下组成部分：

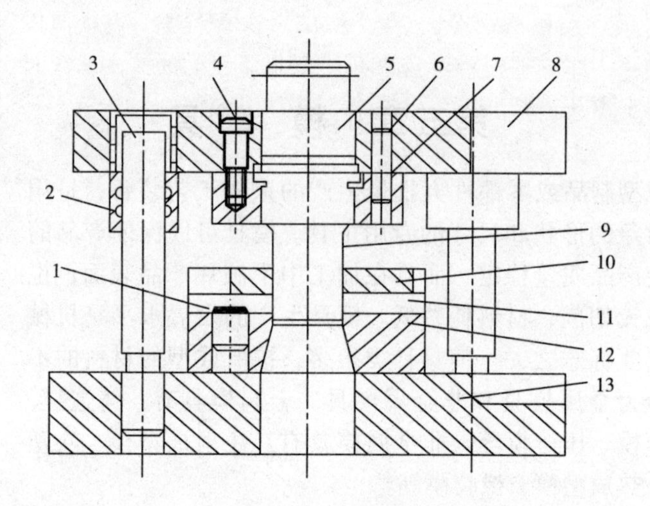

图 5－2　简单冲压模

1—挡料销　2—导套　3—导柱　4—螺钉　5—模柄　6—销钉　7—凸模固定板　8—上模座板
9—凸模　10—卸料板　11—导板　12—凹模　13—下模座板

（1）工作零件：直接接触冲压材料，对其施加压力以完成冲压工序的零件，包括凸模、凹模及凸凹模。

（2）定位零件：确定材料在冲模中的正确位置的零件。如图 5－2 中的挡料销 1 和导板 11，导板保证送料方向，挡料销 1 保证送料距离。

（3）退料零件：将一次冲压完成后卡在工作零件上的废料或冲压件卸下来的零件，保证冲压工作能继续进行。包括卸料、推件和顶件装置，卸料装置是指把冲压件或废料从凸模上卸下来，有弹性和刚性之分，如图 5－2 中的卸料板 10 即是刚性卸料装置；推件和顶件装置是指把冲压件或废料从凹模中卸下来，装在上模内的称为推件，装在下模内的称为顶件。

（4）导向零件：保证凸、凹模间相互位置的准确性，如图 5－2 中的导套 2 和导柱 3。

（5）支承零件：将上述各零件连接和固定的零件，是冲模的基础零件，主要包括上模座、下模座、固定板、垫板、模柄等。

（6）紧固零件：用来紧固、连接各冲模零件，如各种螺钉、圆销等。

3. 冲压模的类型

按照冲压模的工序组合程度，可分成以下三种类型：

（1）单工序模（俗称简单模）：压力机的一次行程中只完成一种工序的冲模称为简单模，如落料模、冲孔模、切边模等。如图 5－2 所示是简单冲压模。该模工作时，条料靠导板 11 和挡料销 1 实现正确定位。凸模向下冲压，冲出的工件在凹模孔内自然落下，条料由于包紧力的作用包紧凸模一起回程向上运动，当条料碰到固定在凹模上的刚性卸料板 10 时被卸下，然后将条料向前送进，执行第二次冲压。

（2）级进模（俗称连续模）：压力机的一次行程中，在模具的不同位置上同时完成数道冲压工序的冲模称为连续模。如图 5－3 所示，工作时，定位销 2 对准预先冲好的定位孔进行导正，上模向下运动，凸模 1 进行落料，凸模 4 进行冲孔。当上模回程向上运动时，卸料板 6 将条料从凸模上刮下。这时再将条料 7 继续向前送进，执行第二次冲压。

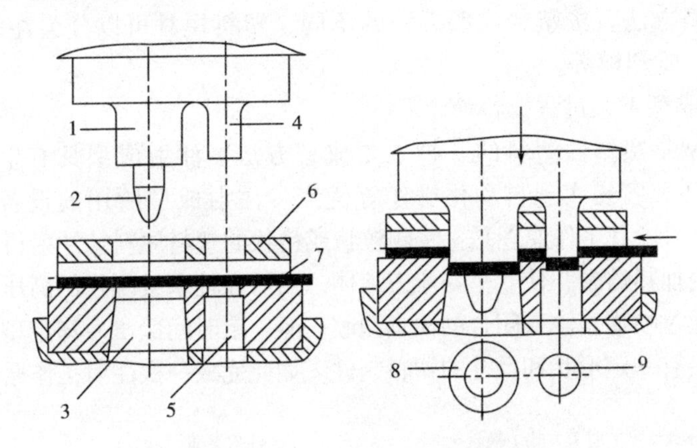

图 5－3　级进（连续）冲模

1—落料凸模　2—定位销　3—落料凹模　4—冲孔凸模　5—冲孔凹模
6—卸料板　7—条料　8—冲压件　9—废料

（3）复合模：压力机的一次行程中，在模具的同一位置上完成数道冲压工序的冲模称为复合模。在结构上的主要特征是有一个凸凹模。如图 5－4 所示，当凸凹模 1 随上模向下运动时，条料 6 在凸凹模 1 的外缘（即落料凸模）与落料凹模 4 之间落料，上模继续向下运动时，拉深凸模 2 顶住落料件 8 与凸凹模 1 的内孔（即拉深凹模）完成拉深。上模回程向上运动时，推件器 5 将冲压件 10 从拉深凹模中卸下。

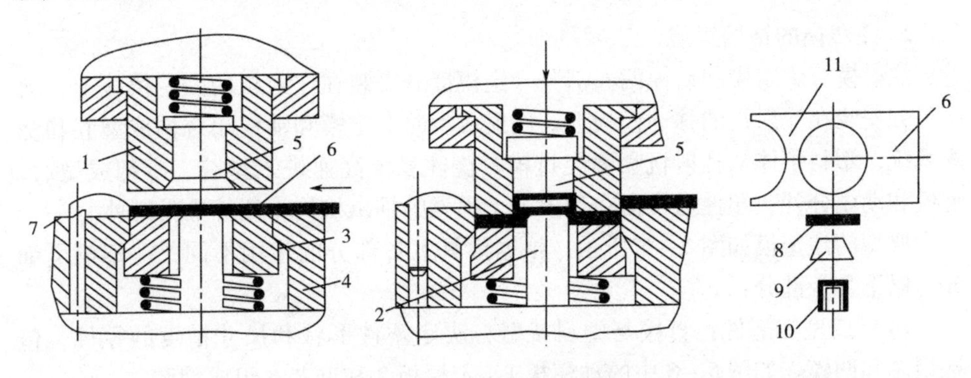

图 5－4　冲孔落料复合模

1—凸凹模　2—拉深凸模　3—压板　4—落料凹模　5—推件器　6—条料　7—挡料销
8—落料件　9—拉深件　10—冲压件　11—余料

二、注 塑 模

塑料模具的发展是随着塑料工业的发展而发展的。汽车、家电、办公用品、工业电器、建筑材料、电子通信等塑料制品主要用户行业高位运行，发展迅速，塑料模具也快速发展。

塑料的成型方法很多，在实际生产中应用较广泛的主要有注射、压塑、压注和吹塑等成型方法。按塑料成型方法的不同，塑料模具可以分为注塑模、压塑模、压注模、吹塑模等。

1. 注射成型工艺过程

注射成型是热塑性塑料的一种主要成型方法。注射成型具有生产效率高、生产适应性强和容易实现自动化操作等优点。注射成型所用的设备是注射机，如图 5－5 所示。其工作原理是：将颗粒状或粉状的塑料原料从注射机的料斗送入高温的料筒内加热熔融，使其呈黏流态熔体，然后在柱塞或螺杆的高压推动下，以很大的流速通过喷嘴，注入闭合的模具型腔，经一定时间保压冷却定型后，打开模具即可获得具有一定形状和尺寸的塑料制件。如此完成一次注射工作循环。

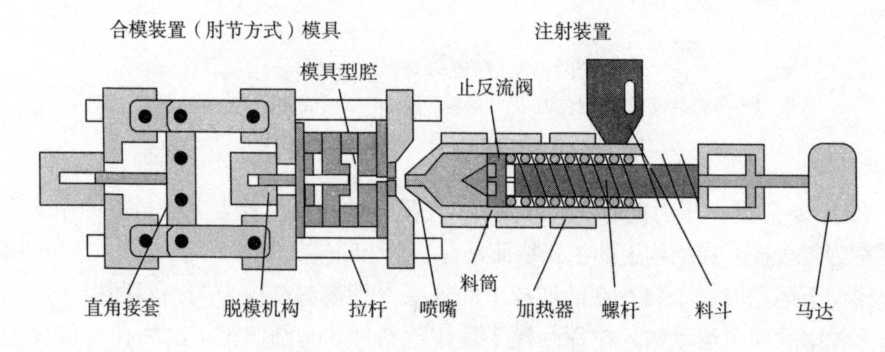

图 5－5　注射机结构示意图

2. 注塑模的结构组成

注射模分为定模和动模两大部分。定模部分安装在注射机的固定模板上，动模部分安装在注射机的移动模板上。注射成型时，定模和动模闭合构成型腔和浇注系统，塑料熔体从注射机喷嘴经过模具浇注系统高速进入型腔，冷却成型后，定模和动模分开，塑件通常留在动模上，模具的推出机构将塑件推出模外。

典型的注塑模如图 5－6 所示，根据模具上各部分的作用不同，注塑模可细分为以下几个部分：

（1）成型零部件：直接与塑料接触，决定塑件形状和尺寸精度的零件，包括型芯和凹模。如图 5－6 中的动模板 1、定模板 2 和型芯 6 组成型腔。

（2）浇注系统：将塑料熔体由注射机喷嘴引向模具型腔的通道，由主浇道、分浇道、浇口组成。如图 5－6 中浇口套 5 内的孔为主浇道，其形状为圆锥形，

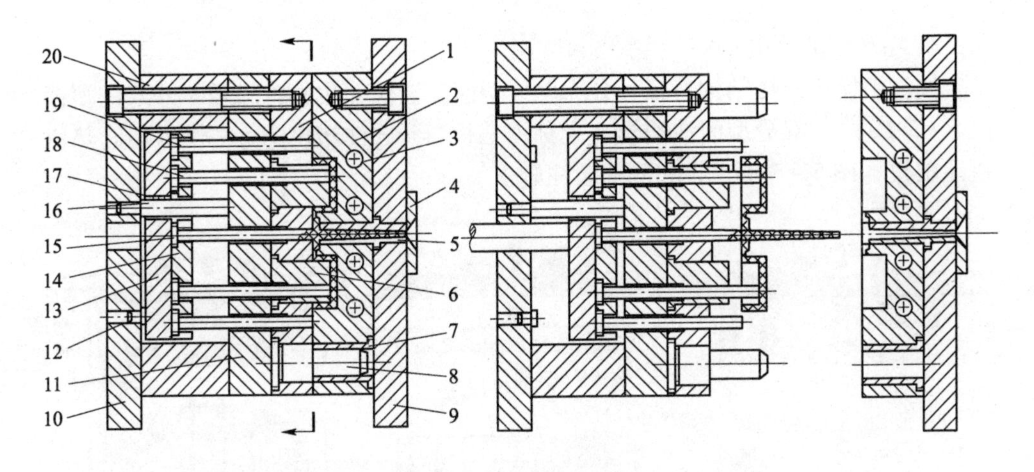

图5－6　单分型面注射模

1—动模板　2—定模板　3—冷却水道　4—定位圈　5—浇口套　6—型芯；7—导套
8—导柱　9—定模座板　10—动模座板　11—支承板　12—限位钉　13—推板　14—推杆固定板
15—拉料杆　16—推板导柱　17—推板导套　18—推杆　19—复位杆　20—垫块

目的是便于塑料熔体顺利流入及开模时顺利拔出。主浇道圆锥大端的上、下通道为分浇道，它是主浇道和浇口之间的通道，使塑料的流向得到平稳转换，对多腔模起到向各型腔分配塑料的作用。

（3）排气系统：为了在注射成型过程中将型腔中的空气和塑料本身挥发出的各种气体排出模外，可在分型面上开设排气槽，或利用推杆或活动型芯与模板之间的间隙排气。

（4）温度调节系统：在模具中设置冷却加热装置，对模具进行温度调节，以满足注射工艺对模具温度的要求。冷却系统一般在模腔周围开设，如图5－6中的冷却水道3组成的冷却水循环回路。加热装置则在模腔周围设置加热元件。

（5）推出机构：用来在开模过程中，将塑件及浇注系统凝料推出模外。如图5－6所示由推板13、推杆固定板14、拉料杆15、推杆18、复位杆19组成推杆推出机构。

（6）抽芯机构：当塑件带有侧凹或侧孔时，在开模后，必须先将成型侧凹或侧孔的侧型芯脱离塑件，方能顺利推出塑件，所以要设置侧向分型与抽芯机构。

（7）导向机构：用于确保动模与定模合模时准确对合，有些注射模为了避免推出过程中推出板歪斜，在推出机构上也设置导向机构。如图5－6中的导柱8和导套7、推板导柱16和推板导套17。

（8）支撑零件：将上述七类零件组装在一起，构成模具的基本骨架，如图5－6中的动模板1、定模板2、定模座板9、动模座板10、支承板11、垫块20。

（9）紧固零件：用来紧固和连接各模具零件，如螺栓、螺钉、圆销等。

3. 注塑模的分类

按注塑模的总体结构特征可分为单分型面注塑模［也称为二板一开式注塑模图5－7（a)］、双分型面注塑模［也称为三板二开式注塑模图5－7（b)］、热流道注塑模［图5－7（c)］和侧抽芯注塑模等。

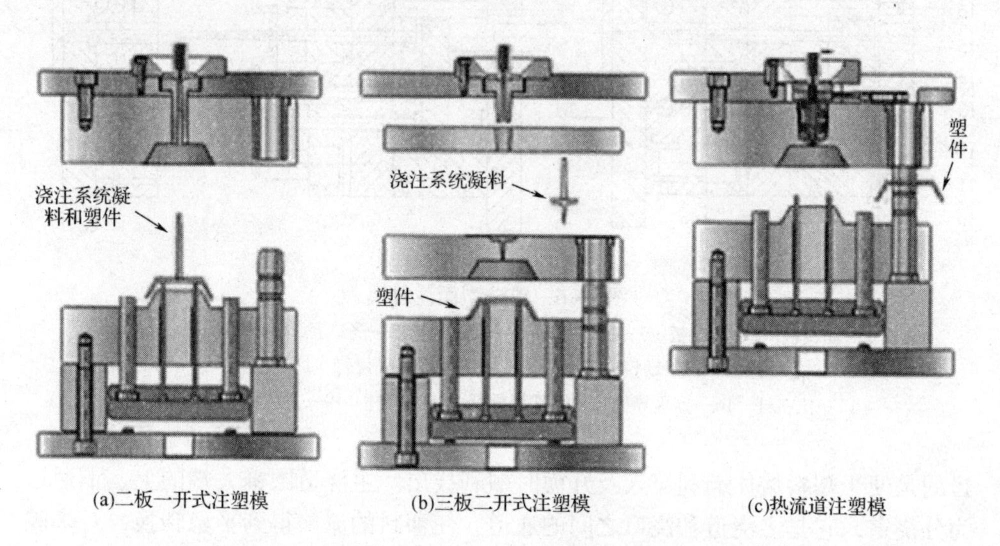

图5－7　三种常见的注塑模类型

三、压　铸　模

压力铸造（简称压铸）指的是将熔化的金属，在高压作用下以高速填充到模具型腔内，并在此压力下凝固而形成铸件的一种成型方法。它的特点是高压（5～150MPa）和高速（5～100m/s)。用于压铸的合金主要有铝、镁、锌和铜合金等。

1. 压铸机

压力铸造的成型设备是压铸机。压铸机按压射室的特点可分为热室压铸机和冷室压铸机。这两种压铸机的区别在于熔化坩埚的位置不同，热室压铸机的压室通常浸入坩埚的金属液中，而冷室压铸机的压室与熔化坩埚是分开的。

2. 压铸模的结构组成

压铸模由定模和动模两部分构成，定模固定在压铸机定模安装板上，动模固定在压铸机动模安装板上，并随动模安装板作开合移动。如图5－8所示为典型压铸模，根据模具上各个零件所起的作用不同，压铸模分为以下几个部分：

（1）成型零件：动定模合拢后构成型腔的零件。如图5－8中的侧型芯13、动模镶块14、小型芯15和16、型芯17和定模镶块20构成型腔19。

（2）浇注系统：连接压室与模具型腔，引导金属液进入型腔的通道，由直浇道、横浇道、内浇口组成，如图5－8中浇口套24、流道镶块25。

（3）抽芯机构：当压铸件上有与开模方向不同的侧凹或侧孔等阻碍开模时，

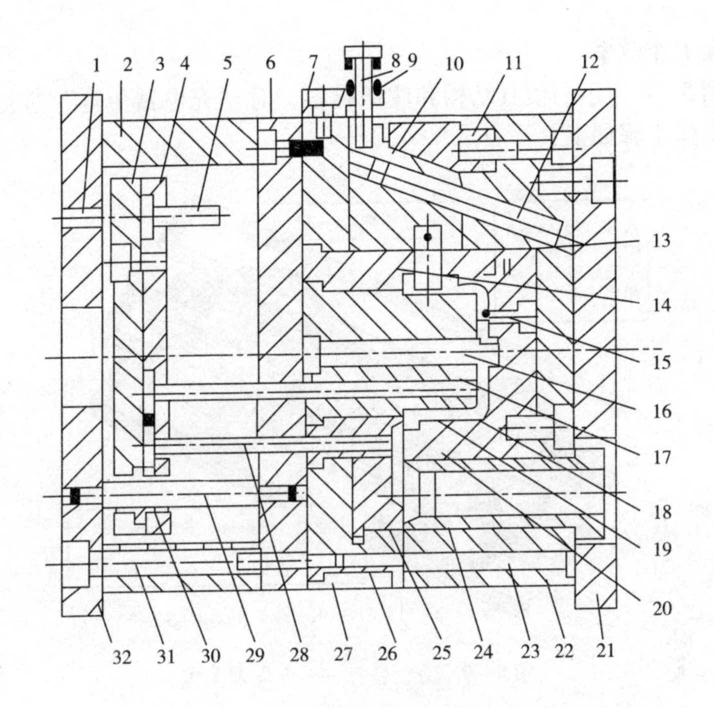

图5-8　压铸模的基本结构

1—限位钉　2—垫块　3—推板　4—推杆固定板　5—复位杆　6—支承板　7—限位块　8—拉钉　9—弹簧　10—侧滑块　11—楔紧块　12—斜导柱　13—侧型芯　14—动模镶块　15、16—小型芯　17—型芯　18、28—推杆　19—型腔　20—定模镶块　21—定模座板　22—定模板　23—导柱　24—浇口套　25—流道镶块　26—导套　27—动模板　29—推板导柱　30—推板导套　31—螺钉　32—动模座板

需设置抽芯机构。如图5-8中限位块7、拉钉8、弹簧9、侧滑块10、楔紧块11、斜导柱12、侧型芯13。

（4）推出机构：将压铸件从模具上脱出的机构，包括推杆18和28、复位杆5、推板3、推杆固定板4、推板导柱29、推板导套30、限位钉1。

（5）排溢系统：用于排除型腔中的气体、容纳被涂料污染和混有气体前流冷污金属液。

（6）冷却系统：用于平衡模具温度，防止型腔温度急剧变化影响铸件质量。

（7）模架：主要构件有动模座板32、定模座板21，动模板27、定模板22，支承板6，导柱23和导套26等。导柱和导套是导向零件，用于开合模时的导向和定位。

第二节　注塑模CAE虚拟仿真

在注塑模的设计过程中，可以通过CAE模流分析软件Moldflow利用计算机对产品的成型过程进行数值模拟，及早发现设计缺陷及其产生的准确原因，在加工模具之前获得最合理的模具设计方案和注塑成型工艺参数，减少修模和试模的次数，提高工作效率。

按照图5-9所示的模具结构和注塑材料，对“充电器上盖”进行流动及冷却分析。操作步骤如下：

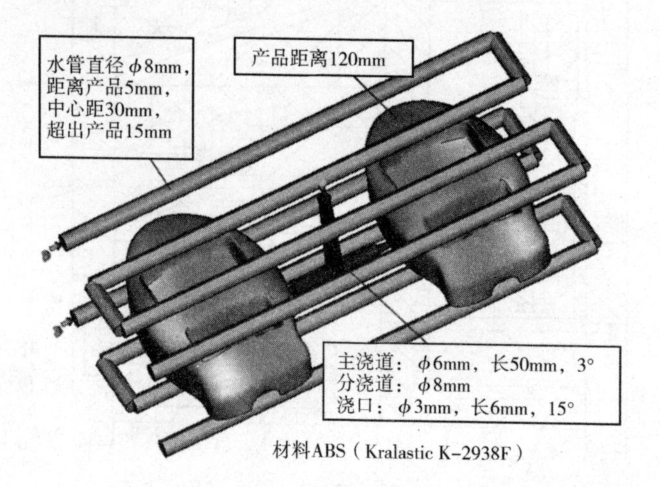

图5-9 分析任务——充电器上盖

（1）导入模型“充电器上盖.stl”并创建新工程。

（2）双击【创建网格】按默认参数立即划分网格。

（3）网格诊断：方案任务视窗中右键点击【双层面网格】—【网格统计】—【显示】。为确保分析顺利进行以及结果的准确性，纵横比的推荐最大值为6，在进行流动与冷却分析时匹配百分比要大于85%，而自由边、多重边、配向不正确的单元、相交单元和重叠单元必须为0，如图5-10所示。

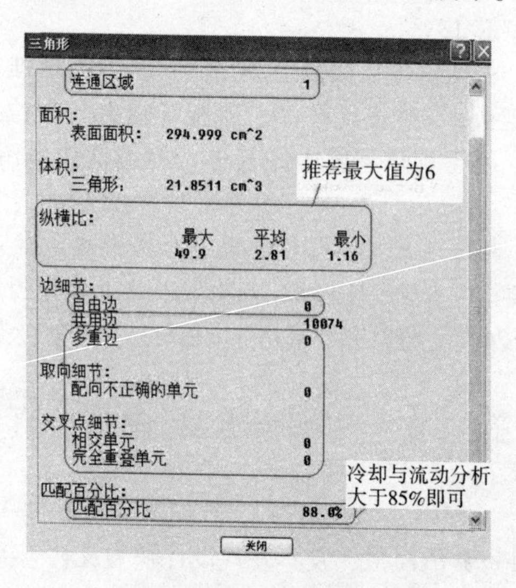

图5-10 网格诊断

（4）网格修复：本例的纵横比最大值49.9，需要降低。菜单栏处选择【双层面网格】—【网格】—【纵横比】，以颜色显示出纵横比大于6的三角形，再以常用的节点工具【合并节点】和【交换边】进行网格修补，如图5－11所示。

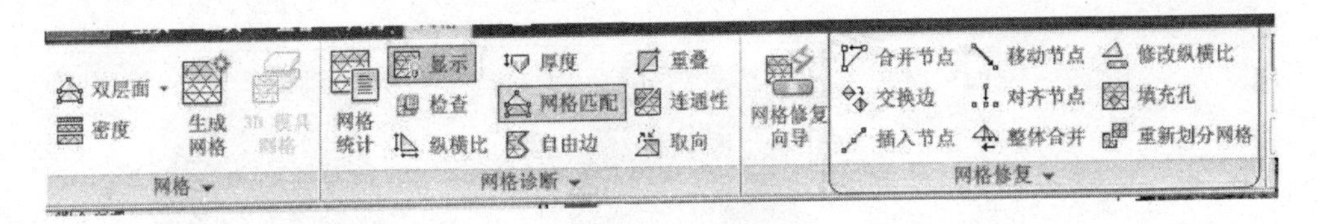

图5－11　网格修复

（5）设置分析类型：方案任务视窗将分析类型改为“填充＋冷却”。

（6）设置材料：通过搜索材料名称缩写或牌号，将材料设置为牌号为Kralastic K－2938F的ABS塑料。

（7）设置注射位置：方案任务视窗中双击【设置注射位置】，将图5－9中所示的浇口位置处设为注射位置。

（8）创建一模两穴：菜单栏选择【主页】进入【几何】，先利用“旋转”命令将模型摆正，保证模型的顶出方向由坐标系的Y轴转为Z轴的正方向，如图5－12所示；再利用“镜像”命令镜像出另一型腔，如图5－13所示。

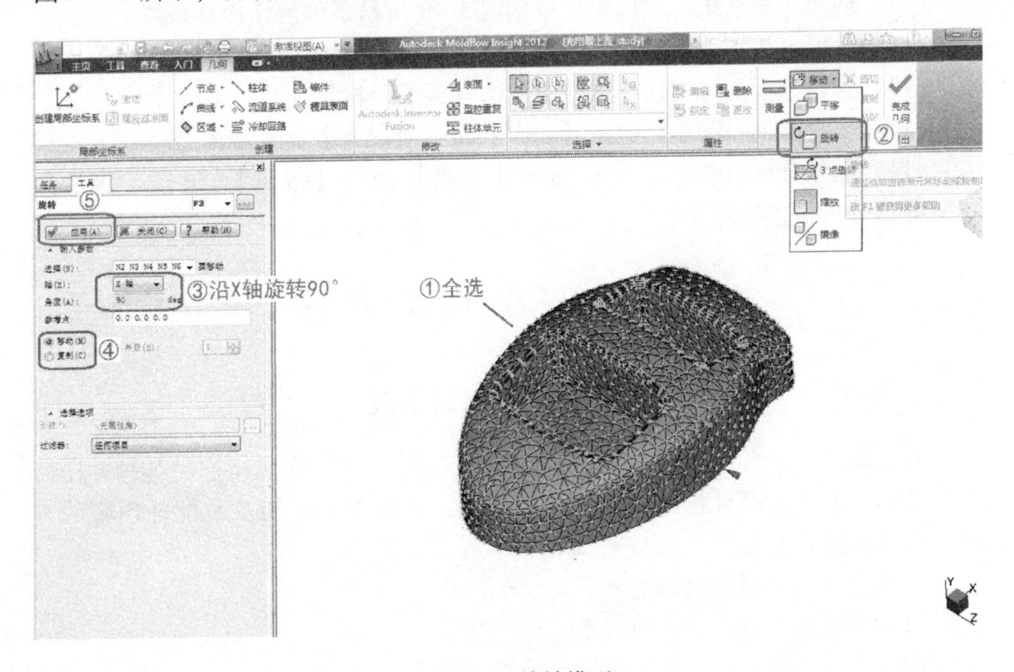

图5－12　旋转模型

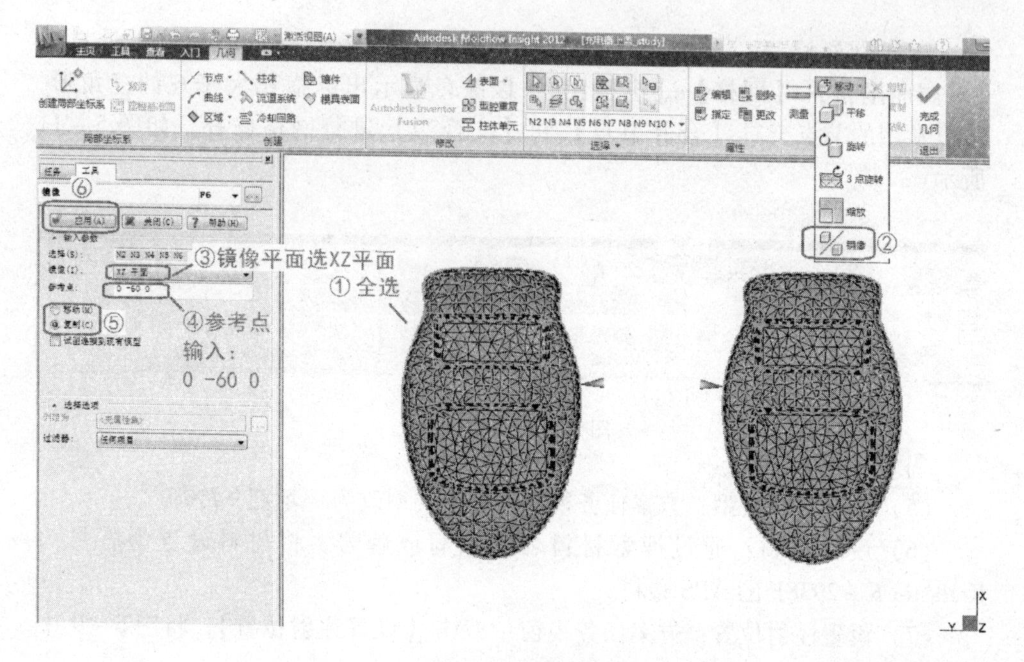

图5－13　镜像模型

（9）创建浇注系统：【几何】菜单下，利用向导根据图5－9所给条件创建浇注系统。

（10）创建冷却系统：利用向导根据图5－9所给条件创建冷却系统。

（11）设置工艺参数：按默认参数，不做修改。

（12）开始分析：方案任务视窗中双击【开始分析】。

（13）查看结果：菜单栏选择【主页】进入【结果】进行查看。

（14）制作分析报告：菜单栏选择【主页】进行【报告】，通过“报告向导”进行分析报告的制作。

第三节　模具实训

一、冲压模拆装实训

通过拆装冲压模，对其结构进行分析，目的在于了解实际生产中各种冲压模具的结构、组成及模具各部分零部件的作用，掌握正确拆卸及装配冲压模的方法，培养实践动手能力。

1. 工具、量具及模具的准备

（1）拆装用工具：内六角扳手、橡胶锤等。

（2）量具：直钢尺、数显游标卡尺等。

（3）模具：简单模、复合模和级进模若干套。

2. 拆装内容及步骤

（1）将冲压模上模和下模打开，认真观察模具结构，观察并分析冲压产品图形。

（2）按所拟拆装方案拆卸模具。注意过盈配合的组件不要拆卸。

（3）画出所冲压的工件图，如图5－14中的“冲件简图”。

（4）观察完毕，将模具各零件擦拭干净、涂上机油，按正确装配顺序装配好。

3. 实习报告要求

说明模具的冲压过程，分析其完成的冲压工序和模具类型，按1∶1的比例画出冲件图，并标注尺寸。

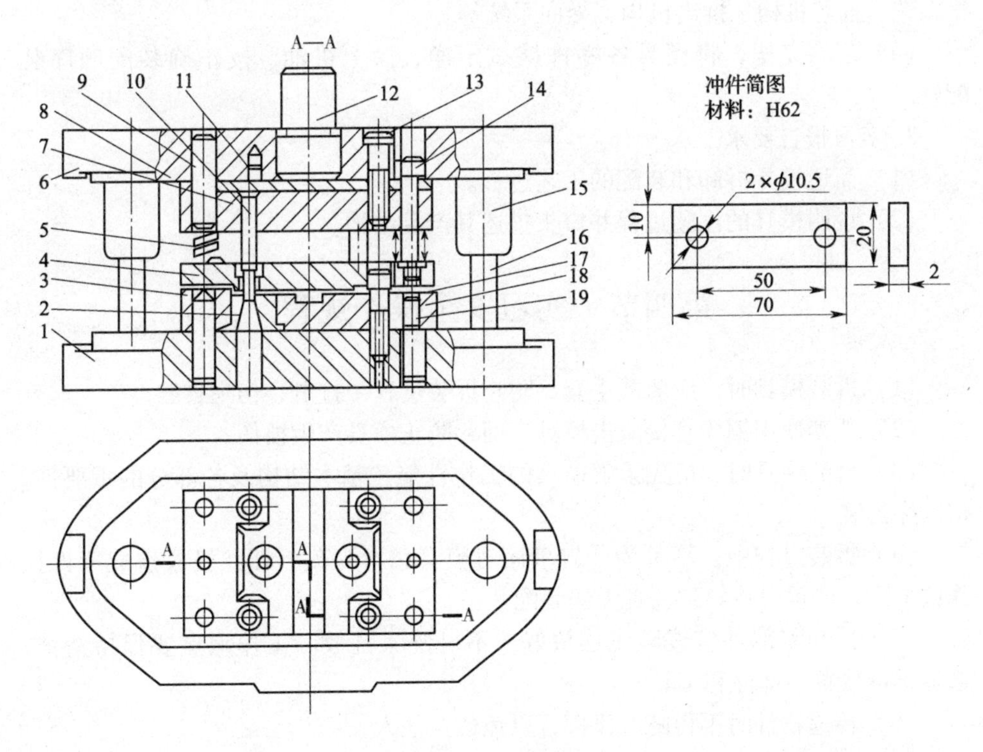

图5－14　冲孔模

1—下模座　2—凹模　3—定位板　4—弹压卸料板　5—弹簧　6—上模座　7、18—固定板　8—垫板　9、11、19—定位销　10—凸模　12—模柄　13、14、17—螺钉　15—导套　16—导柱

二、注塑模拆装实训

通过拆装注塑模，对其结构进行分析，目的在于熟悉注塑模结构及其各部分零部件的作用，掌握正确拆卸及装配注塑模的方法，培养实践动手能力。

1. 工具、量具及模具的准备

（1）拆装用工具：内六角扳手、橡胶锤、铜棒等。

（2）量具：钢直尺、游标卡尺、高度游标卡尺、外径千分尺、百分表。

（3）模具：二板式注塑模，三板式注塑模若干套。

2. 拆装内容及步骤

（1）拆装前准备：对已准备好的模具仔细观察分析，将注塑模的定模和动模打开。

（2）注意模具上的标记，按所拟拆装顺序拆卸模具，再按顺序分解成单个零件。注意过盈配合的组件不要拆卸。拆卸过程中，要记住各零部件在模具中的连接位置及连接方法。

（3）对照型芯和凹模结构分析产品结构，并找出浇注系统、冷却系统、排气系统、抽芯机构、推出机构、导向系统等。

（4）观察完毕，将模具各零件擦拭干净、涂上机油，按正确装配顺序装配好。

3. 实习报告要求

（1）简述模具拆卸和装配的工艺过程。

（2）说明模具的注塑过程并口头描述其产品结构。

第四节　实习安全操作规程

（1）拆装模具时，应佩戴手套，防止拆装过程手打滑，伤到自己。

（2）严禁使用铜棒直接敲击模具表面，防止模具产生损伤。

（3）拆装模具时，应先了解模具的工作性能，基本结构及各部分的重要性，按次序拆装。

（4）拆装过程中，不可为了省事而对模具猛拆猛敲，如此极易造成零件损伤或变形，严重时将导致模具无法装配。

（5）拆卸零部件应按顺序摆放好，不可乱丢乱放。工作地点要保持清洁，通道不准放置零部件和工具。

（6）传递物件时不得随意投掷，以免伤及他人。

（7）工作结束后，将工具退还，清理场地。

思考与练习

1. 冲压模具主要由哪几部分组成？
2. 冲压模具根据工序组合的程度如何分类？
3. 注塑模主要由哪几部分结构组成？
4. 二板一开式注射模和三板二开式注射模的区别在哪里？

第六章　焊　　接

第一节　概　　述

PPT 课件

一、焊接的定义

焊接是指通过适当的物理化学过程，如加热、加压或二者并用等方法，使两个或两个以上分离的物体产生原子（分子）间的结合力而连接成一体的连接方法，是金属加工中的一种重要工艺。广泛应用于机械制造、造船、石油化工、汽车制造、桥梁、锅炉、航空航天、原子能、电子电力、建筑等领域。

二、焊接的分类及发展现状

1. 焊接的分类

目前在工业生产中应用的焊接方法有几十种。根据它们的焊接过程和特点可将其分为熔化焊、压力焊、钎焊三大类，每大类可按不同的方法分为若干小类，如图 6－1 所示。

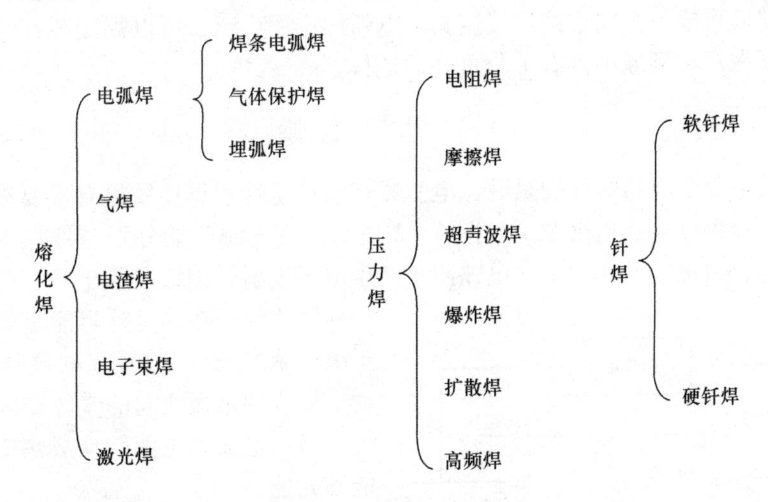

图 6－1　基本焊接方法

（1）熔化焊是通过将需连接的两构件的接合面加热熔化成液体，然后冷却结晶连成一体的焊接方法，是典型的液相焊接方法。

（2）压力焊是在焊接过程中，采取加热或不加热的方式，对焊件施加一定的压力完成零件连接的焊接方法，是典型的固相焊接方法。

（3）钎焊是利用熔点低于被焊金属的钎料，将零件和钎料一同加热到钎料熔化，利用钎料润湿母材，填充接头间隙并与母材相互溶解和扩散而实现连接的方法。

2. 焊接的发展现状

目前工业生产中广泛应用的焊接方法是19世纪末和20世纪初现代科学技术发展的产物。特别是冶金学、金属学以及电工学的发展，奠定了焊接工艺及设备的理论基础；而冶金工业、电力工业和电子工业的进步，则为焊接技术的长远发展提供了有利的物质和技术条件。电子束焊、激光焊等20余种基本方法和成百种派生方法的相继发明及应用，体现了焊接技术在现代工业中的重要地位。据不完全统计，目前全世界年产量45%的钢和大量有色金属（工业发达国家，焊接用钢量基本达到其钢材总量的60%～70%），都是通过焊接加工形成产品的。特别是焊接技术发展到今天，几乎所有的部门（如机械制造、石油化工、交通能源、冶金、电子、航空航天等）都离不开焊接技术。可以这样说，焊接技术的发展水平是衡量一个国家科学技术先进程度的重要标志之一，没有焊接技术的发展，就不会有现代工业和科学技术的今天。

第二节　电　弧　焊

电弧焊是利用电弧热源加热焊件实现熔化焊接的方法。焊接过程中电弧把电能转化成热能和机械能，加热零件，使焊丝或焊条熔化并过渡到焊缝熔池中去，熔池冷却后形成一个完整的焊接接头。电弧焊应用广泛，可以焊接各种厚度金属结构件，在焊接领域中占有十分重要的地位。

一、焊接电弧

焊接电弧是电弧焊接的热源，电弧燃烧的稳定性对焊接质量有重要影响。焊接电弧是一种气体放电现象，如图6－2所示。当电源两端分别与被焊零件和焊枪相连时，在电场的作用下，电弧阴极产生电子发射，阳极吸收电子，电弧区的中性气体粒子在接受外界能量后电离成正离子和电子，正负带电粒子相向运动，形成两电极之间的气体空间导电过程，借助电弧将电能转换成热能、机械能和光能。

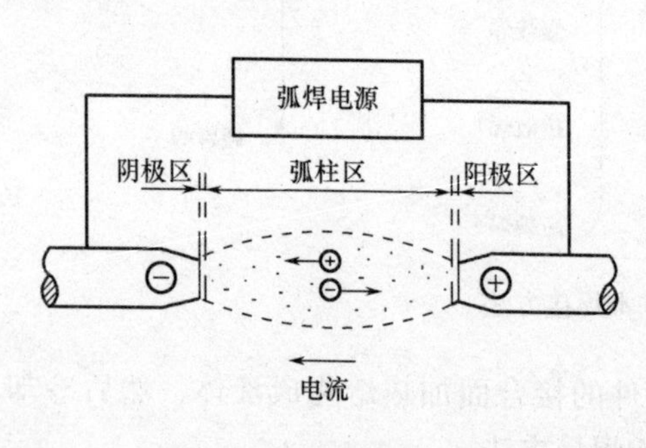

图6－2　焊接电弧示意图

焊接电弧具有以下特点：

（1）温度高，电弧弧柱温度范围为5000～30000K；

（2）电弧电压低，范围为10～80V；

（3）电弧电流大，范围为10～1000A；

（4）弧光强度高。

二、电弧焊设备

焊接设备包括熔化焊、压力焊和钎焊所使用的焊机及专用设备，这里主要介绍电弧焊特别是焊条电弧焊用设备。

1. 交流弧焊机

交流弧焊机是一种特殊的降压变压器，它具有结构简单、噪声小、价格便宜、使用可靠、维护方便等优点，但电弧稳定性较差。交流弧焊机可将工业用的电压（220V或380V）降低至空载时的20～35V，电流调节范围为50～450A，由固定铁心、一次及二次线圈等组成，电源外特性的粗调节靠改变二次线圈的匝数来进行。弧焊机两侧装有接线板，一侧供接入网路电源用，另一侧为次级接线板，供接往焊接回路用。

2. 直流弧焊机

目前使用的直流弧焊机主要为整流式直流弧焊机，其结构相当于在交流弧焊机上加上整流电路，从而把交流电变成直流电。它既弥补了交流弧焊机电弧稳定性不好的缺点，又比其他类型的直流弧焊机结构简单，消除了噪声。

采用直流电源焊接时，弧焊电源正负输出端与零件和焊枪的连接方式，称极性。当零件接电源输出正极，焊枪接电源输出负极时，称直流正接或正极性；反之，零件、焊枪分别与电源负、正输出端相连时，则为直流反接或反极性。交流焊接无电源极性问题，如图6－3所示。

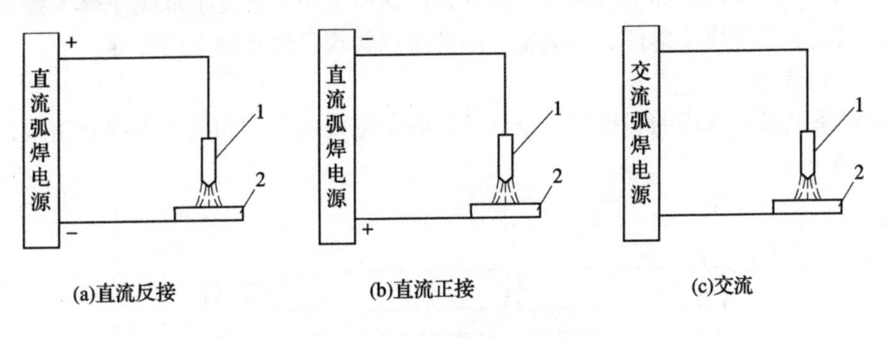

图6－3 焊接电源极性示意图

1—焊枪 2—零件

三、焊条电弧焊

焊条电弧焊是用手工操纵焊条进行焊接的一种焊接方法，俗称手弧焊，应用非常普遍。

1. 焊条电弧焊的原理

焊条电弧焊方法如图6－4所示，焊机电源两输出端通过电缆、焊钳和地线夹头分别与焊条和被焊零件相连。焊接过程中，产生在焊条和零件之间的电弧将焊条和零件局部熔化，受电弧力作用，焊条端部熔化后的熔滴过渡到母材，和熔化的母材融合一起形成熔池，随着焊工操纵电弧向前移动，熔池金属液逐渐冷却结晶，形成焊缝。

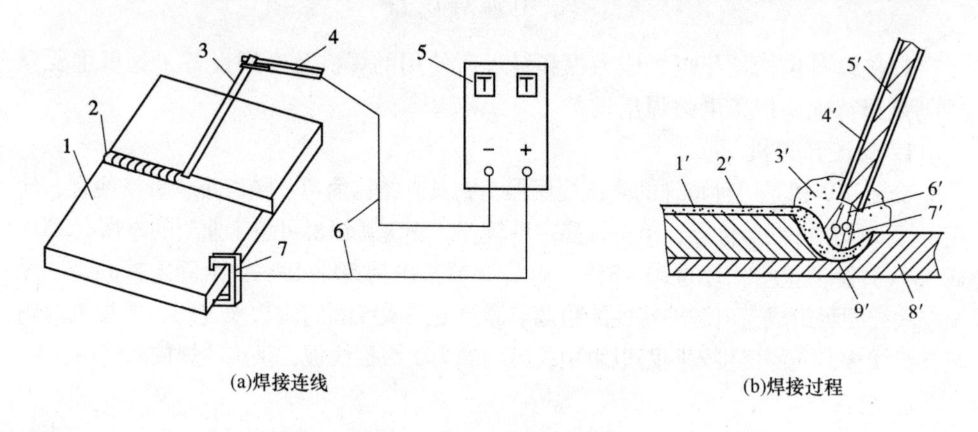

(a)焊接连线　　(b)焊接过程

图6－4　焊条电弧焊过程

1—零件　2—焊缝　3—焊条　4—焊钳　5—焊接电源　6—电缆　7—地线夹头

1′—熔渣　2′—焊缝　3′—保护气体　4′—药皮　5′—焊芯　6′—熔滴　7′—电弧　8′—母材　9′—熔池

焊条电弧焊使用设备简单，适应性强，可用于焊接板厚1.5mm以上的各种焊接结构件，并能灵活应用在空间位置不规则接头的焊接，适用于碳钢、低合金钢、不锈钢、铜及铜合金等金属材料的焊接。由于手工操作，焊条电弧焊也存在缺点，如生产率低，焊工劳动强度大等，产品质量一定程度上取决于焊工操作技术，现在多用于焊接单件、小批量产品和难以实现自动化加工的焊缝。

2. 电焊条

焊条电弧焊所用的焊接材料是焊条，焊条主要由焊芯和药皮两部分组成，如图6－5所示。

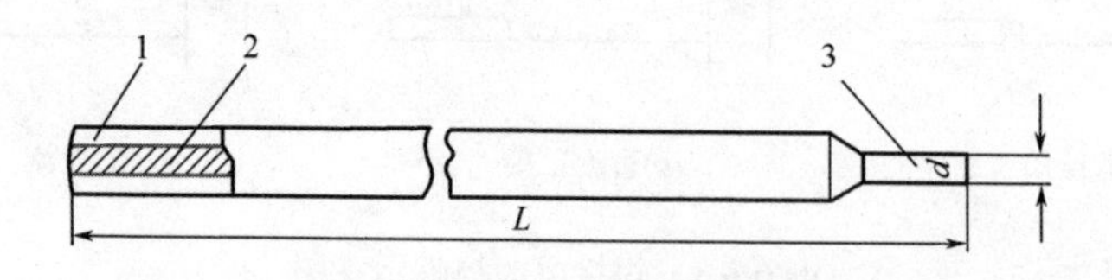

图6－5　焊条结构

1—药皮　2—焊芯　3—焊条夹持部分

焊芯一般是一个具有一定长度及直径的金属丝。焊接时，焊芯有两个功能：一是传导焊接电流，产生电弧；二是焊芯本身熔化作为填充金属与熔化的母材熔合形成焊缝。我国生产的结构钢焊条，焊芯是以H08A专用钢丝制成。

焊条药皮又称涂料，在焊接过程中起着极为重要的作用。首先，它可以起到积极保护作用，利用药皮受热和熔化放出的气体和形成的熔渣，起机械隔离空气作用，防止有害气体侵入熔化金属；其次可以通过熔渣与熔化金属冶金反应，去除有害杂质，添加有益的合金元素，起到冶金处理作用，使焊缝获得合乎要求的力学性能；最后，还可以改善焊接工艺性能，使电弧稳定、飞溅小、焊缝成型好、易脱渣和熔敷效率高等。

焊条药皮的组成主要有稳弧剂、造气剂、造渣剂、脱氧剂、合金剂、粘接剂和增塑剂等。其主要成分有矿物类、铁合金、有机物和化工产品。

焊条分结构钢焊条、耐热钢焊条、不锈钢焊条、铸铁焊条等十大类。根据其药皮组成又分为酸性焊条和碱性焊条。

3. 焊接接头形式

焊接接头是指用焊接的方法连接的接头，它由焊缝、融合区、热影响区及其邻近的母材组成。根据接头的构造形式不同，可分为对接接头、搭接接头、角接接头、T 形接头 4 种类型，如图 6－6 所示。

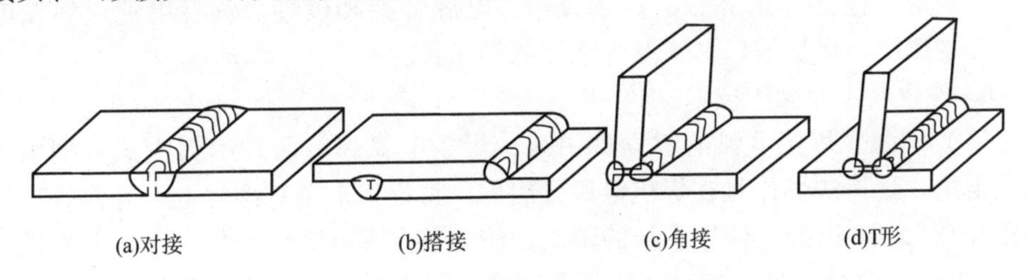

图 6－6 常见接头的基本形式

熔焊接头焊前加工坡口，其目的在于使焊接容易进行，电弧能沿板厚熔敷一定的深度，保证接头根部焊透，并获得良好的焊缝成型。焊接坡口形式有 I 形坡口、Y 形坡口、V 形坡口、双 V 形坡口等多种。常见焊条电弧焊接头的坡口形状和尺寸，如图 6－7 所示。

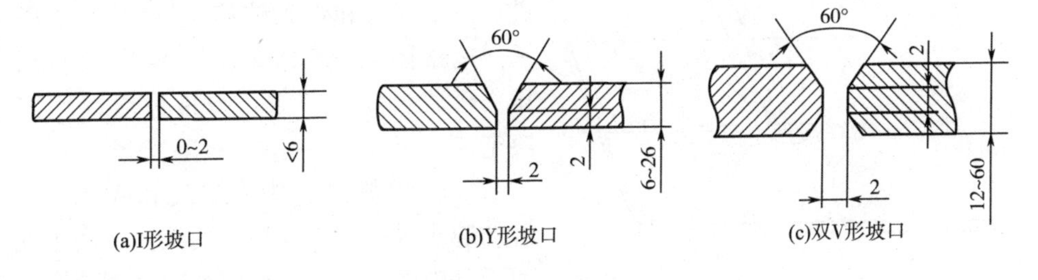

图 6－7 坡口形式

4. 焊接位置

在实际生产中，由于焊接结构和工件移动的限制，焊缝在空间常用的位置除平焊外，还有立焊、横焊、仰焊，如图 6－8 所示。平焊操作方便，焊缝成型条件好，容易获得优质焊缝并具有较高的生产率，是最合适的位置；其他三种焊工操作较平焊困难，受熔池液态金属重力的影响，需要对焊接规范控制并采取一定的操作方法才能保证焊缝成型，其中焊接条件仰焊位置最差，立焊、横焊次之。

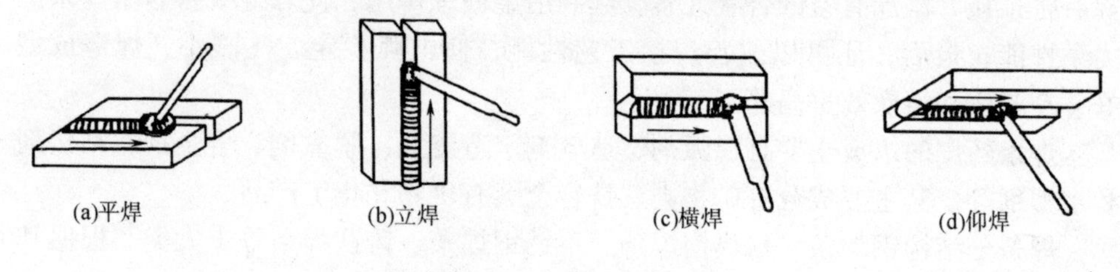

图 6－8　焊接空间位置

5. 焊接工艺

选择合适的焊接工艺参数是获得优良焊缝的前提，并直接影响劳动生产率。焊条电弧焊工艺是根据焊接接头形式、零件材料、板材厚度、焊缝焊接位置等具体情况制定，包括焊条牌号、焊条直径、电源种类和极性、焊接电流、焊接电压、焊接速度、焊接坡口形式及焊接层数等内容。

6. 焊条电弧焊操作技术

（1）引弧。焊接电弧的建立称引弧，焊条电弧焊有两种引弧方式：划擦法和直击法。划擦法操作是在焊机电源开启后，将焊条末端对准焊缝，并保持二者的距离在 15mm 以内，依靠手腕的转动，使焊条在零件表面轻划一下，并立即提起 2～4mm，电弧引燃，然后开始正常焊接。直击法是在焊机开启后，先将焊条末端对准焊缝，然后稍点一下手腕，使焊条轻轻撞击零件，随即提起 2～4mm，就能使电弧引燃，开始焊接。

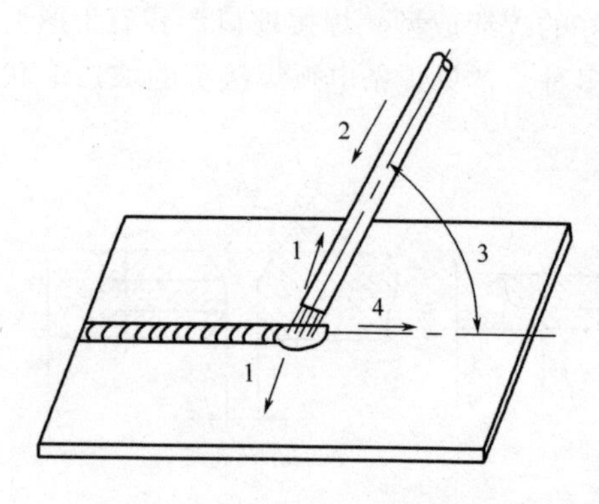

图 6－9　焊条运动和角度控制

1—横向摆动　2—送进

3—焊条与零件夹角为 70°～80°　4—焊条前移

（2）运条。焊条电弧焊是依靠人手工操作焊条运动实现焊接的，此种操作也称运条。运条包括控制焊条角度、焊条送进、焊条摆动和焊条前移，如图 6－9 所示。运条技术的具体运用根据零件材质、接头形式、焊接位置、焊件厚度等因素决定。

（3）焊缝的起头、接头和收尾。焊缝的起头是指焊缝起焊时的操作，由于此时零件温度低、电弧稳定性差，焊缝容易出现气孔、未焊透等缺陷，为避免此现象，应该在引弧后将电弧稍微拉长，对零件起焊部位进行适当预热，并且多次往复运条，达到所需要的熔深和熔宽后再调到正常的弧长进行焊接。在完成一条长焊缝焊接时，往往要消耗多根焊条，这里就有前后焊条更换时焊缝接头的问题。为不影响焊缝成型，保证接头处焊接质量，更换焊条的动作越快越好，并在接头弧坑前约15mm处起弧，然后移到原来弧坑的位置进行焊接。

焊缝的收尾是指焊缝结束时的操作。焊条电弧焊一般熄弧时都会留下弧坑，过深的弧坑会导致焊缝收尾处缩孔、产生弧坑应力裂纹。焊缝进行收尾操作时，应保持正常的熔池温度，做无直线运动的横摆点焊动作，逐渐填满熔池后再将电弧拉向一侧熄灭。此外还有三种焊缝收尾的操作方法，即划圈收尾法、反复断弧收尾法和回焊收尾法，也在实践中常用。

四、常用电弧焊方法

除焊条电弧焊外，常用电弧焊方法还有埋弧焊、CO_2气体保护焊、钨极氩弧焊、熔化极氩弧焊和等离子弧焊。

1. 氩弧焊

以惰性气体氩气作保护气的电弧焊方法有钨极氩弧焊和熔化极氩弧焊两种。

（1）钨极氩弧焊。它是以钨棒作为电弧的一极的电弧焊方法，钨棒在电弧焊中是不熔化的，故又称不熔化极氩弧焊，简称TIG焊。焊接过程中可以用从旁送丝的方式为焊缝填充金属，也可以不加填丝；可以手工焊也可以进行自动焊；它可以使用直流、交流和脉冲电流进行焊接。工作原理如图6－10所示。

由于被惰性气体隔离，焊接区的熔化金属不会受到空气的有害作用，所以钨极氩弧焊可用以焊接易氧化的有色金属，如铝、镁及其合金，也用于不锈钢、铜合金以及其他难熔金属的焊接。因其电弧非常稳定，还可以用于焊薄板及全位置焊缝。钨极氩弧焊在航空航天、原子能、石油化工、电站锅炉等行业应用较多。

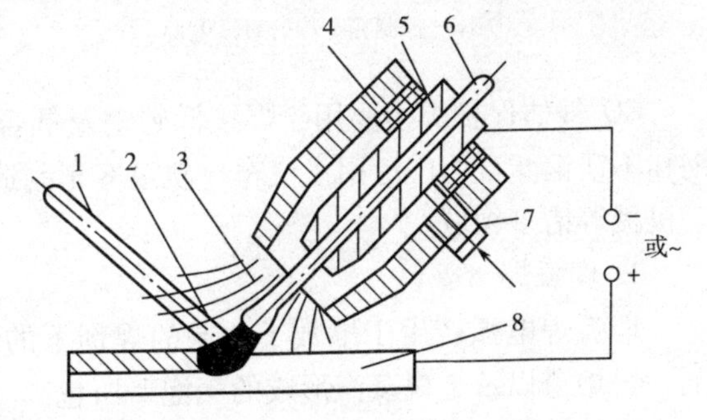

图6－10　钨极氩弧焊示意图

1—填充焊丝　2—电弧　3—保护气体　4—喷嘴　5—导电嘴　6—钨极　7—进气管　8—焊件

钨极氩弧焊的缺陷是钨棒的电流负载能力有限，焊接电流和电流密度比熔化极弧焊低，焊缝熔深浅，焊接速度低，厚板焊接要采用多道焊和加填充焊丝，生产效率受到影响。

（2）熔化极氩弧焊。熔化极氩弧焊又称MIG焊，用焊丝本身作电极，相比钨极氩弧焊而言，电流及电流密度大大提高，因而母材熔深大，焊丝熔敷速度快，提高了生产效率，特别适用于中等和厚板铝及铝合金，铜及铜合金、不锈钢以及钛合金焊接，脉冲熔化极氩焊用于碳钢的全位置焊。

2. CO_2气体保护焊

CO_2气体保护焊是一种用CO_2气体作为保护气的熔化极气体电弧焊方法。

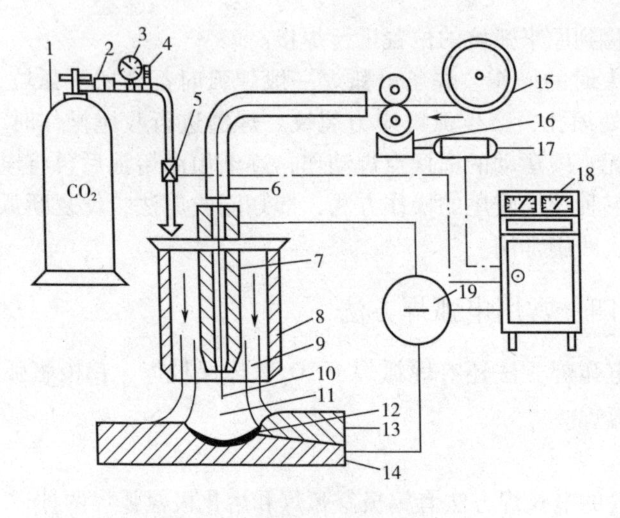

图 6-11　CO_2气体保护焊示意图

1—CO_2气瓶　2—干燥预热器　3—压力表　4—流量计　5—电磁气阀　6—软管　7—导电嘴　8—喷嘴　9—CO_2保护气体　10—焊丝　11—电弧　12—熔池　13—焊缝　14—零件　15—焊丝盘　16—送丝机构　17—送丝电动机　18—控制箱　19—直流电源

工作原理如图 6-11 所示，弧焊电源采用直流电源，电极的一端与零件相连，另一端通过导电嘴将电馈送给焊丝，这样焊丝端部与零件熔池之间建立电弧，焊丝送丝机滚轮驱动下不断送进，零件和焊丝在电弧热作用下熔化并最后形成焊缝。

CO_2气体保护焊工艺具有生产率高、焊接成本低、适用范围广、低氢型焊接方法焊缝质量好等优点。其缺点是焊接过程中飞溅较大，焊缝成型不够美观，目前人们正通过改善电源特性或采用药芯焊丝的方法来解决此问题。

CO_2气体保护焊主要用于焊接低碳钢及低合金结构钢，也可以用于焊接耐热钢和不锈钢。目前广泛用于汽车、轨道客车制造、船舶制造、航空航天、石油化工机械等诸多领域。

3. 埋弧焊

埋弧焊电弧产生于堆敷了一层的焊剂下的焊丝与零件之间，受到熔化的焊剂——熔渣以及金属蒸汽形成的气泡壁所包围。气泡壁是一层液体熔渣薄膜，外层有未熔化的焊剂，电弧区得到良好的保护，电弧光也散发不出去，故被称为埋弧焊。

相比焊条电弧焊，埋弧焊有三个主要优点：

（1）焊接电流和电流密度大，生产效率高，是手弧焊生产率的 5～10 倍。

（2）焊缝含氮、氧等杂质低，成分稳定，质量高。

（3）自动化水平高，没有弧光辐射，工人劳动条件较好。

埋弧焊的局限在于受到焊剂敷设限制，不能用在空间位置焊缝的焊接；由于埋弧焊焊剂的成分主要是 MnO 和 SiO_2等金属及非金属氧化物，不适合焊铝、钛等易氧化的金属及其合金；另外薄板、短及不规则的焊缝一般不采用埋弧焊。

可用埋弧焊方法焊接的材料有碳素结构钢、低合金钢、不锈钢、耐热钢、镍基合金和铜合金等。埋弧焊在中、厚板对接、角接接头有广泛应用，14mm 以下板材对接可以不开坡口。埋弧焊也可用于合金材料的堆焊上。

第三节　其他焊接方法

除了电弧焊以外，气焊、电阻焊、钎焊以及搅拌摩擦焊等焊接方法在金属材料连接作业中也起着重要的作用。

一、气　　焊

气焊是利用气体火焰加热并熔化母体材料和焊丝的焊接方法。气焊常用于薄板的低碳钢、低合金钢、不锈钢的对接、端接，在熔点较低的铜、铝及其合金的焊接中仍有应用，焊接需要预热和缓冷的工具钢、铸铁也比较适合。与电弧焊相比，其特点如下：

（1）气焊不需要电源，设备简单。

（2）气体火焰温度比较低，熔池容易控制，易实现单面焊双面成型，并可以焊接很薄的零件。

（3）在焊接铸铁、铝及铝合金、铜及铜合金时焊缝质量好。

（4）气焊也存在热量分散，接头变形大，不易自动化，生产效率低，焊缝组织粗大，性能较差等缺陷。

气焊主要采用氧、乙炔火焰，在二者的混合比不同时，可得到3种不同性质的火焰，分别为焰心、内焰、外焰。中性焰应用最广，低碳钢、中碳钢、铸铁、低合金钢、不锈钢、紫铜、锡青铜、铝及铝合金、镁合金等气焊都使用中性焰。

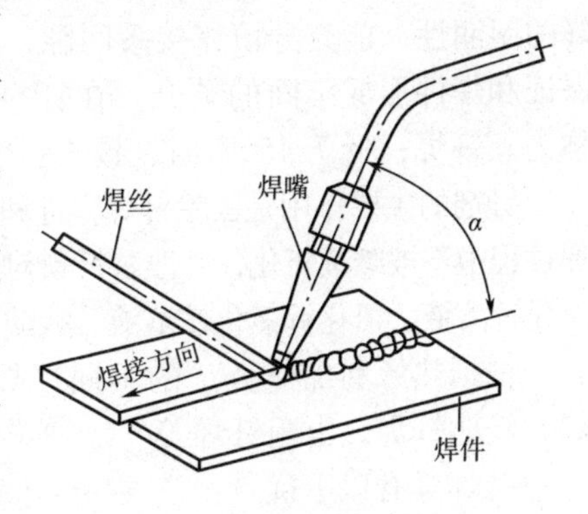

图6－12　气焊焊接过程示意图

气焊的焊丝选择、气焊熔剂、焊嘴角度、火焰能效等都是保证焊接质量的重要条件，其焊接过程如图6－12所示。

二、电　阻　焊

电阻焊是将零件组合后通过电极施加压力，利用电流通过零件的接触面及临近区域产生的电阻热将其加热到高塑性状态，乃至熔化状态，使之形成金属结合的方法。相据接头形式，电阻焊可分为点焊、缝焊、凸焊和对焊四种，如图6－13所示。

与其他焊接方法相比，电阻焊具有以下一些优点：

（1）不需要填充金属，冶金过程简单，焊接应立力及应变小，接头质量高。

（2）操作简单易实现机械化和自动化，生产效率高。

其缺点是接头质量难用无损检测方法检验，焊接设备较复杂，一次性投资较

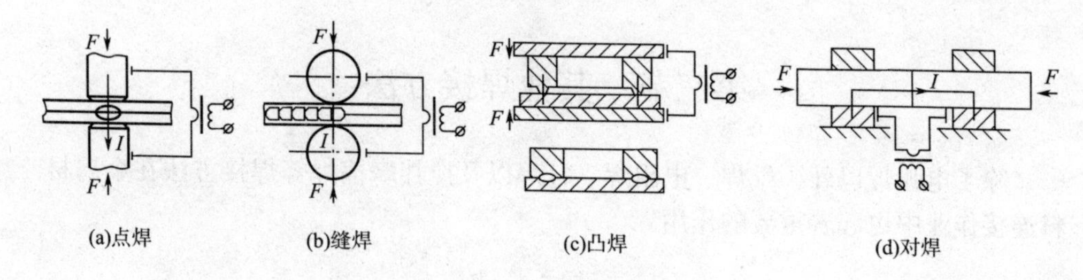

图6－13　电阻焊基本形式

高。电阻点焊低碳钢、普通低合金钢、不锈钢、钛及合金材料时可以获得优良的焊接接头。电阻焊目前广泛应用于汽车拖拉机、航空航天、电子技术、家用电器、轻工业等行业。

三、钎　　焊

钎焊是利用比被焊材料熔点低的金属作钎料，经过加热使钎料熔化，润湿被焊金属表面，使液相与固相之间相互扩散而形成钎焊接头的焊接方法。

钎焊材料包括钎料和钎剂。钎料是钎焊用的填充材料，在钎焊温度下具有良好的湿润性，能充分填充接头间隙，能与焊件材料发生一定的溶解、扩散作用，保证和焊件形成牢固的结合。在钎料的液相线温度高于450℃时，接头强度高，称为硬钎焊；低于450℃时，接头强度低，称为软钎焊。

钎剂的主要作用是去除钎焊零件和液态钎料表面的氧化膜，保护母材和钎料在钎焊过程中不被继续氧化，并改善钎料对焊件表面的湿润性。钎剂种类很多，软钎剂有氯化锌溶液、氯化锌氯化铵溶液、盐酸、松香等，硬钎剂有硼砂、硼酸、氯化物等。

根据热源和加热方法的不同钎焊也可分为：火焰钎焊、感应钎焊、炉中钎焊、浸沾钎焊、电阻钎焊等。

钎焊具有以下优点：

（1）钎焊时由于加热温度低，对零件材料的性能影响较小，焊接的应力变形比较小。

（2）可以用于焊接碳钢、不锈钢、高合金钢、铝、铜等金属材料，也可以用于连接异种金属、金属与非金属。

（3）可以一次完成多个零件的钎焊，生产率高。

钎焊的缺点是接头的强度一般比较低，耐热能力较差，适于焊接承受载荷不大和常温下工作的接头。另外钎焊之前对焊件表面的清理和装配要求比较高。

四、搅拌摩擦焊

搅拌摩擦焊是利用搅拌头与被焊工件摩擦生热，同时结合搅拌头对焊缝金属的挤压，使工件接头金属处于高塑性状态，在搅拌头的旋转与挤压下沿着焊接方向向前移动，热－机联合作用使其形成字母的金属件结合，实现板材的固态连接。其焊接原理如图 6－14 所示。

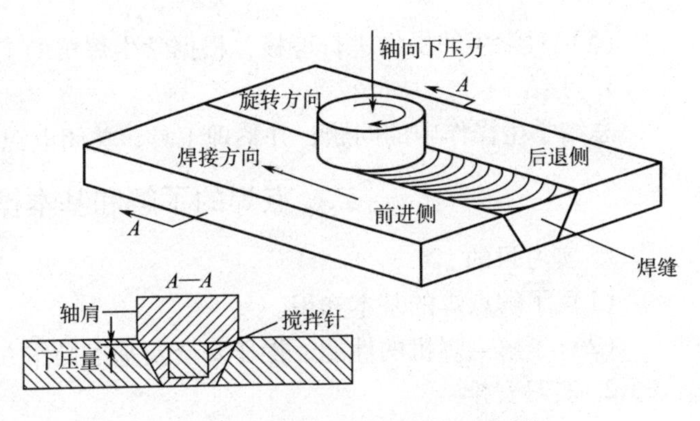

图 6－14　搅拌摩擦焊原理示意图

这种方法打破了原来摩擦焊只限于圆形断面材料焊接的概念，对于铝合金、镁合金、铜及其合金、钛合金、钢以及不少异种材料的焊接，均可获得性能优良的焊接接头。搅拌摩擦焊技术于 1991 年由英国焊接研究所发明至今，已经发展成为在铝合金结构制造中可以替代熔焊技术的工业化实用的固相连接技术，在航空航天飞行器、高速舰船快艇、高速轨道列车、汽车等轻型化结构以及各种铝合金型材拼焊结构的制造中，已经展示出显著的技术和经济效益。搅拌摩擦焊与其他传统的焊接方法相比有以下优点：

（1）焊接接头热影响区应力较低，变形小，接头质量高，不易产生缺陷。

（2）适合热敏感性材料、异种材料焊接。

（3）焊接效率较高，无须填充材料、保护气体等，比较安全。

（4）易于实现机械化、自动化，精确控制，质量稳定，重复性高。

同时也有一些不足，例如在旋转摩擦中搅拌头磨损较快，工具的设计、过程参数以及力学性能仅适用于一定厚度的合金等。

第四节　焊 接 实 训

一、电焊的基本操作

1. 实习目的

（1）了解电焊的基本知识。

（2）基本熟悉电焊焊机操作中的安全技术。

（3）基本熟悉电焊焊机的性能和正确的操作方法。

（4）掌握电焊的方法。

2. 实习安排

（1）认真阅读焊接实习安全操作注意事项和实习教材。

（2）根据实习教材以及老师的讲解了解焊接的基本知识，特别是焊条电弧焊的设备、原理、工艺以及基本操作要领。

（3）现场对焊条电弧焊的平面堆焊技术进行操作示范和讲解。

（4）学生独立进行操作练习，掌握相关的操作。

（5）对学生的操作进行考核，根据学生焊接的工件进行实习成绩的评定。

3. 小结

总结学生操作中的问题，并整理工具，关闭电源，打扫卫生。

二、点焊的了解和基本操作

1. 实习目的

（1）了解点焊的基本知识。

（2）了解点焊机的性能、操作安全及基本操作方法。

2. 实习安排

（1）通过实习教材以及现场讲解了解点焊的基本知识、焊机的性能和基本的操作方法。

（2）学生对电焊机进行独立操作练习。

第五节　实习安全操作规程

1. 实习学生必须经过培训，要求熟悉焊机性能，掌握基本操作技能，了解焊接时的自我保护措施，最后经实习指导教师检查同意后，才能上机操作。

2. 操作前要戴好面罩和电焊手套等防护用品，未戴防护面罩者不能看电弧光；操作时应戴手套、穿绝缘胶底鞋或站在绝缘胶垫板上、穿长袖上衣及长裤，必要时可穿戴护脚。

3. 操作前应检查电焊机的外壳是否接地，焊钳和电缆的绝缘是否良好；检查线路各连接点是否接触良好。

4. 发现焊机或线路发热烫手时，应马上停止工作，并报告实习指导老师。

5. 不要把焊钳放在焊接工作台上，以免发生短路烧毁设备；一旦发生故障，应立即切断电源，并报告实习指导老师。

6. 正在进行焊接时，未经指导老师许可，禁止调节焊接的电流，以免烧毁焊机。

7. 刚焊好的焊件及焊条残头不能用手摸，移动或翻动焊件时应使用手钳；焊后清渣时，不宜用力过猛，注意敲渣方向，并用面罩遮挡，以免被焊渣烫伤。

8. 工作结束后应及时切断电源和关闭气阀，把工具、量具、材料、工件等物品整理好，分别放在规定的地方，并打扫干净现场。

思考与练习

1. 什么是焊接？常用的焊接方法如何分类？

2. 焊条是由什么组成的？各组成部分在焊接时起到什么作用？

3. 简述焊条电弧焊的操作技术。

4. 焊条电弧焊工艺主要指的是哪些内容？如何选择确定它们？

5. 除焊条电弧焊外还有哪些常用的电弧焊方法？它们各自的特点是什么？

PPT课件

第七章 钳 工

第一节 概 述

钳工是手持工具对金属进行加工的方法。钳工工作主要以手工方法，利用各种工具和常用设备对金属进行加工。实际工作中，有些零件不太适宜机械加工，有些零件无法进行机械加工，需要由钳工完成，比如：设备的组装、调试及维修等。钳工操作时，一般会在钳工台和台虎钳上完成，如图7－1、图7－2所示。

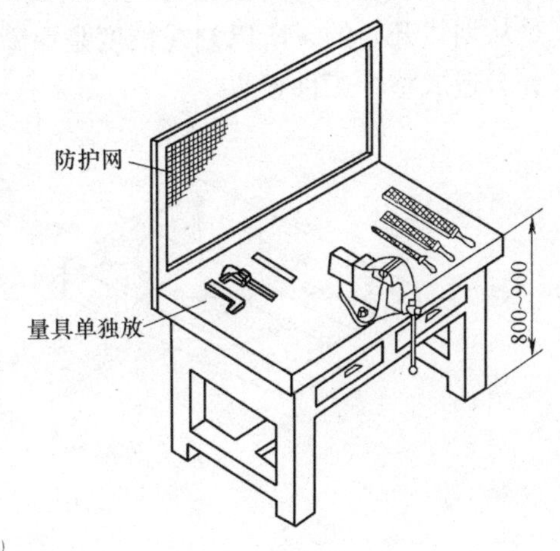

图7－1 钳工台

钳工的基本操作有划线、锉削、錾削、锯削、钻孔、扩孔、锪孔、铰孔、攻螺纹、套螺纹、刮削、矫正、弯曲、装配等。

钳工加工具有以下特点：

(1) 加工灵活、方便，能够加工形状复杂、质量要求较高的零件。

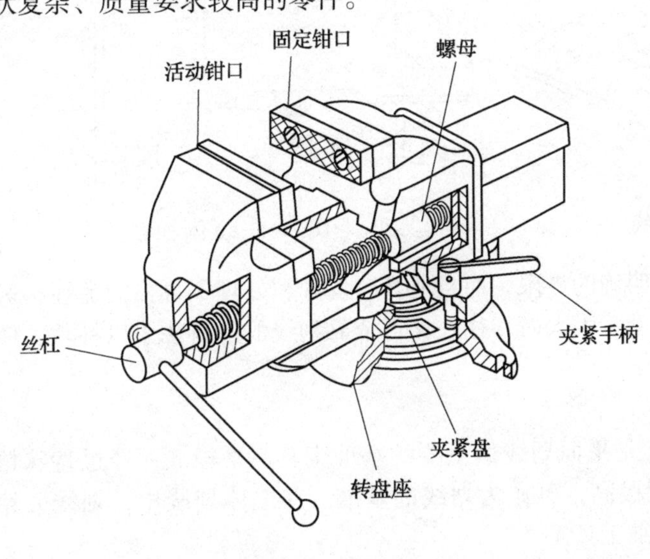

图7－2 台虎钳

(2) 工具简单，制造刃磨方便，材料来源充足，成本低。

(3) 劳动强度大，生产率低，对工人技术水平要求较高。

基于这些特点，钳工主要用来完成一些小批量加工的工作，如清理毛坯，在工件上划线，锉样板、刮削或研磨机器、量具的配合表面，零件装配成机器时互相配合零件的调整，整台机器的组装、试车、调试、机器设备的保养维护等。

第二节 钳工基本操作

一、划 线

划线（图7-3）就是按照图纸的要求，在零件的表面准确划出加工界限的操作。在工件的一个表面上划线的方法称为平面划线，如图7-4所示。在工件的几个表面上划线的方法称为立体划线，如图7-5所示。钳工加工工件的第一步是从划线开始的，所以划线精度是保障工件加工精度的前提，如果划线误差太大，会造成整个工件报废。

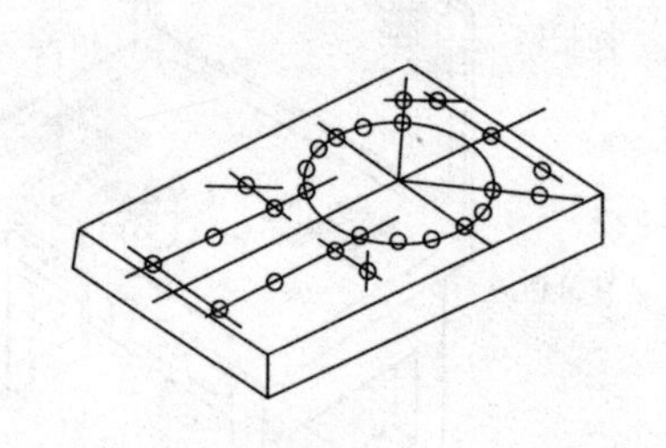
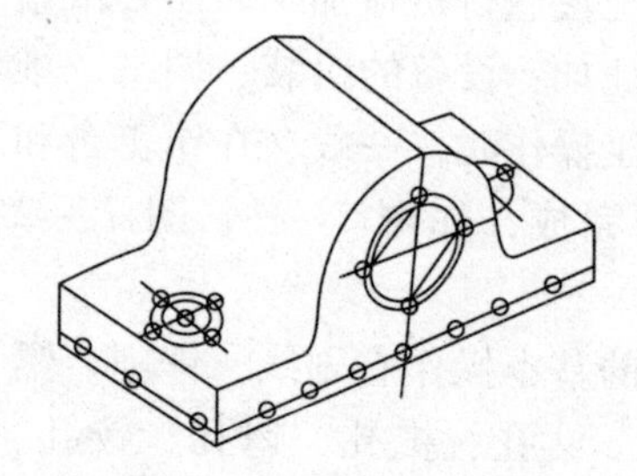

图7-3 划线

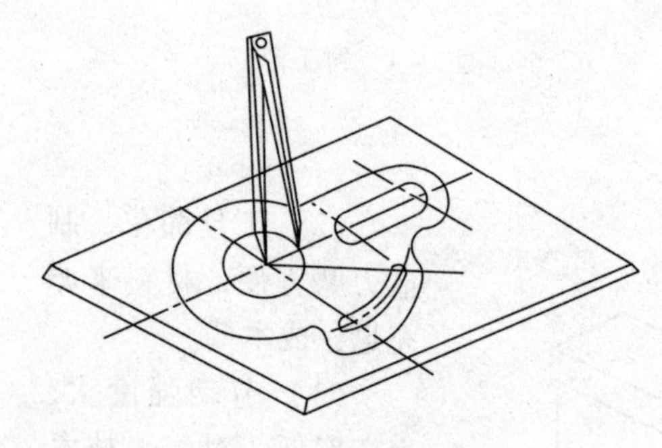

图7-4 平面划线

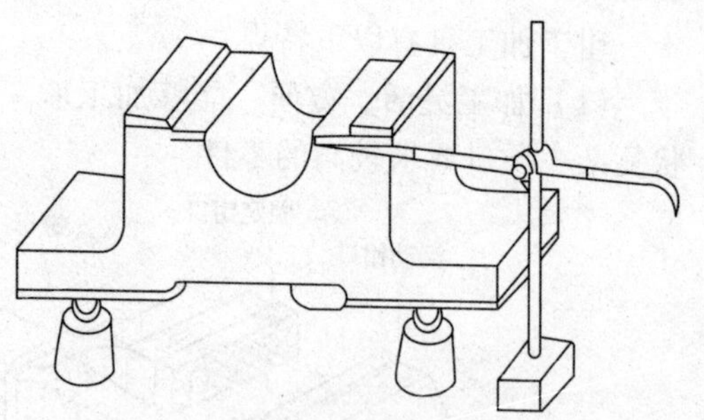

图7-5 立体划线

划线不仅能使加工有明确的界限，而且能及时发现和处理不合格的毛坯，避免造成损失，而在毛坯误差不太大时，往往又可依靠划线的借料法予以补救，使零件加工表面仍符合要求。

1. 划线工具

划线平板（图7-6）是平面划线最主要的基准工具。平板表面经过特殊精加工处理，因而表面精度极高，可作为划线的基准。在立体划线中，划线方箱（图7-7）则常被用作基准工具。

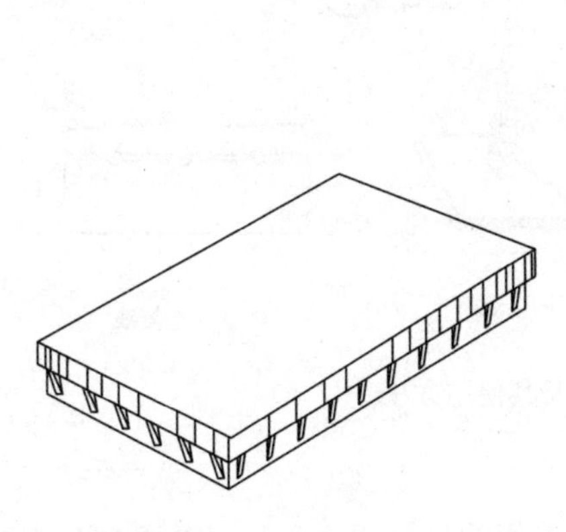

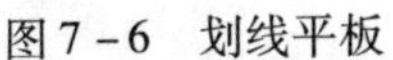

图7-6　划线平板

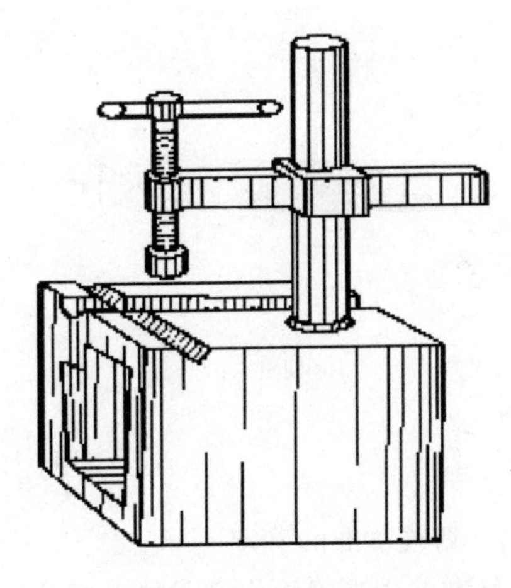

图7-7　划线方箱

划针可在工件表面直接划出线条，使用时一般要辅以钢直尺、直角尺等量具。为保证针头的硬度相对于工件足够高，同时考虑成本，通常采用焊接合金钢的方法来制作。划针盘则是将划针固定在一个带底座的支架上组装而成，通常用来划平行线或用作工件安装位置的找正。划针、划针盘及其用法，如图7-8所示。

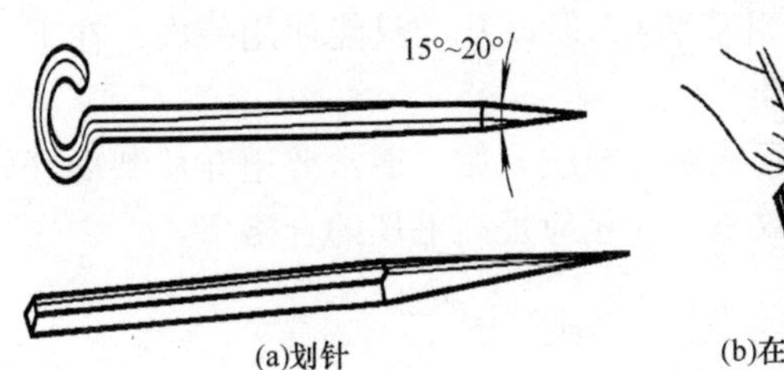

(a)划针

(b)在平面上划平行线

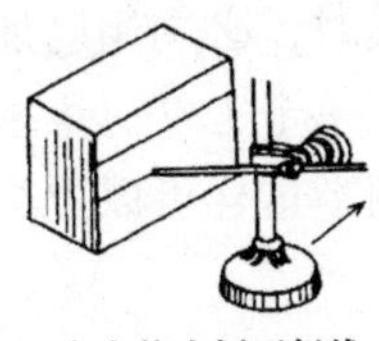

(c)在立体上划平行线

图7-8　划针、划针盘及其用法

划规通常用作划圆、划圆弧、等分线段和等分角度。钳工划规中的两个脚尖一般用硬质合金制成，因此也被称为合金划规，如图7-9所示。

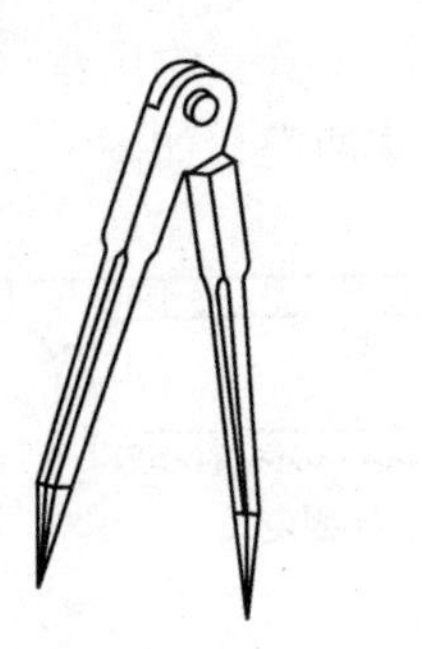

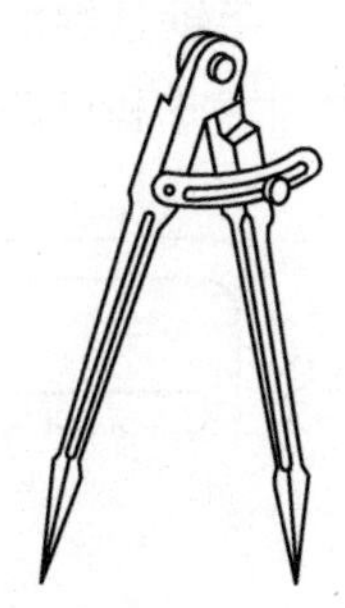

图7-9　划规

样冲通常配合手锤来使用，用于在工件上打出一个或者一系列的点（称为样冲眼），以此作为标记特殊点或者线段的方式，如图7-10所示。

划线平板使用时要擦拭干净，用后应涂上机油防锈。划针以及划针盘使用时应注意保护针头不受冲击，特别是应避免将划针当成样冲来使用，敲坏针头。

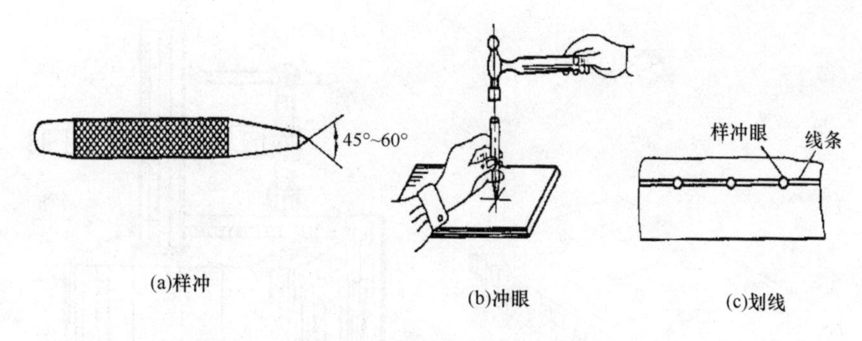

图 7－10　样冲及其使用方法

2. 划线基准的确定

基准是用来确定生产对象上各几何要素间的尺寸大小和位置关系所依据的一些点、线、面。在设计图样上采用的基准为设计基准。在工件划线时所选用的基准称为划线基准。在选用划线基准时，应尽可能使划线基准与设计基准一致，这样，可避免相应的尺寸换算，减少加工过程中的基准不重合误差。

平面划线时，通常要选择两个相互垂直的划线基准，而立体划线时，通常要确定三个相互垂直的划线基准。当工件上有已加工面（平面或孔）时，应该以已加工面作为划线基准。若毛坯上没有已加工面，首次划线应选择最主要的（或大的）不加工面为划线基准（称为粗基准），但该基准只能使用一次，在下一次划线时，必须用已加工面作划线基准。

一个工件有很多线条要划，究竟从哪一根线开始，通常要遵守从基准开始的原则，这样可以提高划线的质量和效率，并相应提高毛坯的合格率。

二、锯　　削

用手锯锯断金属材料或在工件上锯出沟槽的操作称为锯削。

1. 锯削工具

手锯是锯削的工具，它由锯弓和锯条组成。锯弓是用来张紧锯条的，锯弓分为固定式和可调式两类，如图 7－11 所示。

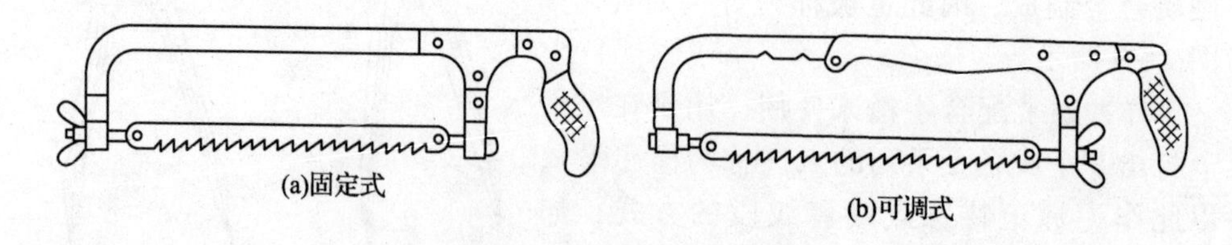

图 7－11　锯弓的构造

锯条一般由渗碳钢冷轧制成，也有用碳素工具钢或合金钢制造的。锯条的长度以两端装夹孔的中心距来表示，手锯常用的锯条长度为 300mm、宽 12mm、厚

0. 8mm。从图 7－12 中可以看出，锯齿排列呈左右错开状，人们称之为锯路。其作用就是防止在锯削时锯条夹在锯缝中，同时可以减少锯削时的阻力和便于排屑。

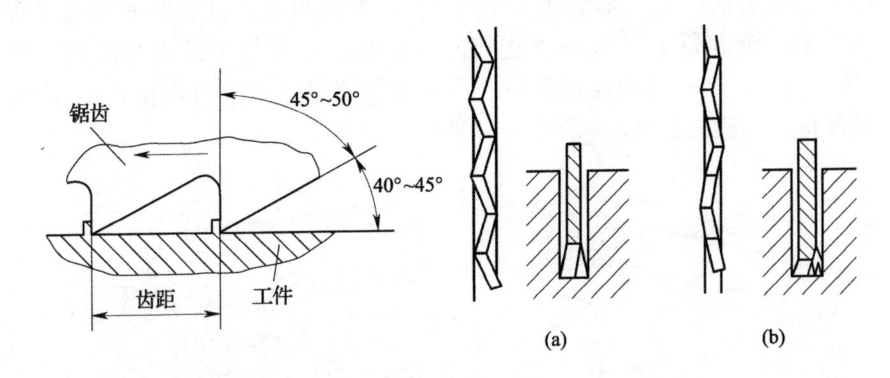

图 7－12　锯条

锯条上的锯齿根据齿距大小不同可分为细齿、中齿以及粗齿，分别适用于不同性质材料工件的锯割，如表 7－1 所示。

表 7－1　　**锯齿的粗细及其选用**

锯齿粗细	锯齿齿数/25mm	应用
粗	14～18	锯削软钢、黄铜、铝、铸铁、紫铜、人造胶质材料
中	22～24	锯削中等硬度钢、厚壁铜管、铜管
细	32	薄片金属、薄壁管材

2. 锯割操作

（1）锯条的安装。锯条的安装应使得齿尖的方向朝前，否则无法正常锯削。锯条安装时的松紧程度应适当，太紧时锯条容易崩断，太松时锯条容易扭曲，也容易折断。锯条安装后应保证锯条平面与锯弓中心平面平行，否则锯出的锯缝很容易歪斜，如图 7－13 所示。

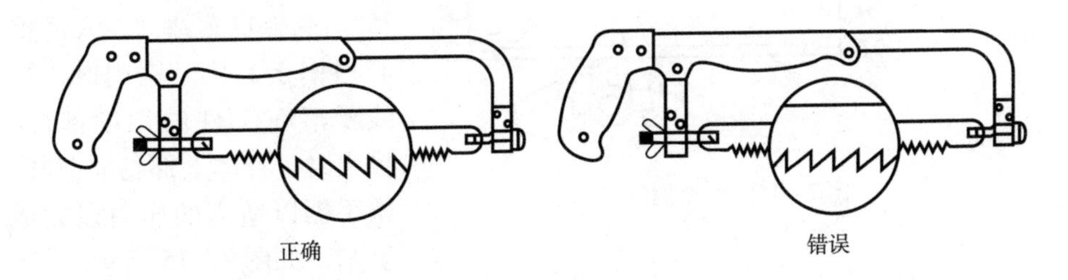

图 7－13　锯条的安装

（2）工件的夹持。工件一般应夹在台虎钳的左面，以便操作；工件伸出钳口不应过长，应使锯缝离开钳口侧面 20mm 左右，防止工件在锯割时产生振动；

锯缝线要与钳口侧面保持平行，便于控制锯缝不偏离划线线条；夹紧要牢靠，同时要避免将工件夹变形或是夹坏已加工面。

(3) 起锯方法。起锯是锯削工作的开始。起锯可在工件表面的前端（远起锯）或后端（近起锯）的棱边上进行。起锯时，锯条与工件表面倾斜角约为15°，最少要有三个齿同时接触工件。为了起锯平稳准确，可用拇指挡住锯条，使锯条保持在正确的位置，如图 7－14 所示。

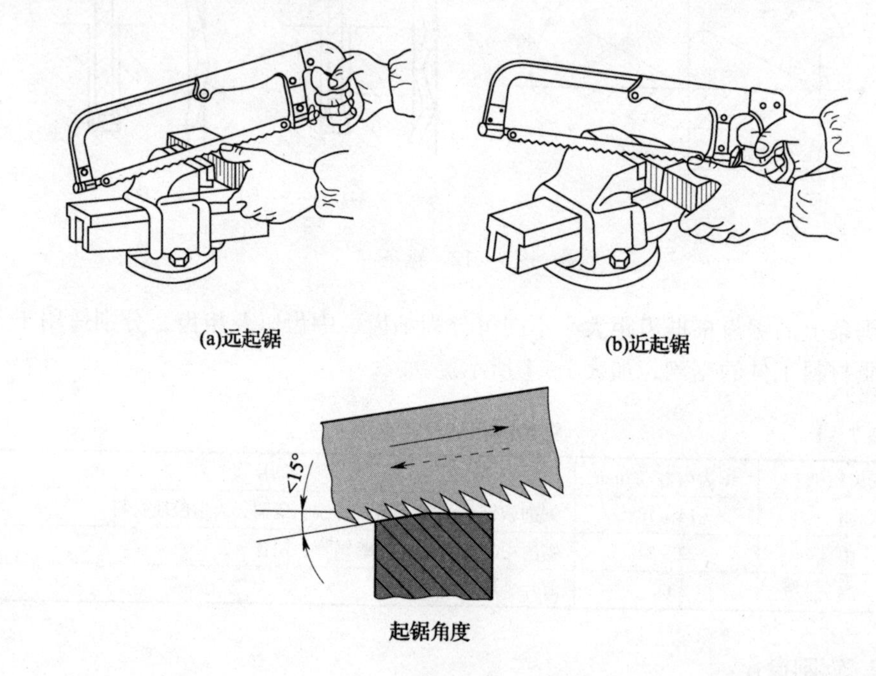

图 7－14　起锯方法

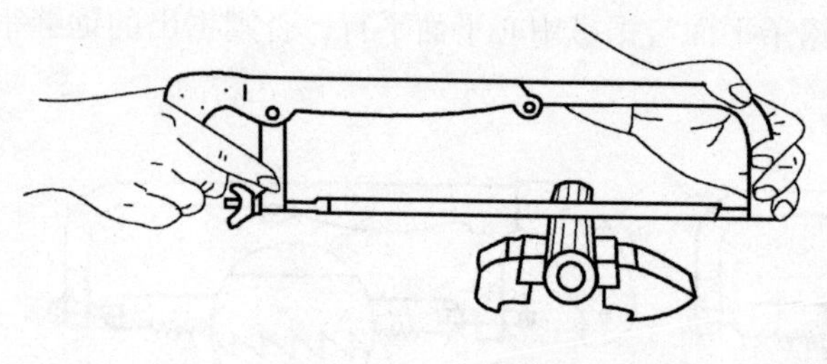

图 7－15　手锯握法

(4) 锯削姿势。锯削时，左脚超前半步，身体略向前倾与台虎钳中心约成75°。两腿自然站立，人体重心稍偏于右脚。锯削时，视线要落在工件的切削部位。推锯时，身体上部稍向前倾，给手锯以适当的压力以完成锯削，如图 7－15 所示。

(5) 锯削压力、速度及行程长度的控制。推锯时，给以适当压力；拉锯时应将所给压力取消，以减少对锯齿的磨损。锯割时，应尽量利用锯条的有效长度，行程一般不应小于锯条长度的2/3。锯削时，应注意推拉频率：对软材料和有色金属材料频率为每分钟往复 50～60 次，对普通钢材频率为每分钟往复 30～40 次。

三、锉　　削

锉削用锉刀对工件材料进行切削加工的一种操作。它的应用范围很广，可锉工件的外表面、内孔、沟槽和各种形状复杂的表面。

1. 锉刀

锉刀是锉削的刀具，一般由经过淬硬的碳素工具钢制成。普通锉刀按断面几何形状不同分为五种，即平锉、方锉、圆锉、三角锉、半圆锉，如图 7 – 16 所示。除普通锉刀外，还有整形锉和特种锉等。

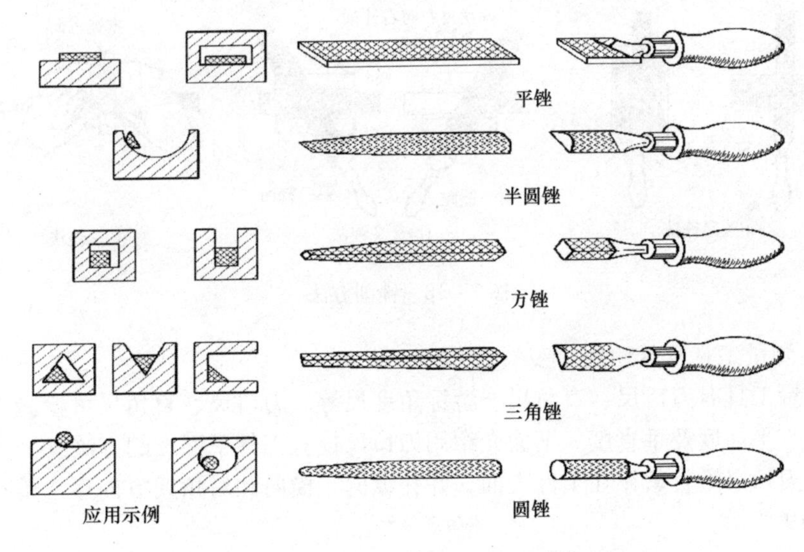

图 7 – 16　锉刀的几何形状分类及应用

锉刀的粗细按照 10mm 长的锉面上齿数多少来确定。粗锉刀（齿数为 4 ~ 12 个）用于粗加工或加工铜、铅等软材料。细锉刀（齿数为 13 ~ 24 个）用于精加工或加工硬材料。光锉刀（齿数为 30 ~ 40 个）通常用于最后修光表面。

2. 锉削操作

锉刀大小不同，握法不一样，如图 7 – 17 所示。锉削时有两个力，一个是推力，一个是压力，其中推力由右手控制，压力由两手控制，而且，在锉削中，要保证锉刀前后两端所受的力矩相等，即随着锉刀的推进左手所加的压力由大变小，右手的压力由小变大，否则锉刀不易锉削。

锉刀只在推进时加力进行切削，返回时，不加力、不切削，把锉刀返回即可，否则易造成锉刀过早磨损；锉削时，利用锉刀的有效长度进行切削加工，不能只用局部某一段，否则局部磨损过重，会造成寿命降低。锉削速度不宜过快，一般为每分钟 30 ~ 40 次。

锉削平面的方法有三种，分别为顺向锉、交叉锉、推锉。其中交叉锉法适用

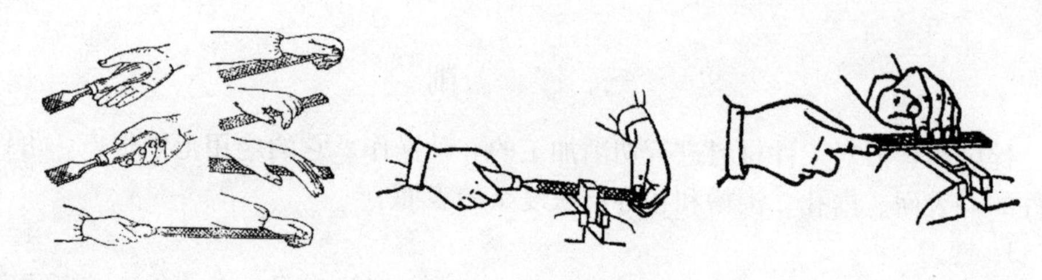

图 7－17　锉刀握法

于较大平面的粗加工，顺向锉和推锉适用于最后的修光，如图 7－18 所示。

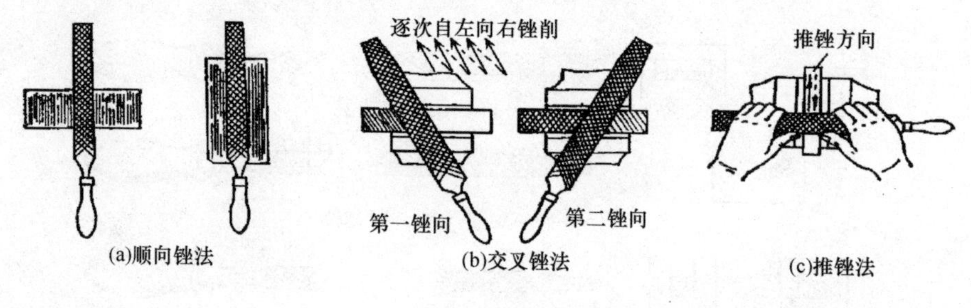

图 7－18　锉削方法

3. 测量工具及其使用

测量工具有刀口尺、直角尺、游标角度尺等。刀口尺、直角尺可检验工件的直线度、平面度及垂直度。下面介绍用刀口尺检验工件平面度的方法。

将刀口尺垂直紧靠在工件表面，并在纵向、横向和对角线方向逐次检查，如图 7－19 所示。

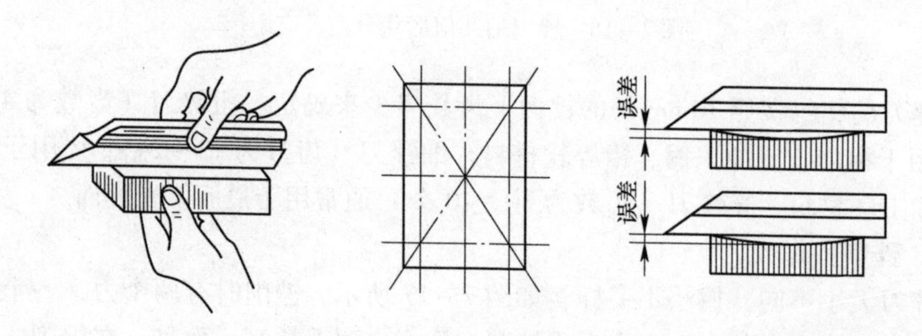

图 7－19　用刀口尺检验平面度

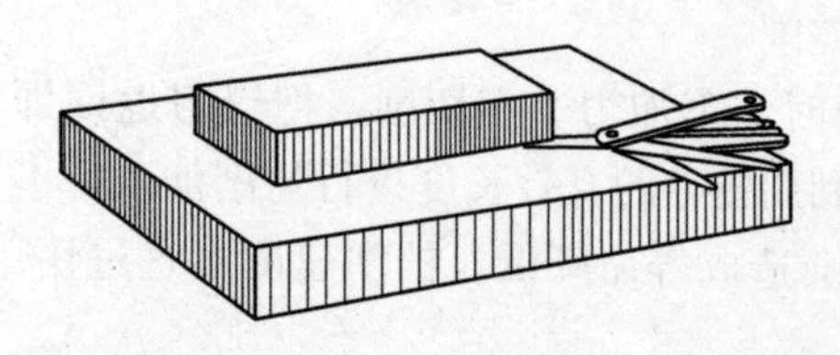

图 7－20　用塞尺测量平面度误差值

检验时，如果刀口尺与工件平面透光微弱而均匀，则该工件平面度合格；如果进光强弱不一，则说明该工件平面凹凸不平。可在刀口尺与工件紧靠处用塞尺插入，根据塞尺的厚度即可确定平面度的误差，如图 7－20 所示。

四、钻　　孔

无论什么机器，从制造每个零件到最后装配成机器为止，几乎都离不开孔。钳工工艺中，孔的加工方法有钻孔、扩孔、铰孔、锪孔等。选择不同的加工方法所得到的精度、表面粗糙度不同。合理的选择加工方法有利于降低成本，提高工作效率。

用钻头在实心工件上加工孔叫钻孔，如图 7－21 所示。由于钻头结构上存在着一些缺点，如刚性差、切削条件差，故钻孔精度低，只能进行孔的粗加工。

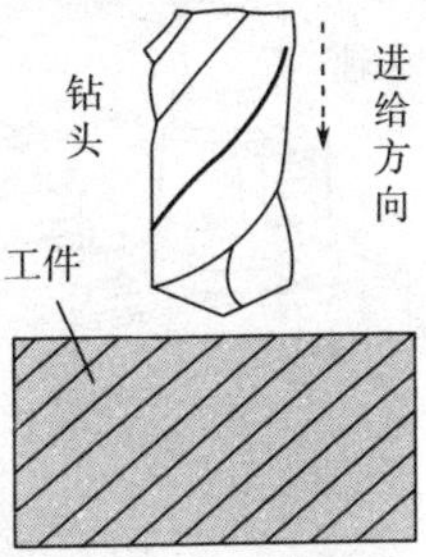

钻头
进给方向
工件

图 7－21　钻孔

1. 钻孔的设备

（1）台式钻床。如图 7－22 所示，钻孔直径一般为 13mm 以下，特点是小巧灵活，主要用于加工小型零件上的小孔。

（2）立式钻床。如图 7－23 所示，主要由主轴、主轴变速箱、进给变速箱、床身、工作台和底座组成。立式钻床可以完成钻孔、扩孔、铰孔、锪孔、攻丝等加工，立式钻床适于加工中小型零件上的孔。

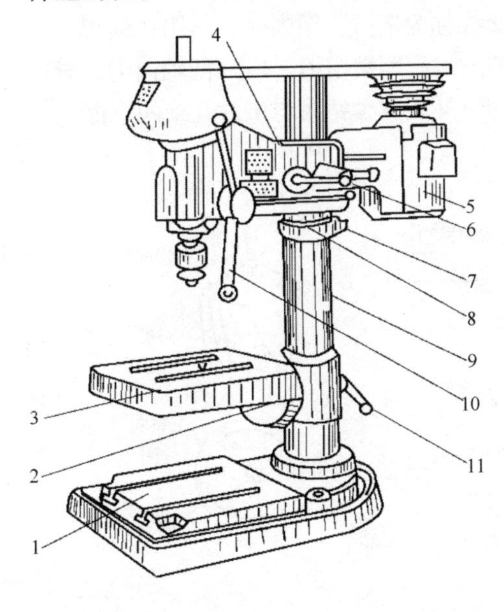

图 7－22　台式钻床

1—底座面　2—锁紧螺钉　3—工作台　4—头架　5—电动机　6—手柄　7—螺钉　8—保险环　9—立柱　10—进给手柄　11—锁紧手柄

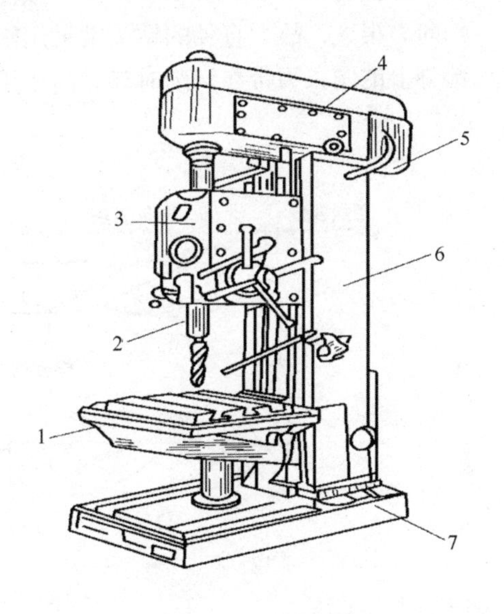

图 7－23　立式钻床

1—工作台　2—主轴　3—进给变速箱　4—主轴变速箱　5—电动机　6—床身　7—底座

（3）摇臂钻床。如图 7－24 所示，它有一个能绕立柱旋转的摇臂，摇臂带着

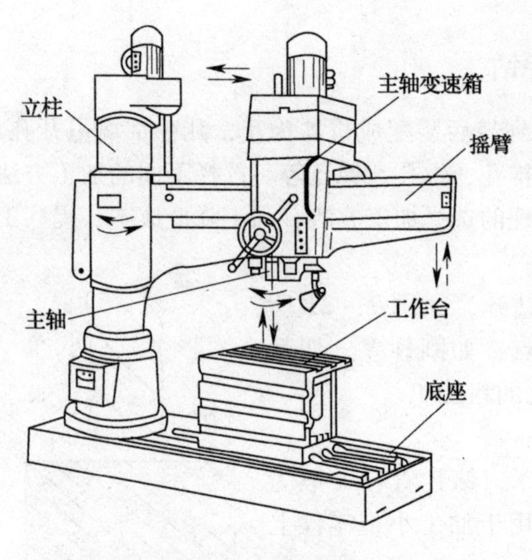

图 7－24　摇臂钻床

主轴变速箱可沿立柱垂直移动，同时主轴变速箱等还能在摇臂上横向移动，适用于加工大型笨重零件及多孔零件上的孔。

（4）手电钻。在其他钻床不方便钻孔时，可用手电钻钻孔。

另外，现在机械加工行业中还有许多先进的钻孔设备，如数控钻床减少了钻孔划线及钻孔偏移的烦恼，还有磁力钻床、深孔钻床等。

2. 钻头

麻花钻是最常用的一种钻孔刃具，有直柄和锥柄两种。直柄钻头通常直径小于 13mm，而直径大于 13mm 时一般做成锥柄钻头。

麻花钻有两条对称的螺旋槽用来形成切削刃，且作输送切削液和排屑之用。前端的切削部分如图 7－25 所示，有两条对称的主切削刃，两刃之间的夹角称为锋角，其值为 $2\varphi = 116° \sim 118°$。两个顶面的交线称为横刃，钻削时，作用在横刃上的轴向力很大，故大直径的钻头常采用修磨的方法，缩短横刃，以降低轴向力，导向部分上的两条刃带在切削时起导向作用，同时又能减少钻头与工件孔壁的摩擦。

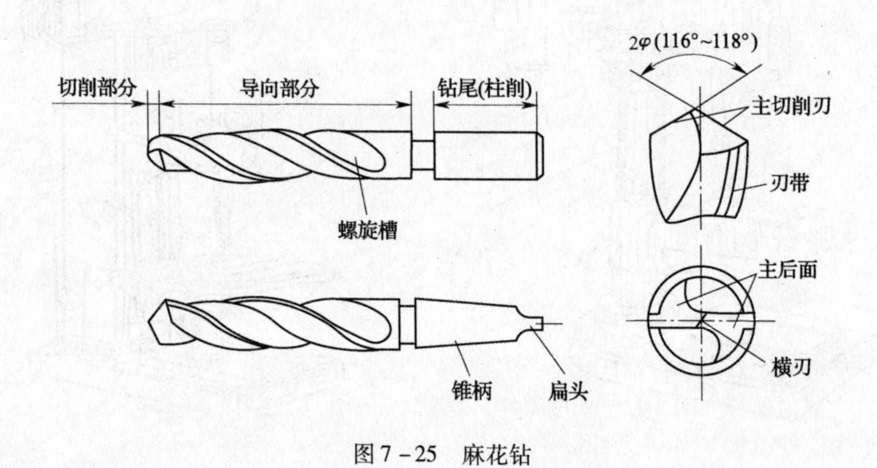

图 7－25　麻花钻

3. 钻孔方法

（1）钻头和工件的装夹。钻头的装夹方法需根据柄部形状来确定，如图 7－26 所示。直柄钻头一般通过钻夹头安装到钻床上，锥柄钻头则通常直接装入钻床主轴孔内，较小的锥柄钻可用过渡套筒安装。

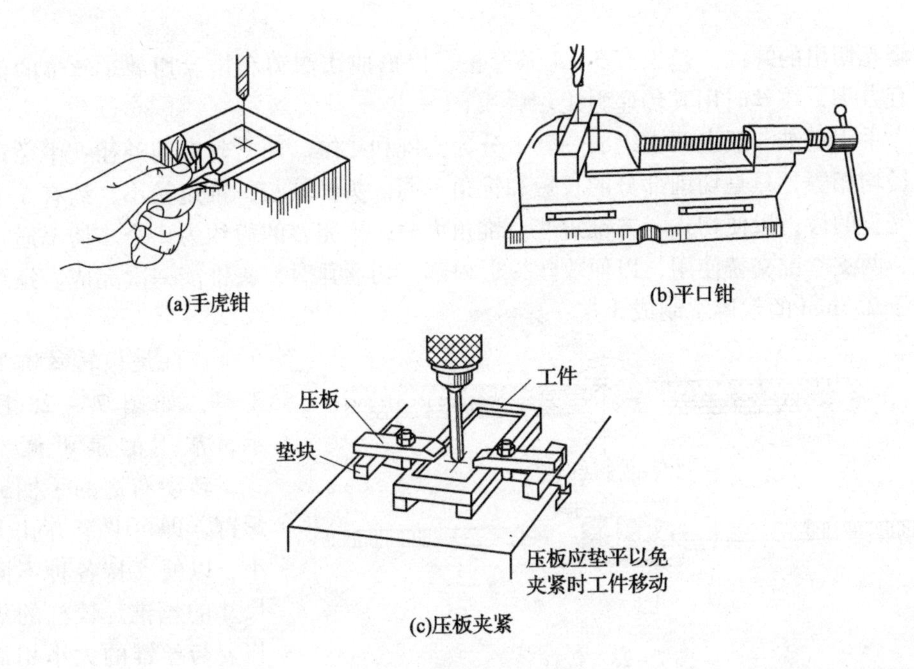

图 7－26　钻孔时工件的安装

工件装夹需要根据大小、形状的不同而采用不同的方法。小件和薄壁零件钻孔，可用手虎钳夹持工件。中等零件，多用平口钳夹紧；大型和其他不适合用虎钳夹紧的工件，则直接用压板螺钉固定在钻床工作台上。在圆轴或套筒上钻孔，须把工件压在 V 形铁上钻孔。

（2）钻孔过程。在一个工件上钻孔前应划线、打样冲眼，然后试钻一个约孔径 1/4 的浅坑，来判断是否对中，偏得较多要纠正，当对中后方可钻孔。第三步钻孔，钻孔时进给力不要太大，要时常抬起钻头排屑，同时加冷却润滑液，当孔要钻透时，要减少进给防止切削突然增大，折断钻头。

五、螺纹加工

钳工加工螺纹的方法有攻螺纹和套螺纹两种。攻螺纹是用丝锥加工内螺纹的操作。套螺纹是用板牙在圆柱件上加工外螺纹的操作。

1. 攻螺纹

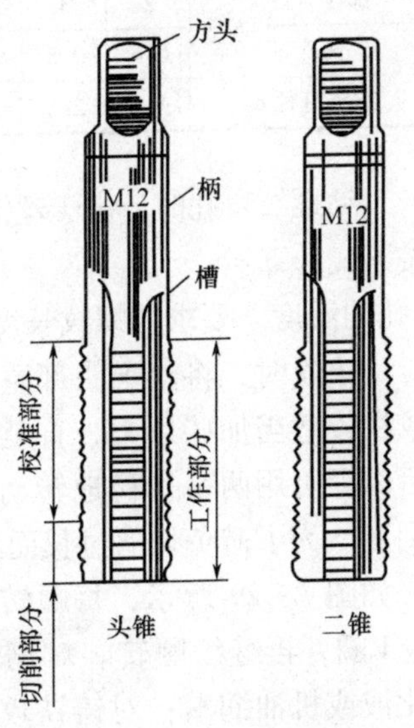

图 7－27　丝锥的结构

（1）丝锥和铰杠。丝锥的结构，如图 7－27 所示。其工作部分是一段开槽的外螺纹，还包括切削部分和校准部分。切削部分是圆锥形。切削负荷被各刀齿分担。校准部分具有完整的齿形，用以校准和修光切出的螺纹。丝锥有3～4条窄槽，以形成切削刃和排除切屑。丝锥的柄部有方头，攻丝时用其传递力矩。

手用丝锥一般由两支组成一套，分为头锥和二锥。两支丝锥的外径、中径和内径均相等，只是切削部分的长短和锥角不同。头锥较长，锥角较小，约有6个不完整的齿，以便切入。二锥短些，锥角大些，不完整的齿约为2个。切不通孔时，两支丝锥交替使用，以便攻丝接近根部。切通孔时，头锥能一次完成。螺距大于2.5mm的丝锥常制成3支一套。

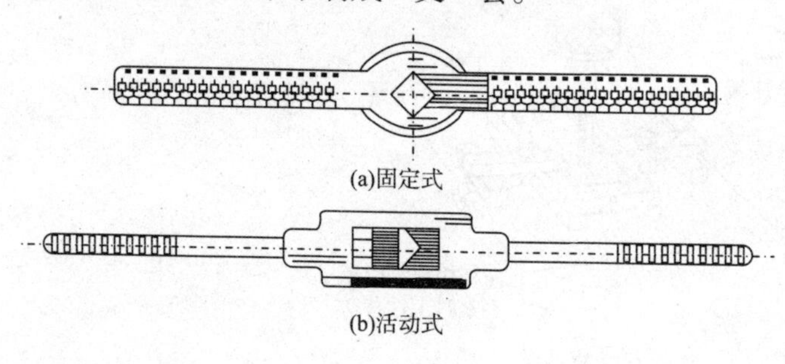

图7－28　铰杠

铰杠是板转丝锥的工具，如图7－28所示，常用的是可调节式，转动右边的手柄或螺钉，即可调节方孔大小，以便夹持各种不同尺寸的丝锥。铰杠的规格要与丝锥的大小相适应。小丝锥不宜用大铰杠，否则易折断丝锥。

（2）攻丝方法。攻丝前必先钻孔。由于丝锥工作时除了切削金属以外，还有挤压作用，因此，钻孔的孔径应略大于螺纹的内径。可选用相应的标准钻头。部分普通螺纹攻丝前钻孔用的钻头直径见表7－2。

表7－2　钢材上钻螺纹底孔的钻头直径（mm）

螺纹直径 d	2	3	4	5	6	8	10	12	14	16	20	24
螺距 z	0.4	0.5	0.7	0.8	1	1.25	1.5	1.75	2	2	2.5	3
钻头直径 d_2	1.6	2.5	3.3	4.2	5	6.7	8.5	10.2	11.9	13.9	17.4	20.9

钻螺纹盲孔时，由于丝锥不能切到底，所以钻孔深度要大于螺纹长度，其大小按下式计算：

孔的深度＝要求的螺纹长度＋0.7×螺纹外径

攻丝时，将丝锥头部垂直放入孔内，转动铰杠，适当加些压力，直至切削部分全部切入后，即可用两手平稳地转动铰杠，不加压力旋到底。为了避免切屑过长而缠住丝锥，操作时，应如图7－29所示，每顺转1圈后，轻轻倒转1/4圈，再继续顺转。对钢料攻丝时，要加乳化液或机油润滑；对铸铁攻丝时，一般不加切削液，但若螺纹表面要求光滑时，可加些煤油。

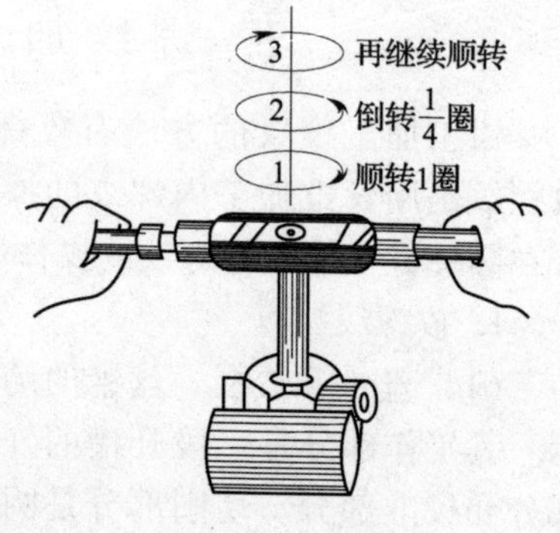

图7－29　攻丝操作

2. 套螺纹

(1) 板牙和板牙架。板牙有固定的和开缝的（可调的）两种。如图 7－30 所示为开缝式板牙，其板牙螺纹孔的大小可作微量调节。板牙孔的两端带有 60° 的锥度部分，是板牙的切削部分。

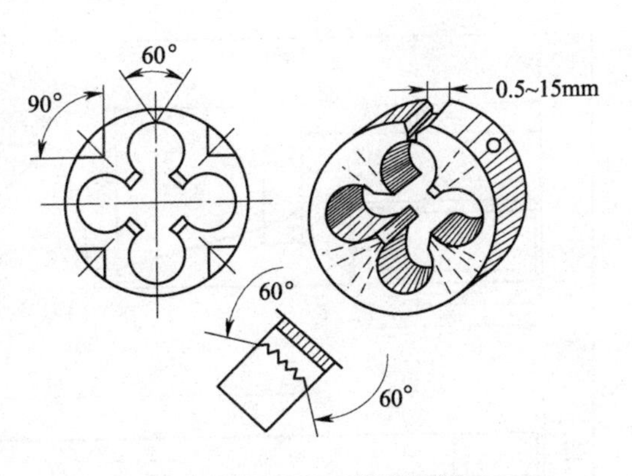

图 7－30　开缝式板牙

套扣用的板牙架，如图 7－31 所示。

(2) 套螺纹方法。套螺纹前应检查圆杆直径，太大难以套入，太小则套出螺纹不完整。套螺纹的圆杆必须倒角，如图 7－32 所示。套螺纹时，板牙端面与圆杆垂直。开始转动板牙架时，要稍加压力，套入几圈后，即可转动，不再加压。套扣过程中要时常反转，以便断屑，如图 7－33 所示。在钢件上套螺纹时，也应当加机油润滑。

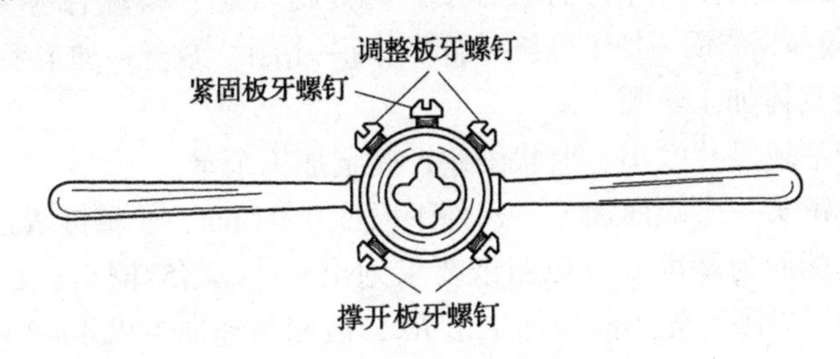

图 7－31　板牙架

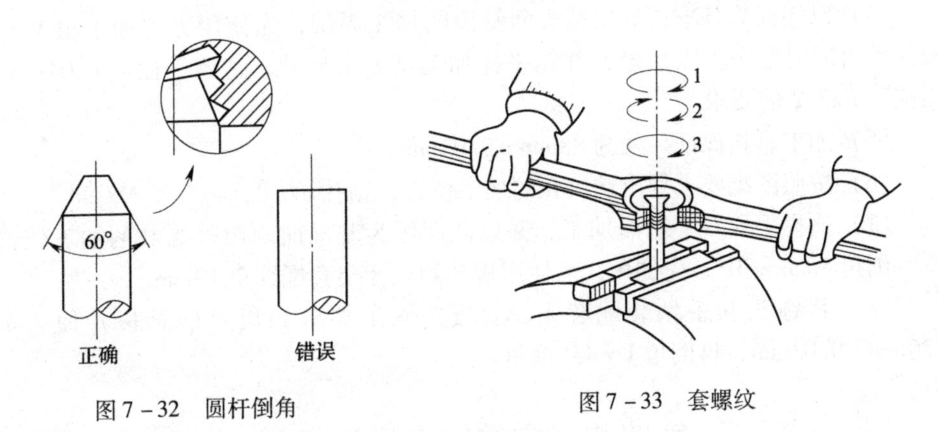

图 7－32　圆杆倒角

图 7－33　套螺纹

第三节　钳 工 实 训

实训题目：根据以下图纸要求，使用钳工所学知识加工出相应的工件（图 7－34）。

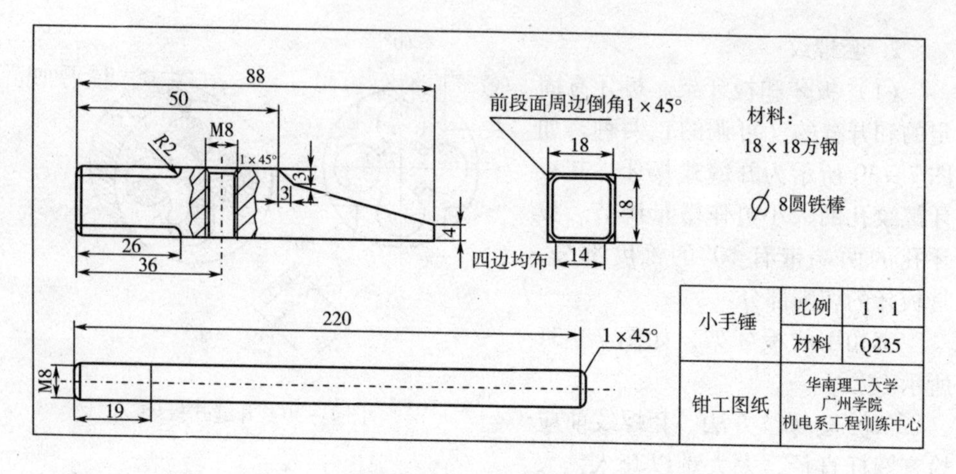

图7－34　小手锤制作

1. 小手锤的加工工艺

零件的加工方法都是多种多样的，为了便于加工、测量，保证加工质量，同时减少劳动强度、缩短周期，小手锤的加工可以考虑以下工艺：检查毛坯→加工基准面→划线→加工倒角→锯斜面→加工总长→加工斜面→钻孔、攻丝→加工手柄→装配。

2. 小手锤具体加工步骤

（1）检查毛坯尺寸大小、形状误差，确定加工余量。

（2）选择锤头一个端面加工，达到平面度0.04mm、粗糙度*R*a3.2的要求。

（3）以此端面为基准，按照图纸要求划出4－1×45°倒角、4－2×45°倒角和4－*R*2的加工界限，先用圆锉加工出*R*2，后用平锉加工出4－2×45°倒角，并连接圆滑，再加工4－1×45°倒角。

（4）以端面为基准，划出锤头两斜面的加工界限，先使用方锉加工出V形槽，后用锯削方法去除余量，并用平锉加工至要求尺寸，达到平面度0.04mm、粗糙度*R*a3.2的要求。

（5）加工总长保证尺寸为88mm±0.03mm。

（6）按照图纸要求划出螺纹孔的加工位置，钻孔ϕ6.8，再攻丝M8。

（7）选择手柄一个端面加工，并以此面作为基准面划出外螺纹的加工位置及其倒角3mm×30°，先倒角，后使用板牙和板牙架套螺纹至19mm。

（8）将锤头和手柄装配起来，后按照图纸要求划出手柄总长并加工至220mm±0.03mm，再倒角1×45°倒角。

第四节　实习安全操作规程

1. 安全须知

（1）实训时应穿工作服和合适的鞋，女同学应戴工作帽，头发或辫子应塞入工作帽内。

(2) 握锤时不得戴手套，否则，锤子很容易飞出，锤头、锤柄、錾尖不得有油，挥锤前要环视四周，以防伤人。

(3) 锯条不能装得太松或太紧，否则容易折断伤人。

(4) 清理加工中产生的铁屑与粉尘不能用嘴吹。

(5) 禁止用工具、卡具、量具敲击工件和其他物体，以防损坏其使用精度。

(6) 台钻上钻孔时，不准戴手套，铁屑不准用手清理或用嘴吹。

(7) 钳工室内台钻未经老师同意，不得擅自使用。

(8) 不得穿拖鞋进钳工室，以防铁块掉落砸伤和铁屑刺伤。

(9) 在实习期间不得用工具、工件当“武器”玩。

(10) 锯条、铁块等与实习有关的物品不能带出钳工室。

2. 实训纪律

(1) 在实习期间不准在钳工室内大声喧哗、吃零食、看报纸或小说，不准随意走动。实习室也是第一课堂，违者按学校有关规定进行处罚。

(2) 不得制作与实习无关的东西。

(3) 爱护公物，如有损坏，根据情节轻重进行赔偿或扣罚学分、实习成绩。

(4) 按时上下课，坚守岗位，否则按迟到、早退处理。

3. 文明与卫生

(1) 中午、下午结束时，每位同学必须清刷台虎钳、钳桌。

(2) 值日生一天一次搞卫生，中午下课前和下午下课时，值日生做到地不留扫帚痕、钳台不留铁屑，对黑板上的无用内容及时擦除。

(3) 钳桌上工量具必须做到整齐有序摆放，不准混摆。量具使用时要放在量具盒上，不准敞盖使用。

思考与练习

1. 什么叫钳工？钳工的基本操作有哪些？

2. 划线的作用是什么？

3. 如何起锯，在锯削将要完成时要注意什么？

4. 锉削操作应注意什么？

5. 钻头有哪几个主要角度？标准顶角是多少度？

6. 什么叫攻螺纹？

7. 攻螺纹前的底孔直径如何计算？

8. 如何制作划规？简述步骤和制作方法。

第八章　机 械 装 夹

第一节　概　　述

PPT 课件

一、机械手的组成

机械手是指能模仿人手和臂的某些动作功能，按固定程序抓取、搬运物件或操作工具的自动操作装置。它可代替人的繁重劳动以实现生产的机械化和自动化，能在有害环境下操作，以保护人身安全，因而广泛应用于机械制造、冶金、电子、轻工和原子能等领域。

大多数机械手有四个共同的主要部件：

（1）机械部件。是由关节连在一起的许多机械连杆的集合体而形成的开环运动学链系。

（2）驱动部件。使各种机械部件产生运动的装置为驱动部件，驱动源可以是气动的、液压的或电动的。

（3）传感器。是一种将有关机械部件的内部信息和外部信息传递给机械手的仪器。

（4）控制系统。控制系统通过获取的信息确定机械部件各部分的正确运行轨迹、速度、位置和外部环境，使机械部件的各部分按预定程序在规定的时间开始和结束动作。

二、机械手的机械部件

机械装夹

机械手的机械部件主要由四部分组成（图 8－1）：①手部结构。②手腕结构。③臂部结构。④机身结构。

其中机械手的手部是最重要的执行机构，常用的手部按其握持原理可分为夹持类和吸附类。

1. 夹持类

夹持类手部（图 8－2）的作用是抓住工件、握持工件和释放工件。手指的开合通常采用气动、液动、电动和电磁来驱动。

2. 吸附类

吸附类机械手靠吸附式取料，适应于大平面、易碎、微小的物体，使用面也较大。根据吸附力的不同有气吸附和磁吸附两种。

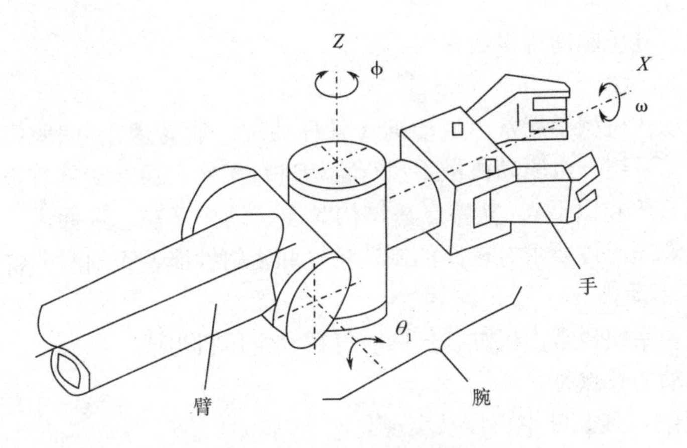

图 8－1 机械手的机械部件

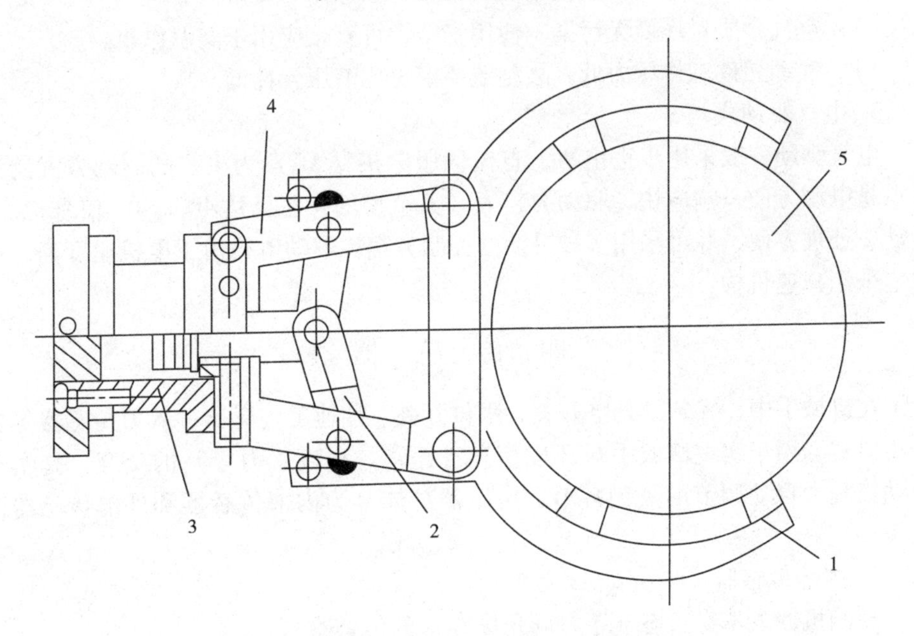

图 8－2 机械手的手部机构

1—手指 2—传动机构 3—驱动装置 4—支架 5—工件

(1) 气吸式。气吸式手部是机械手常用的一种吸持工件的装置。它由吸盘、吸盘架及进排气系统组成，气吸式手部是利用吸盘内的压力与大气压之间的压力差而工作的。

(2) 磁吸式。磁吸式手部是利用永久磁铁或电磁铁通电后产生的磁力来吸附材料工件的，应用较广。磁吸式手部不会破坏被吸件表面质量。

三、机械手的驱动部件

机械手所用的驱动部件主要有三种：液压驱动、气压驱动和电气驱动。其中以液压驱动、气压驱动用得最多。

1. 液压驱动式

液压驱动式机械手通常由液动机（各种油缸、油马达）、伺服阀、油泵、油箱等组成驱动系统，由驱动机械手执行机构进行工作。通常它具有很大的抓举能力（高达几百千克以上），其特点是结构紧凑、动作平稳、耐冲击、耐震动、防爆性好，但液压元件要求有较高的制造精度和密封性能，否则漏油将污染环境。

2. 气压驱动式

气压驱动系统通常由气缸、气阀、气罐和空压机组成。

气压驱动的特点是：

（1）压缩空气黏度小，容易实现高速运动。

（2）利用集中的空气压缩机站供气，不必添加动力设备。

（3）空气介质对环境无污染，使用安全，可直接应用于高温作业。

（4）气动元件工作压力低，故制造要求也比液压元件低。

3. 电气驱动式

电气驱动一般采用步进电机，直流伺服电机（AC）为主要的驱动方式。其特点是电源方便，响应快，驱动力较大（关节型的持重已达400kg），信号检测、传动、处理方便，并可采用多种灵活的控制方案。驱动电机由于电机速度高，通常应采用减速机构。

四、传 感 器

在机械手中，安装了光电开关、限位开关、加速度传感器、腕力传感器等各种传感器。用于实现机械手与环境信息（距离、温度、力等）的交互，是实现自动控制、自动调节的关键环节，传感器总体分为内部传感器和外部传感器两大类。

1. 内部传感器

检测机器人本身状态（手臂间角度等）的传感器。

2. 外部传感器

检测机器人所处环境（是什么物体，离物体的距离有多远等）及状况（抓取的物体滑落等）的传感器。外部传感器又可分为末端执行器传感器和环境传感器。

（1）末端执行器传感器。主要装在作为末端执行器的机械手上，检测、处理精巧作业的感觉信息，相当于触觉。

（2）环境传感器。用于识别物体和检测物体与机器人的距离，相当于视觉。

五、控制系统

机械手控制系统是机械手的主要组成部分，用于控制操作机械手来完成特定的工作任务，其基本功能有示教—再现功能、坐标设置功能、与外围设备的联系功能、位置伺服功能。

（1）示教—再现功能。在示教过程中，可存储作业顺序、运动路径、运动方式、运动速度及与生产工艺有关的信息，在再现过程中，能控制机械手按照示教的加工信息执行特定的作业。

（2）坐标设置功能。一般的机械手控制器设置有关节坐标、绝对坐标、工具坐标及用户坐标4种坐标系，可根据作业要求选用不同的坐标系并进行坐标系之间的转换。

（3）与外围设备的联系功能。机械手控制器设置有输入/输出接口、通信接口、网络接口和同步接口，并具有示教盒、操作面板及显示屏等人机接口。此外，还具有多种传感器接口。

（4）位置伺服功能。机械手控制系统可实现多轴联动、运动控制、速度和加速度控制、力控制及动态补偿等功能。在运动过程中，还可以实现状态监测、故障诊断下的安全保护和故障自诊断等功能。

第二节　气动机械手拆装实训装置介绍

一、机械手本体及控制系统

本实习所用的BN－MH4机械手拆装实训装置（图8－3），采用的是气动机械手爪，可以实现对物体的夹紧、松开与旋转功能，气动机械手爪作为工业机器人的重要组成部分，具有机构简单、重量轻、动作迅速、平稳、可靠、节能和不污染环境等优点，因而被广泛应用。

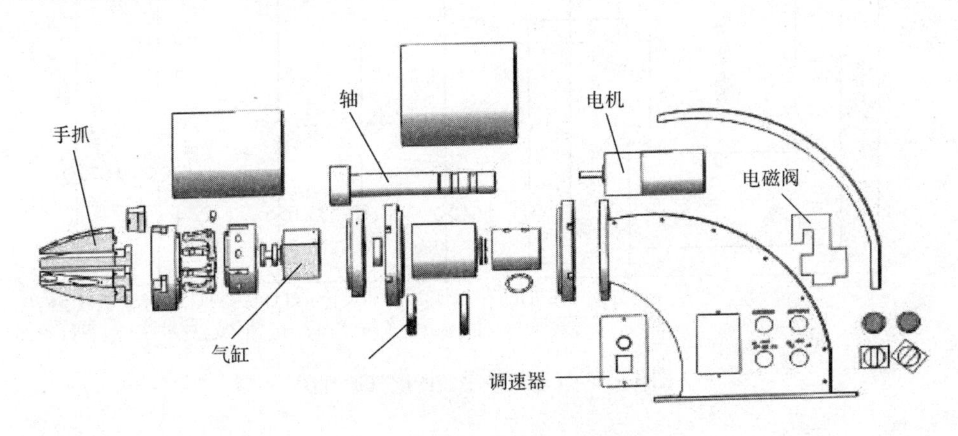

图8－3　气动机械手装配简图

机械手拆装实训装置作为教学和实践的辅助工具，爪部采用的是四指结构，可实现对物体的夹紧、松开与旋转功能。气动机械手拆装实训装置机械系统主要由以下几大部分组成：原动部件、传动部件、执行部件。基本机械结构连接方式为原动部件→传动部件→执行部件。

原动部件采用步进电机驱动方式，在机械手末端有一个气动夹持器，以完成抓取、装配等作业。

气动机械手拆装实训装置控制系统主要由电磁阀、指示灯、旋钮开关、电机调速器、控制电路组成，如图8－4所示。

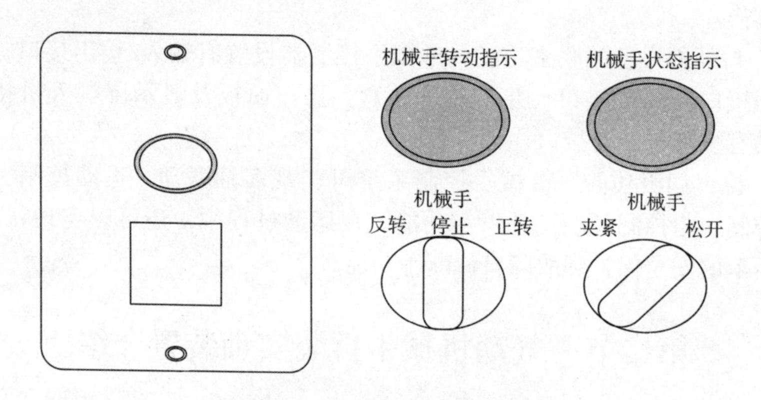

图8－4　控制系统操作布局图

电磁阀为220V供电控制，通过控制其通断来调整气流走向，从而控制末端气动手爪的开合。气动机械手装配电气原理图，如图8－5所示。

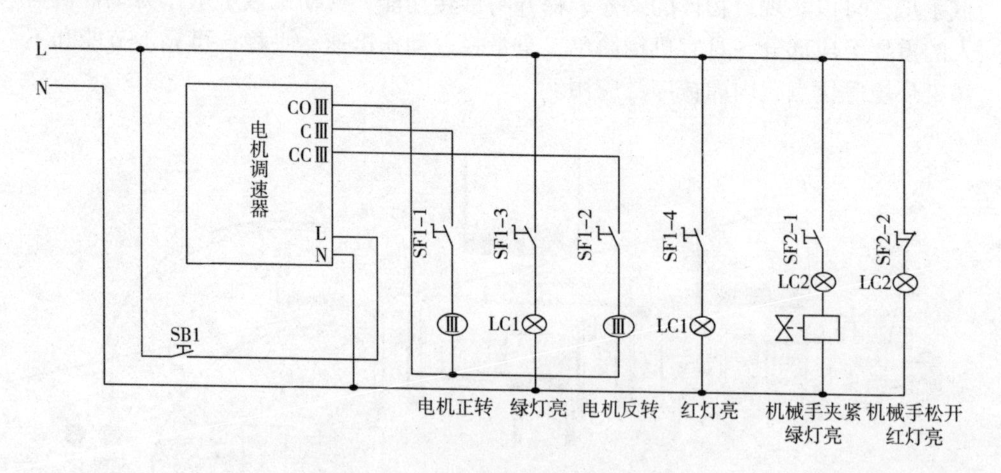

图8－5　气动机械手装配电气原理图

二、技术参数

BN－MH4机械手拆装实训装置的技术参数如表8－1所示。

表 8－1　　气动机械手技术参数

<table>
<tr><th colspan="2">项目</th><th>内容</th><th>参数</th></tr>
<tr><td colspan="2" rowspan="4">外形尺寸</td><td>长</td><td>800mm</td></tr>
<tr><td>宽</td><td>160mm</td></tr>
<tr><td>高</td><td>300mm</td></tr>
<tr><td>质量</td><td>30kg</td></tr>
<tr><td rowspan="4">动力系统</td><td rowspan="2">手抓旋转</td><td>电机</td><td>YN60－220－10</td></tr>
<tr><td>转速</td><td>0～1250r/min</td></tr>
<tr><td rowspan="2">手抓松紧</td><td>电机额定功率</td><td>10W</td></tr>
<tr><td>气缸</td><td>SDA 40×20</td></tr>
<tr><td colspan="2">控制系统</td><td colspan="2">电机、旋钮开关</td></tr>
</table>

第三节　机械装夹实训

一、机械手拆卸

1. 实习目的

（1）学习气动机械手的应用。

（2）学习气动机械手的机械结构，提升机械设计能力。

（3）学习气动机械手的控制系统，加深对自动化设备的理解。

2. 实习原理

通过操作机械手旋转，手爪夹紧、松开铝棒，并拆散机械手，深入了解机械手的机械结构，了解机械手的工作原理，学习设计者的设计思维，提高实践动手能力。

3. 实习步骤

气动机械手的外观和零件布局如图 8－6 所示，拆卸步骤如下：

（1）接通电源，打开气阀，给设备通气。

（2）打开开关，控制机械手手爪夹紧、松开铝棒。打开调速器上的按钮，控制机械手手爪旋转。

（3）关闭电源和气阀，开始拆散机械手，将零件 1 拆下，如图 8－7 所示。

（4）将零件 2、3、4、5 拆下，如图 8－8 所示。

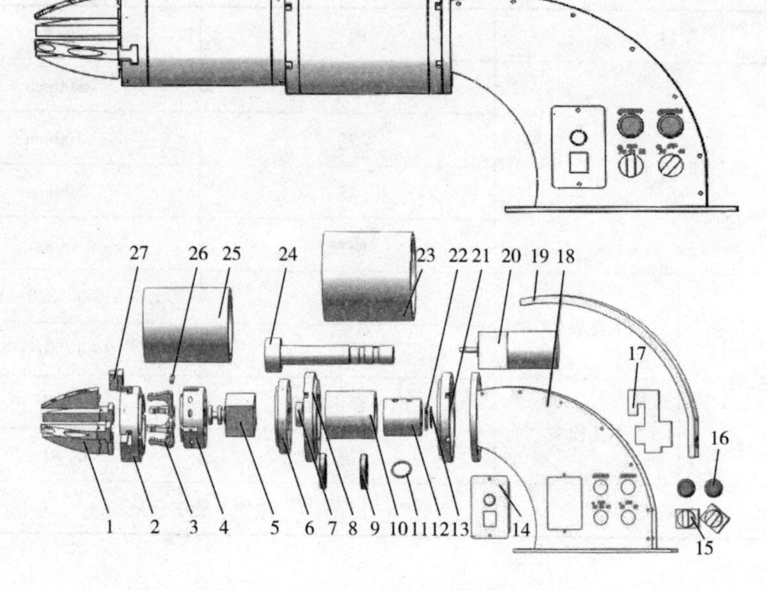

图 8－6　气动机械手外观及零件布局图

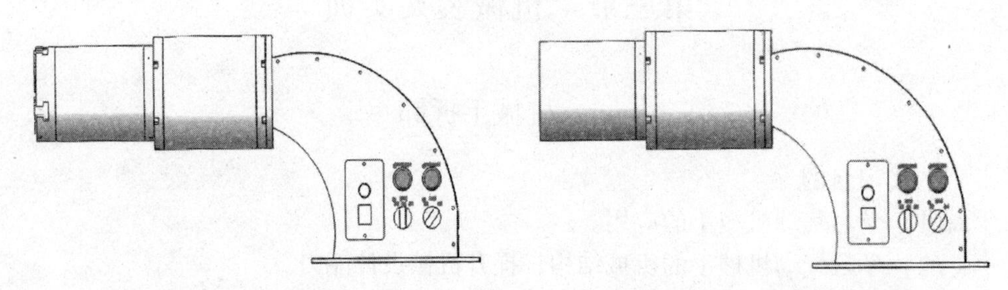

图 8－7　拆下零件 1

图 8－8　拆下零件 2、3、4、5

（5）将零件 19 拆下，如图 8－9 所示。

（6）将零件 18 拆下，如图 8－10 所示。

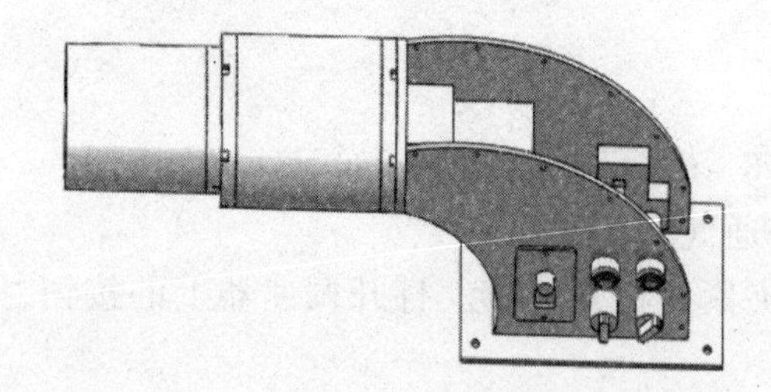

图 8－9　拆下零件 19

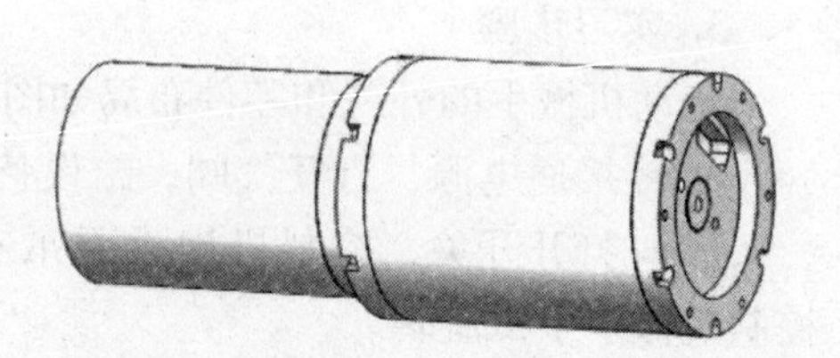

图 8－10　拆下零件 18

（7）将零件 21 拆下，如图 8－11 所示。

（8）将零件 23 拆下，如图 8－12 所示。

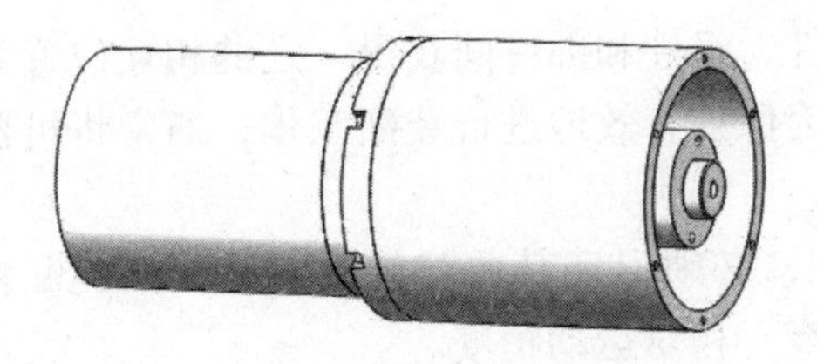

图 8-11 拆下零件 21

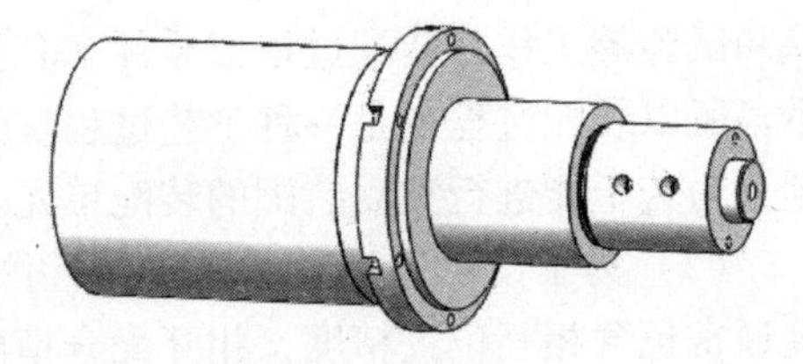

图 8-12 拆下零件 23

(9) 将零件 12 拆下，如图 8-13 所示。

(10) 将零件 8、9、10 拆下，如图 8-14 所示。

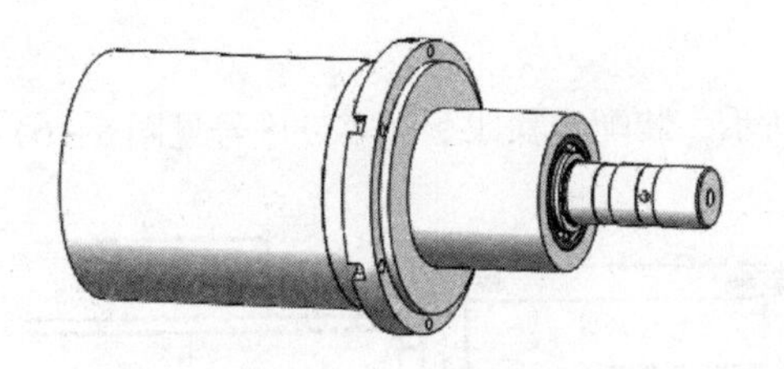

图 8-13 拆下零件 12

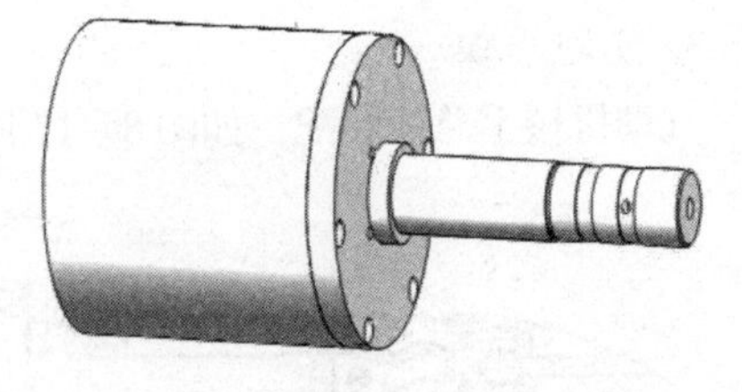

图 8-14 拆下零件 8、9、10

(11) 将零件 7、25 拆下，如图 8-15 所示。

(12) 将零件 6 拆下，如图 8-16 所示。

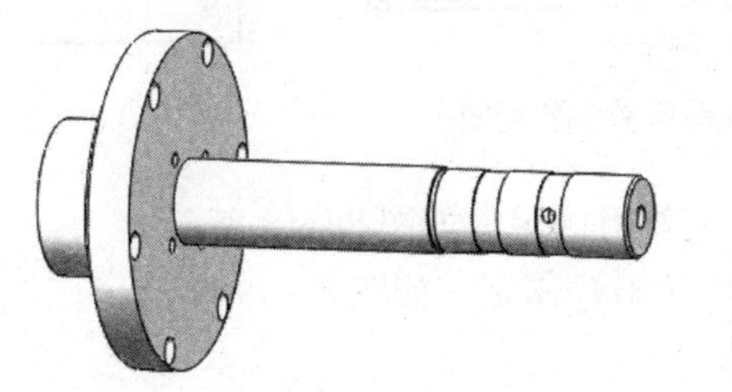

图 8-15 拆下零件 7、25

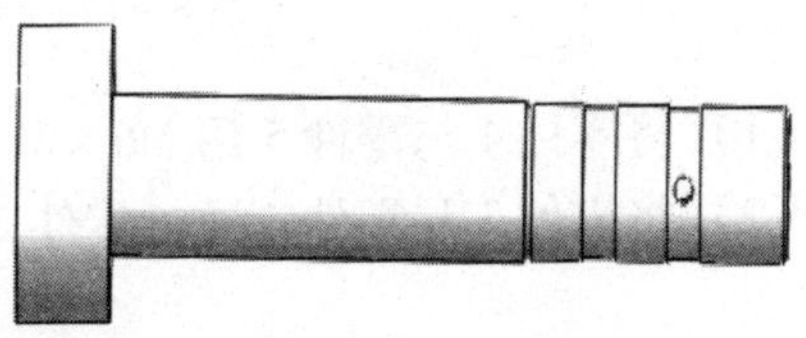

图 8-16 拆下零件 6

二、机械手装配

1. 实习目的

(1) 学习设备的装配工艺过程。

(2) 学习装配精度与装配尺寸链。

(3) 了解多种装配方法。

(4) 学习装配主要的通用技术条件。

2. 实习原理

(1) 机器的装配是机器制造过程中最后一个环节，它包括装配、调整、检验和试验等工作，装配过程使零件、套件、组件和部件间获得一定的相互位置关系，所以装配过程也是一种工艺过程。为保证有效地进行装配工作，通常将机器划分为若干能进行独立装配的装配单元。

（2）为了使设备具有正常工作性能，必须保证其装配精度，设备的装配精度通常包含相互位置精度，相互配合精度、相对运动精度。

（3）在设备的装配关系中，由相关零件的尺寸或相互位置关系所组成的一个封闭的尺寸系统，称为装配尺寸链，装配尺寸链包括直线尺寸链、角度尺寸链、平面尺寸链。

（4）保证装配精度的四种装配方法：互换装配法、选择装配法、修配装配法、调整装配法。

3. 实习步骤

气动机械手总体装配，如图 8 – 17 所示，装配步骤如下（零件序号见图 8 –6）：

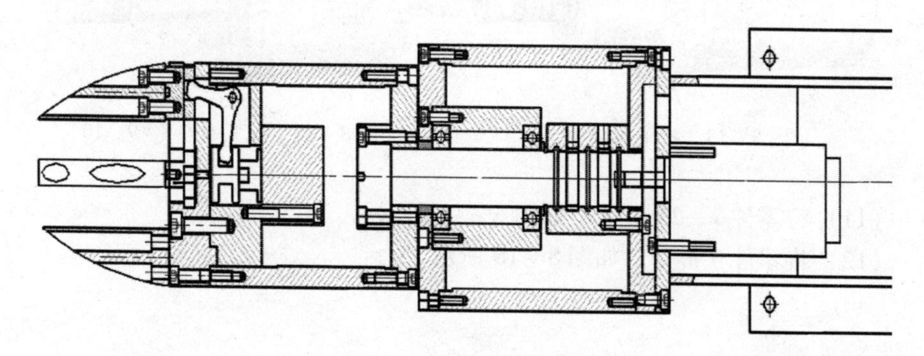

图 8 – 17　气动机械手装配图

（1）将零件 4 与零件 5 用 M6 ×50 的螺钉固定，如图 8 – 18 所示。

（2）将零件 3 与零件 4 通过零件 26（销）固定，如图 8 – 19 所示。

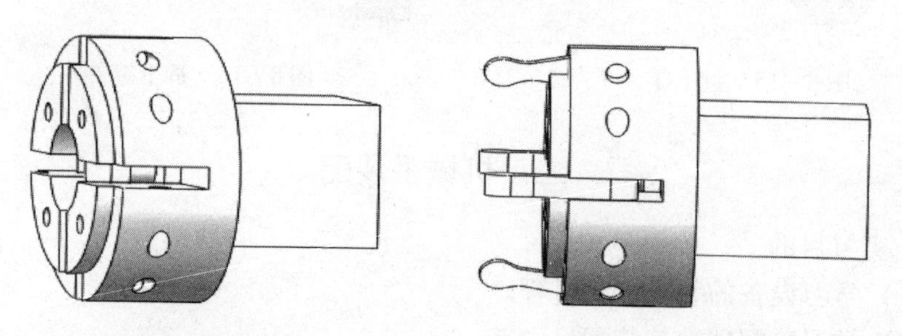

图 8 – 18　连接零件 4、5　　图 8 – 19　连接零件 3、4

（3）将零件 27 放到零件 2 的凹槽里，如图 8 – 20 所示。

（4）将零件 2 与零件 4 用 M8 ×35 的螺钉固定，如图 8 – 21 所示。

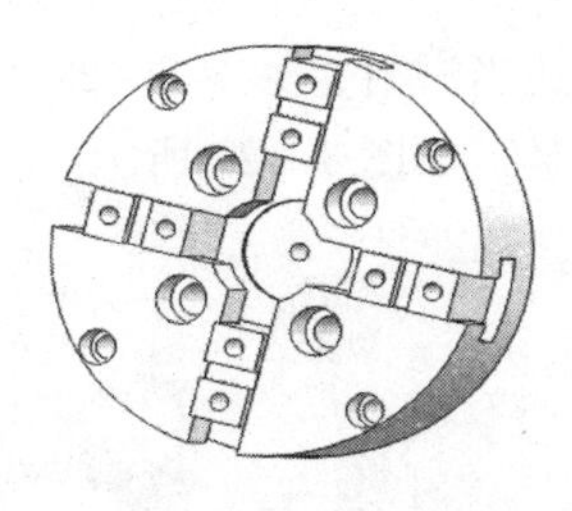

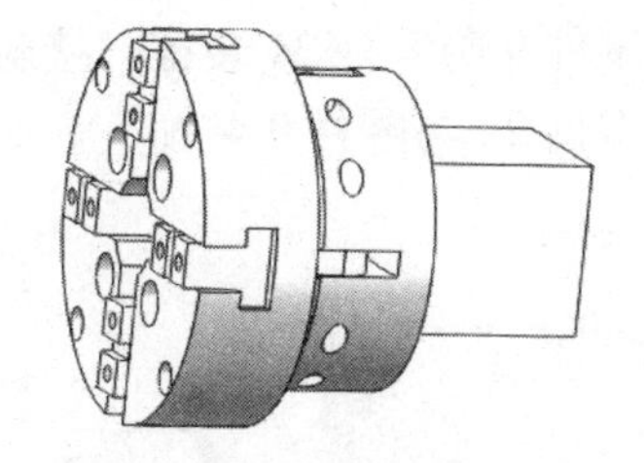

图 8 - 20　安装零件 27　　　　图 8 - 21　连接零件 2、4

(5) 将零件 2 与零件 25 用 M6 ×40 的螺钉固定，如图 8 - 22 所示。

(6) 将零件 24 与零件 6 用 M6 ×30 的螺钉固定，如图 8 - 23 所示。

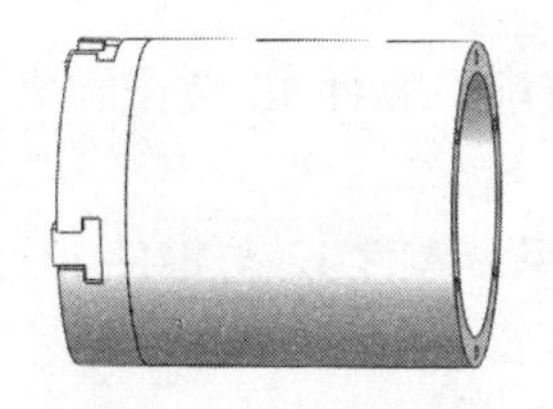

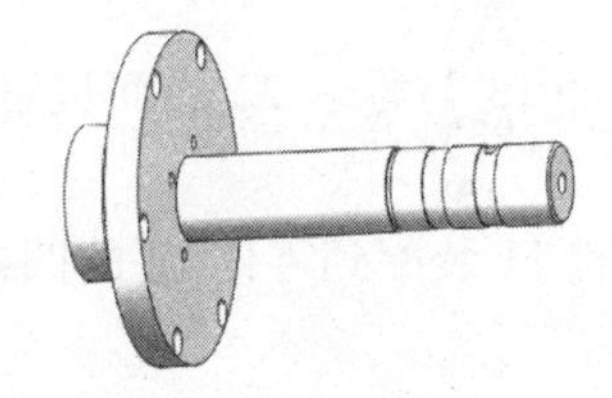

图 8 - 22　连接零件 2、25　　　　图 8 - 23　连接零件 6、24

(7) 将零件 7 与零件 24 装配，如图 8 - 24 所示。

(8) 将零件 6 与零件 25 用 M6 ×20 的螺钉固定，如图 8 - 25 所示。

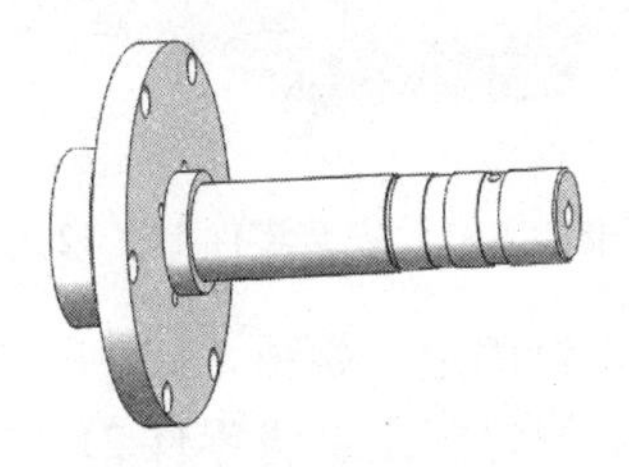

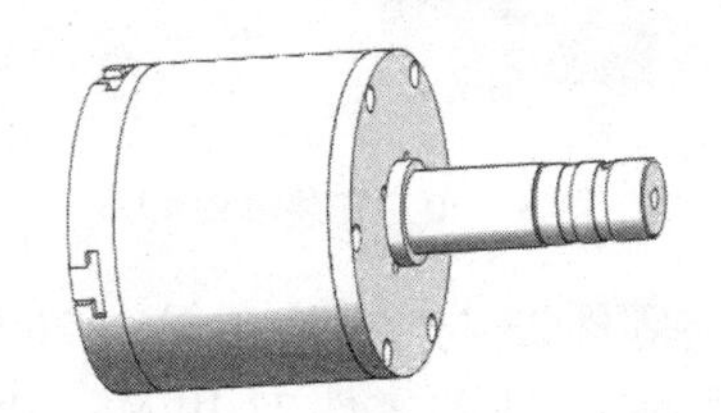

图 8 - 24　安装零件 7　　　　图 8 - 25　连接零件 6、25

(9) 将零件 9 与零件 10 装配，轴承在装配前必须是清洁的，接触面适当润滑，如图 8 - 26 所示。

(10) 将零件 8 与零件 10 用 M5 ×16 的螺钉固定，如图 8 - 27 所示。

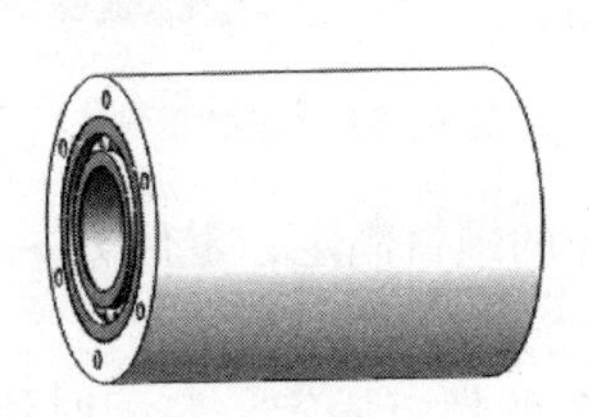

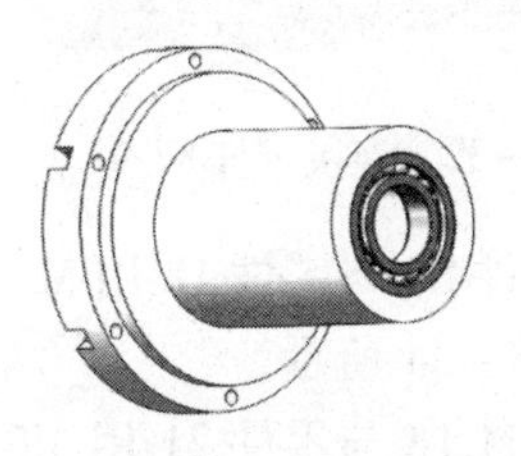

图 8 - 26　装配零件 9、10　　　　图 8 - 27　连接零件 8、10

（11）将零件 9 与零件 24 装配，接触面适当润滑，如图 8－28 所示。

（12）将零件 22 与零件 9 装配，表面接触，如图 8－29 所示。

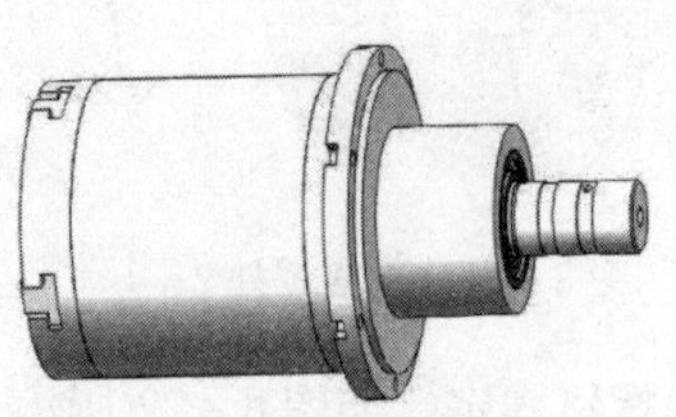

图 8－28　装配零件 9、24　　图 8－29　装配零件 22、9

（13）将零件 13 与零件 22 表面接触装配，零件 13 装配在零件 24 的槽里，如图 8－30 所示。

（14）将零件 11 装配到零件 12 的凹槽里，零件 12 与零件 13 表面接触装配，如图 8－31 所示。

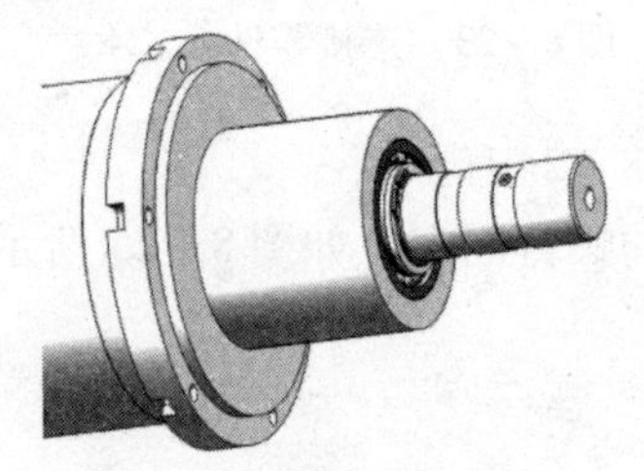
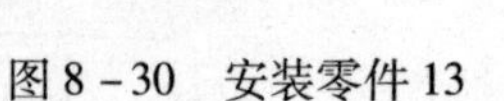
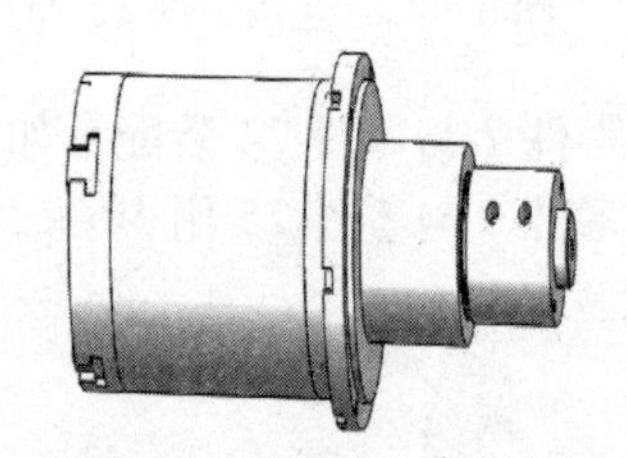

图 8－30　安装零件 13　　图 8－31　安装零件 11、12

（15）将零件 23 与零件 8 用 M5 ×20 的螺钉固定，如图 8－32 所示。

（16）将零件 21 与零件 23 用 M5 ×20 的螺钉固定，将零件 21 与零件 12 用 M6 ×20 的螺钉固定，如图 8－33 所示。

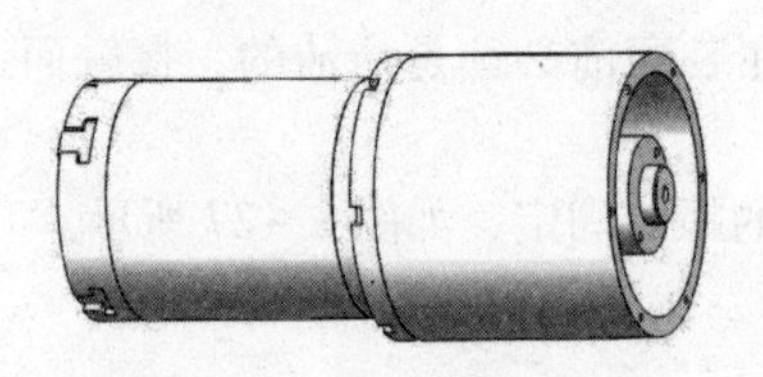
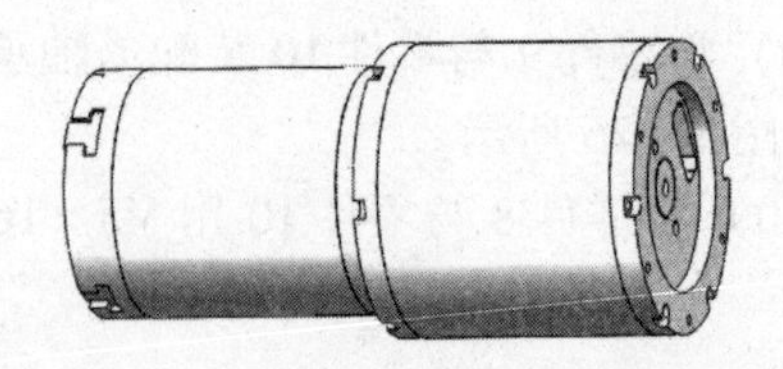
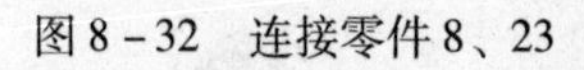

图 8－32　连接零件 8、23　　图 8－33　连接零件 12、21、23

（17）将零件 20 与零件 18 用 M5 ×25 的螺钉固定，零件 14 ~ 零件 17 与零件 18 装配，如图 8－34 所示。

（18）将零件 18 与零件 21 用 M6 ×12 的螺钉固定，装配时注意不要损坏电机轴，同时保证通气管的槽相对应，如图 8－35 所示。

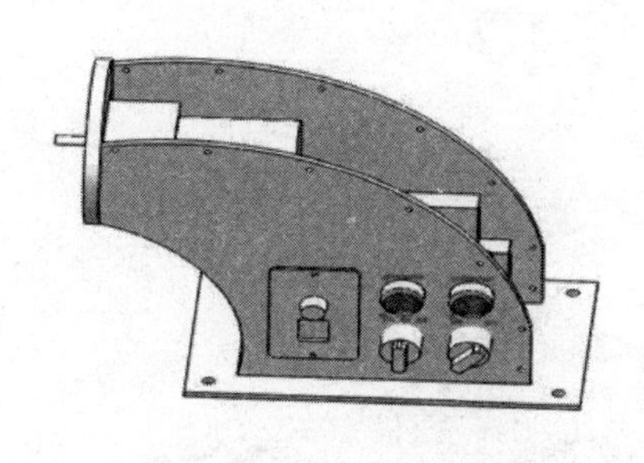

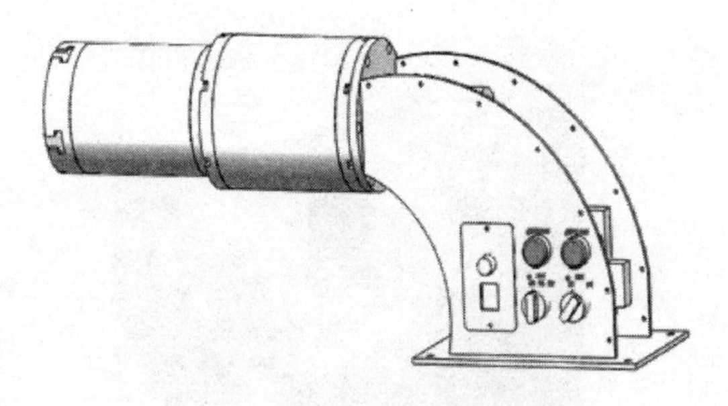

图 8－34　连接零件 18、20

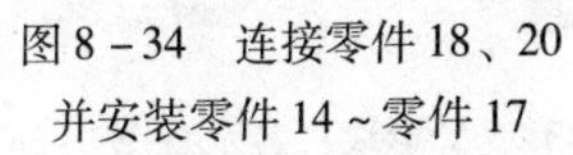

并安装零件 14～零件 17

图 8－35　连接零件 18、21

（19）将零件 1 与零件 27 用 M6×16 的螺钉固定，零件 18 与零件 19 用 M3×10 的螺钉固定，如图 8－36 所示。

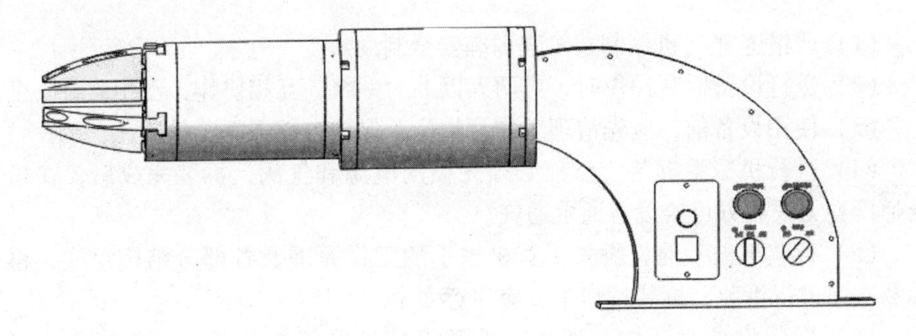

图 8－36　连接零件 1、27、18、19

三、气动夹具拆装

1. 实习目的

（1）学习气动夹具的应用。

（2）对气动夹具部分零件进行拆装。

2. 实习原理

通过操作气动夹具夹紧、松开铝棒，熟悉其工作原理，并拆装气动夹具的 V 形块，了解其结构，培养实践动手能力。

3. 实习步骤

实训所用的气动夹具如图 8－37 所示，拆卸步骤如下：

（1）打开气阀，给设备通气。

（2）打开开关，控制气动夹具夹紧、松开铝棒。

（3）拆下气动夹具上的 V 形块（图 8－38），再装配回去。

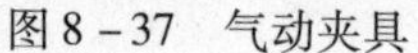

图8－37 气动夹具

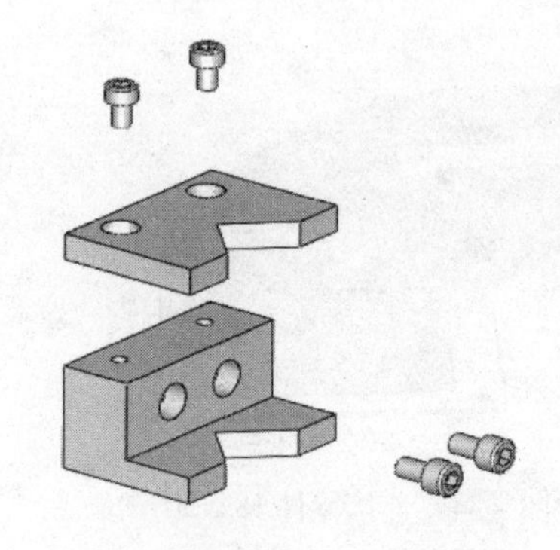

图8－38 V形块拆装示意图

第四节 实习安全操作规程

（1）严格遵守《机械制造工程训练安全制度》。

（2）进行设备拆装操作时，应两人以上为一组，互相协作，互相监督安全。

（3）使用设备前，应先清理工作台物品，保持台面干净、整洁。

（4）进行机械手拆装工作前必须先关闭电源和气阀，拆装完成后，在指导老师检查无误后方可给设备通电通气。

（5）拆装机械手前，应先了解机械手的工作原理及各部分结构组成，再按拆装次序进行拆装，拆装过程中，应注意安全。

（6）拆装设备过程中，请将零件及工具妥善归类放置，以免掉落或砸伤同学。

（7）设备驱动电机安装在后座，电机轴与设备前端同轴，拆装时请保持机械手前端与桌面平行状态下拆装，以免损坏电机。

（8）设备通电前，应确保电机调速器开关按钮处于断开状态，并检查电源线是否完好，插头连接处是否安全。

（9）机械手及夹具处于运行状态时，操作者应远离运动区域，防止受伤。

（10）发生异常时，请立即断开设备电源，再判断引起异常的原因，寻找解决的方法。

（11）工作结束后，请把工具、量具、零件等物品分类整理好，放在指定的地方，并将现场打扫干净。

思考与练习

1. 简述机械手的主要组成部件。
2. 简述气动机械手的工作原理。
3. 列举气动机械手零件中的标准件。
4. 简述机械手的未来发展趋势。

第九章　车削加工

PPT 课件

第一节　概　　述

根据 GB/T 15378—1994《金属切削机床型号编制方法》对机床的分类，车床共分为：仪表车床；单轴自动车床；多轴自动、半自动车床；回轮、转塔车床；曲轴及凸轮轴车床；立式车床；落地及卧式车床；仿形及多刀车床；轮、轴、辊、锭及铲齿车床；其他车床共 10 组，其组代号分别为 0 ~9。

生产中应用最多的是卧式车床。下面根据设备的情况主要介绍 CZ6132A 型卧式车床的操作与加工。

一、CZ6132A 型卧式车床的结构

CZ6132A 型卧式车床是目前较常用的卧式车床，主要用于轴类、套类、盘类、螺纹类等零件的加工，其结构如图 9 -1 所示。

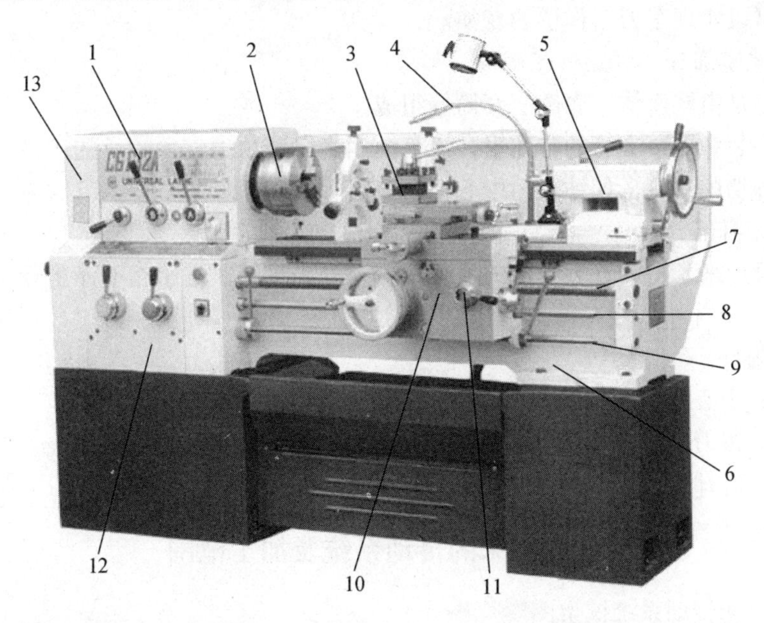

图 9 -1　CZ6132A 型卧式车床

1—主轴箱　2—卡盘　3—刀架　4—冷却液管　5—尾座　6—床身　7—丝杠　8—光杠
9—操纵杆　10—溜板箱　11—开合螺母　12—进给箱　13—挂轮箱

1. 车头部分

（1）主轴箱。用来带动车床主轴及卡盘的转动。变换主轴箱外面的手柄位置，可以使主轴得到各种不同的转速，从铭牌中可以找出手柄与速度相对应的位置。

（2）卡盘。是车床的一个重要附件。用来夹持工件，并带动工件一起转动。

2. 挂轮箱部分

用来把主轴的转动传给进给箱。调换箱内的齿轮，并与进给箱配合，可以车削各种不同螺距的螺纹。

3. 进给部分

（1）进给箱。利用它的内部齿轮机构，可以把主轴的运动传给丝杠或光杠。变换进给箱体外面的手柄位置，可以使丝杠或光杠得到各种不同的转速。

（2）丝杠。用来车削螺纹。它能通过溜板使车刀按要求的传动比做精确的直线移动。

（3）光杠。用来把进给箱的运动传给溜板箱，使车刀按要求的速度做直线进给运动。实现刀具的纵、横向进给。

4. 溜板箱部分

（1）溜板箱。把光杠或丝杠的动力传递给溜板箱，变换溜板箱体外面的手柄位置，经溜板箱使车刀部分做纵向或横向移动。

（2）刀架。溜板箱上部有刀架，用来装夹车刀。可同时装夹四把车刀，通过转塔可以实现车刀工作位的变换。

5. 尾座部分

尾座是由尾座体、底座、套筒等组成。

顶尖装在尾座套筒的锥孔里，该套筒用来安装顶尖支顶较长的工件，还可以装夹各种切削刀具，如钻头、中心钻、铰刀等。

6. 床身部分

床身用来支持和安装车床的各个部件，如主轴箱、进给箱、溜板箱、溜板和尾座等。

7. 附件

（1）中心架。车削粗长轴时用来支持工件。

（2）跟刀架。车细长轴时用来支持工件，随溜板箱一起进给。

（3）冷却管。切削时用来浇注冷却液。

二、车床的传动系统及加工范围

1. 车床传动系统框架图

CA6132 型卧式车床的传动系统如图 9－2 所示。工作时，电动机通过 V 形皮带，把动力输入主轴箱。通过变速机构变速使主轴得到不同的转速，再经卡盘（或夹具）带动工件作回转运动。主轴把旋转运动输入交换齿轮箱，再通过进给箱变速后由丝杠或丝杠驱动溜板箱和刀架部分，可以很方便地实现手动、机动、快速移动及车螺纹等运动。

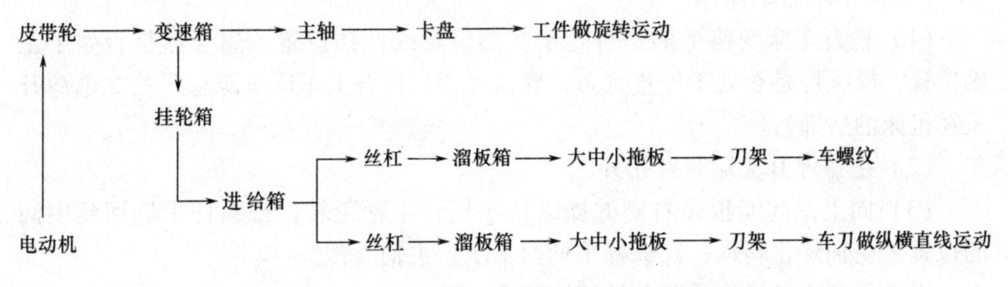

图 9－2　CZ6132A 型卧式车床的传动系统

2. 加工范围

工件做旋转主运动，刀具做直线进给运动决定了车床的加工范围为各种回转体表面或端面（图 9－3），例如：车外圆、车端面、切断（切槽）、钻孔（中心孔）、镗孔（铰孔）、车螺纹（各种内外螺纹）、车圆锥（内外锥）、加工蜗杆及成型面（球面、圆弧）等。

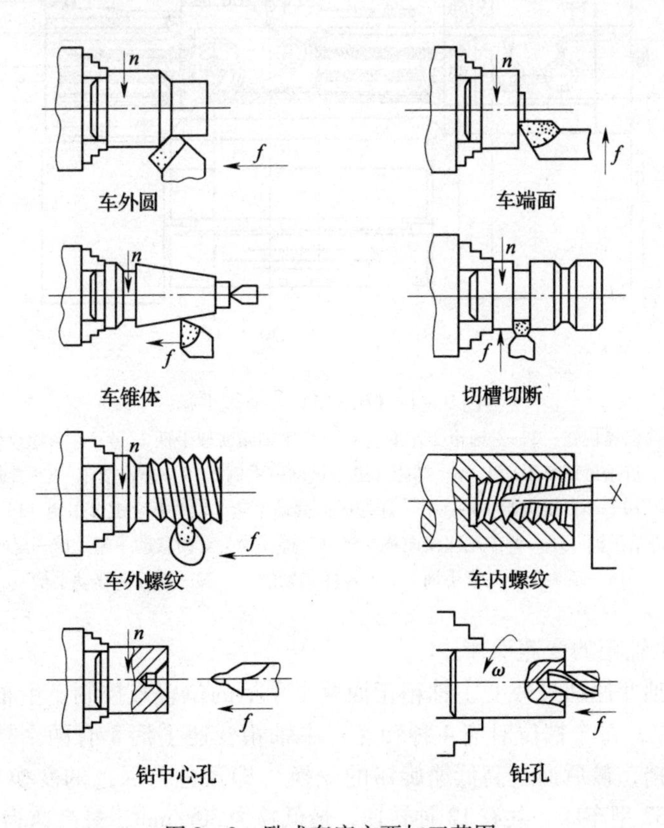

图 9－3　卧式车床主要加工范围

三、车床的基本操作

（一）车床启动操作

（1）检查车床变速手柄是否处于在挡位置或低挡位置，离合器是否处于正确位置，操纵杆是否处于停止状态，确认无误后，合上车床电源总开关（电源开关在机床的后部）。

（2）把急停开关顺时针松开。

（3）向上提起溜板箱右侧的操纵杆手柄，主轴正转；操纵杆手柄回到中间的位置，主轴停止转动；操纵杆手柄向下压，主轴反转。

以下是车床各操作手柄及按钮（图9－4）。

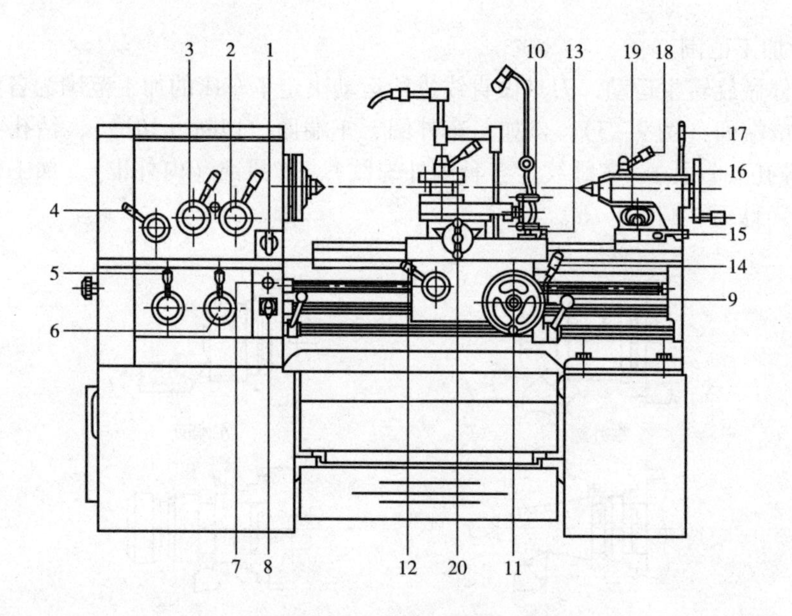

图9－4　C6132A1 各操作手柄

1—主轴高低速旋钮　2—主轴箱变速手柄1　3—主轴箱变速手柄2　4—左右螺纹变换手柄　5—螺距、进给量调整手柄1　6—螺距、进给量调整手柄2　7—总停按钮　8—冷却泵开关　9—正反车手柄　10—小刀架进给手柄　11—床鞍纵向移动手轮　12—开合螺母手柄　13—锁紧床鞍螺钉　14—纵横进给手柄　15—调节尾座横向移动螺钉　16—顶尖套筒移动手轮　17—尾座锁紧手柄　18—顶尖套筒夹紧手柄　19—尾座锁紧螺母　20—横刀架移动手柄

（二）主轴箱的变速操作

车床主轴变速通过改变主轴箱正面两个手柄的位置来控制。主轴箱变速手柄1有三个挡位，每个挡位对应4种转速，主轴箱变速手柄2有两个挡位，分别对应Ⅰ挡和Ⅱ挡，最后通过高低速旋钮的变换（即黄色与绿色的变换），得到相应转速。CZ6132型车床一共有12种转速，最低速为30r/min，最高速为1600r/min。

主轴箱正面左侧的手柄用于螺纹的左、右旋向变换手柄，共有2个挡位，即用来车削右旋螺纹、左旋螺纹的变换手柄。

主轴变速练习：

（1）调整主轴转速：分别为 $n=30\text{r/min}$、$n=240\text{r/min}$ 和 $n=700\text{r/min}$，确认后启动车床并观察。特别注意：每次进行主轴转速调整时必须停车。

（2）选择车削右旋螺纹和车削左旋螺纹的手柄位置，注意溜板的移动方向。

（三）进给箱的变速操作

CZ6132A 型卧式车床的进给箱上有两个手柄，右边的手柄是丝杠（M）和丝杠（S）的变换手柄，并有Ⅰ、Ⅱ、Ⅲ、Ⅳ、Ⅴ五个挡位；左边的手柄有A、B、C、D、E、F和1、2、3、4、5、6六个挡位，通过不同的组合，来调整螺距或进给量。车螺纹调整手柄的时候要看清楚进给箱铭牌上挂轮的位置，并打开挂轮箱检验位置是否正确，否则会车错螺距。

进给箱变速作练习：调整手柄的位置做纵向进给，选择进给量为0.055mm/r和0.20mm/r；做横向进给，进给量为0.10mm/r和0.30mm/r。

（四）溜板部分（图9－5）

溜板部分实现车削时绝大部分的进给运动：床鞍及溜板箱做纵向移动，中溜板做横向移动，小溜板做短距离纵向移动或斜向移动。进给运动有手动进给和机动进给两种方式。

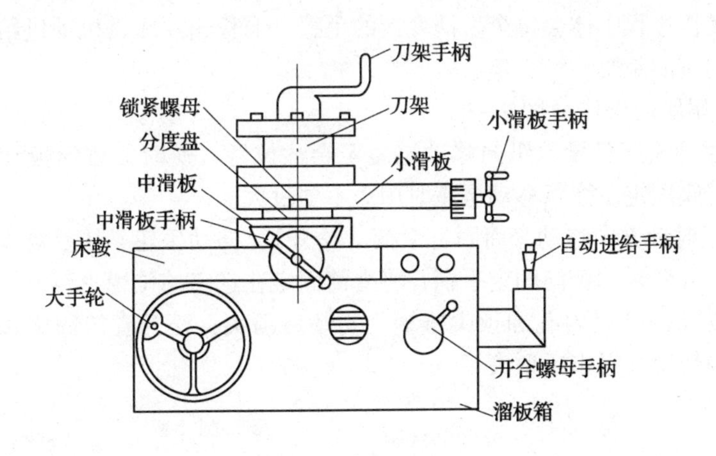

图9－5　溜板部分

1. 溜板部分的手动操作

①溜板箱正面的大手轮可以带动溜板箱及床鞍做左右移动，顺时针向右运动；逆时针向左运动。手轮轴上的刻度盘有等分200格，手轮每转1格，溜板箱及床鞍纵向移动0.1mm。

②中溜板手柄可以带动中溜板做横向移动，顺时针转动手柄为进刀；逆时针为退刀。手轮上的刻度盘有等分80格，手柄每转1格，中溜板移动0.05mm。

③小溜板手柄可以带动小溜板做短距离纵向移动或斜向移动，顺时针向左运动（进刀）；逆时针向右运动（退刀）做斜向移动时，先松开小溜板下面两颗螺母，把小溜板转动至所需角度后，锁紧螺母。小溜板一般用来加工短圆锥。手柄轴上的刻度盘有等分 60 格，手柄每转 1 格，小溜板移动 0. 05mm。

④手动进给操作练习。摇动大手轮，利用刻度盘的刻度使床鞍和溜板箱做纵向移动 $L=20$mm；摇动中溜板手柄利用刻度盘的刻度使中溜板横向移动 5mm 和 10mm；扳转小溜板分度盘的角度，使车刀可以车削圆锥角 $\alpha=30°$的圆锥体。

2. 溜板部分的机动进给操作

①CZ6132A 型卧式车床的纵、横机动进给手柄在溜板箱的右侧。手柄向操作者方向扳动，床鞍及溜板箱做纵向运动（如车外圆）；手柄扳起来垂直水平面，停止机动进给；手柄向工件的方向推，中溜板做机动横向运动。

②溜板箱正面右侧有一开合螺母操作手柄，用于控制溜板箱与丝杠之间的运动联系。车削螺纹以外零件时，开合螺母手柄位于上方；车削螺纹时，顺时针方向扳下开合螺母手柄，使开合螺母闭合并与丝杠啮合，将丝杠的运动传递给溜板箱，使溜板箱、床鞍按调整好的螺距（或导程）做纵向进给。车完螺纹后应立即将开合螺母手柄扳回原处。

③机动进给练习。调整主轴转速 $n=25$r/min 和 $n=360$r/min 分别做纵向、横向机动进给（变换方向时，必须停机）；合上开合螺母，使溜板箱及床鞍做机动进给；在操作过程中体会每个手柄变换的手感。溜板箱及床鞍机动进给时注意保持卡盘和尾座的距离。

（五）尾座的操作（图 9－6）

（1）手动沿床身导轨纵向移动尾座至合适位置，逆时针方向扳动尾座固定手柄，将尾座固定。注意移动尾座时用力不要过大。

（2）逆时针方向移动套筒固定手柄（松开），摇动手轮，使套筒作进、退移动。顺时针方向转动套筒固定手柄，将套筒固定在选定的位置。

（3）擦干净套筒内孔和顶尖锥柄，安装后顶尖；松开套筒固定手柄，摇动手轮使套筒后退并退出后顶尖。

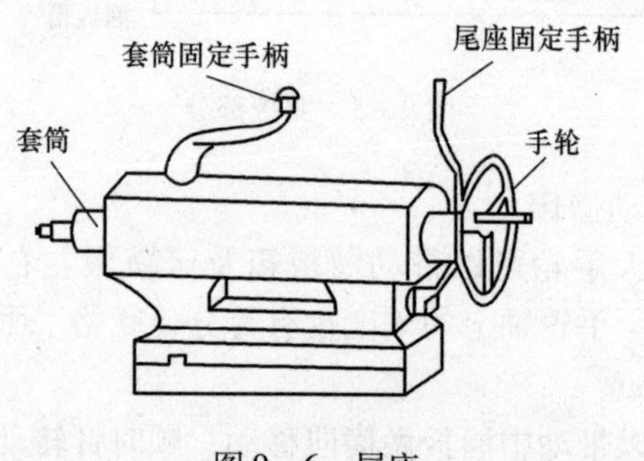

图 9－6　尾座

第二节 车削加工基础知识

一、常用的刀具材料

常用的刀具材料主要有：

（1）碳素工具钢。例如：锉刀。

（2）高速工具钢。又称为白钢，是一种含有高成分钨、铬、钒等元素的合金钢。

（3）硬质合金。难熔金属的硬质化合物和粘结金属通过粉末冶金工艺制成的一种合金材料，主要分为：

①钨钴类（WC + Co）硬质合金（YG）。

②钨钛钴类（WC + TiC + Co）硬质合金（YT）。

③钨钽钴类（WC + TaC + Co）硬质合金（YA）。

④钨钛钽钴类（WC + TiC + TaC + Co）硬质合金（YW）。

二、刀具切削部分

刀具切削部分的组成（图 9 – 7）：

（1）前刀面。切削时刀具上切屑流出的表面。

（2）主后面。切削时刀头上与工件切削表面相对的表面。

（3）副后面。切削时刀头上与已加工表面相对的表面。

（4）主切削刃。前面与主后面的交线。

（5）副切削刃。前面与副后面的交线。

（6）刀尖。主切削刃与副切削刃的交点。

（7）过渡刃。主切削刃与副切削刃之间的连接线。

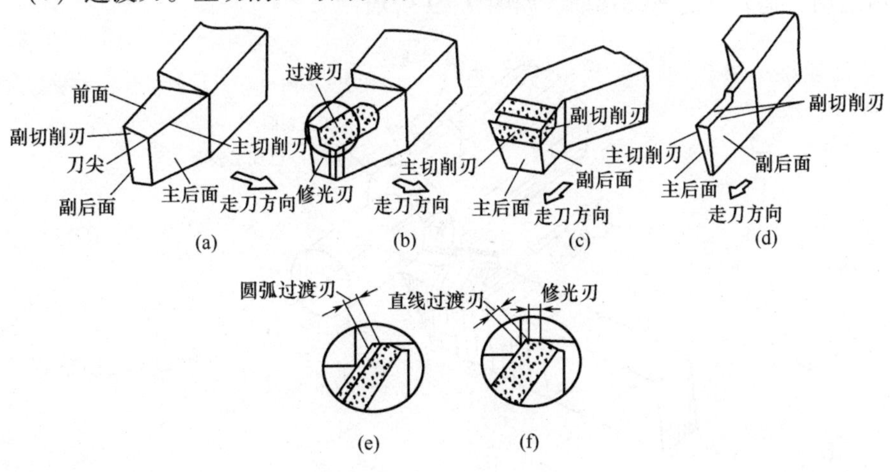

图 9 – 7 车刀的组成部分

三、刀具的安装

车床的车刀主要安装在车床的刀架上，刀尖必须与工件回转轴线等高，否则车至端面中心处时将留下切不去的凸台，并且极容易崩刃打刀，如图 9－8 所示。

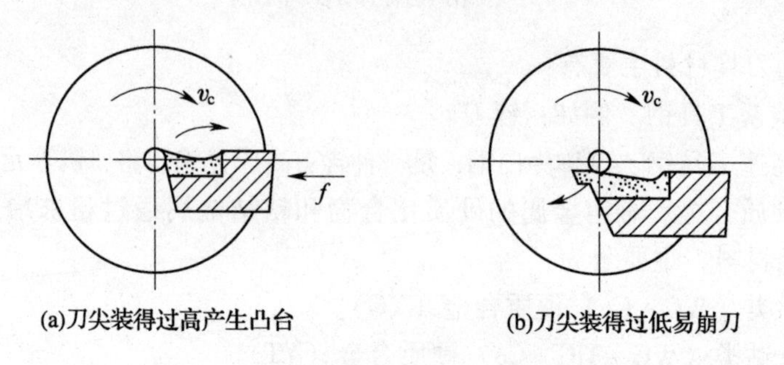

图 9－8　车端面刀尖安装位置的影响

四、工件的装夹

长度与直径之比大于 5 的轴类件，若其直径小于车床主轴孔径时，可将毛坯插入车床空心主轴孔中，用三爪自定心卡盘夹持工件的左端，当毛坯直径大于车床主轴孔时，可用卡盘夹持其左端，用中心支架支承其右端，然后车其右端面。

五、车削切削运动与切削用量

（1）主运动。将切屑切下来所需要的运动。车削时的主运动是机床主轴（零件）的旋转运动。

（2）进给运动（走刀运动）。使新的金属层继续投入切削的运动。车削时的进给运动，是刀具的连续移动，如图 9－9 所示。

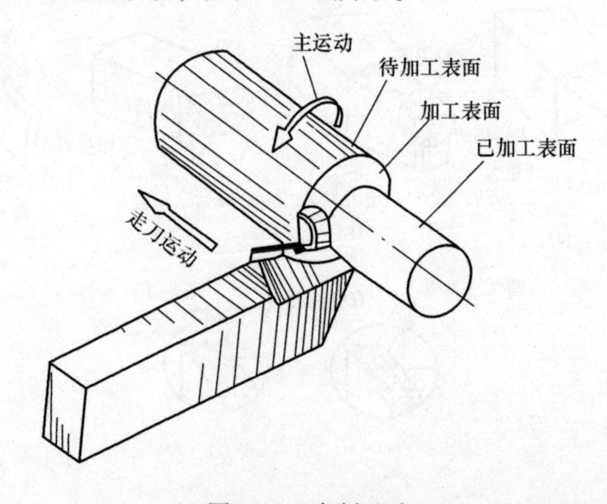

图 9－9　车削运动

（3）切削用量。包括切削速度、进给量、背吃刀量三个要素。合理选择切削用量与提高生产效率有密切关系。

①切削速度 v。在切削加工时，切削刃选定点相对于工件主运动的瞬时速度称为切削速度，它表示在单位时间内工件和刀具沿主运动方向相对移动的距离。

主运动为旋转运动时，切削速度 v 的计算公式为：

$$v = \frac{\pi \cdot d \cdot n}{1000}$$

式中：v——切削速度（m/min 或 m/s）

d——零件待加工表面直径（mm）

n——主轴转数（r/min）

在一定的主轴转速下切削零件，车床的切削速度是随车削零件直径的变化而变化的，直径越小切削速度越低；反之切削速度越高。

在实际加工时往往是已知加工零件的直径，要求根据零件材料、刀具材料和加工要求等选择合适的切削速度，再换算出车床的转速，以便调整车床。

②进给量 f。进给量是刀具在进给运动方向上相对工件的位移量，可用刀具或工件每转或每行程的位移量来表述或度量。车削时进给量的单位是 mm/r，即工件每转一圈，刀具沿进给运动方向移动的距离。单位时间的进给量，称为进给速度，车削时的进给速度 v_f，计算公式为：

$$v_f = n \cdot f (\text{mm/min 或 mm/s})$$

③背吃刀量（切削深度）a_p。背吃刀量 a_p 是指主刀刃工作长度（在基面上的投影）沿垂直于进给运动方向上的投影值，如图 9－10 所示。对于外圆车削，背吃刀量 a_p 等于工件已加工表面和待加工表面之间的垂直距离，计算公式为：

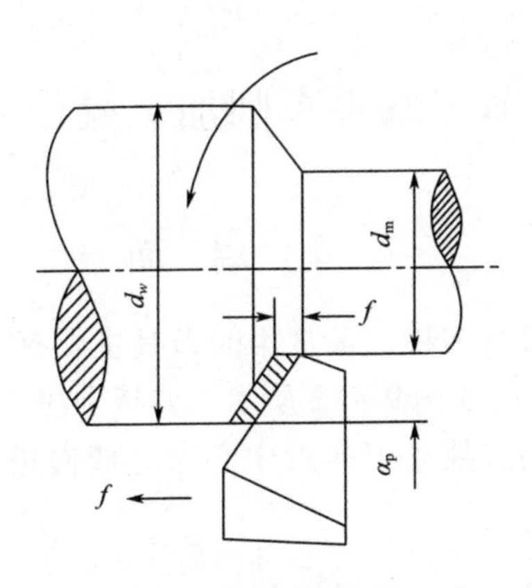

图 9－10　背吃刀量 a_p

$$a_p = \frac{d_1 - d_m}{2}$$

式中：a_p——背吃刀量（mm）

d_w——待加工表面直径（mm）

d_m——已加工表面直径（mm）

切削用量三要素对刀具寿命影响的大小，按顺序为 v、f、a_p。因此，从保证合理的刀具寿命出发，在确定切削用量时，首先应采用尽可能大的背吃刀量 a_p；然后选用大的进给量 f；最后求出切削速度 v。

六、车削时产生的表面

（1）待加工表面。零件上即将切去切屑的表面。

（2）已加工表面。零件上已切去切屑的表面。

（3）切削平面（加工表面）。由车刀主切削刃在零件上所形成的表面，即已加工表面和待加工表面之间的过渡表面，如图 9－11 所示。

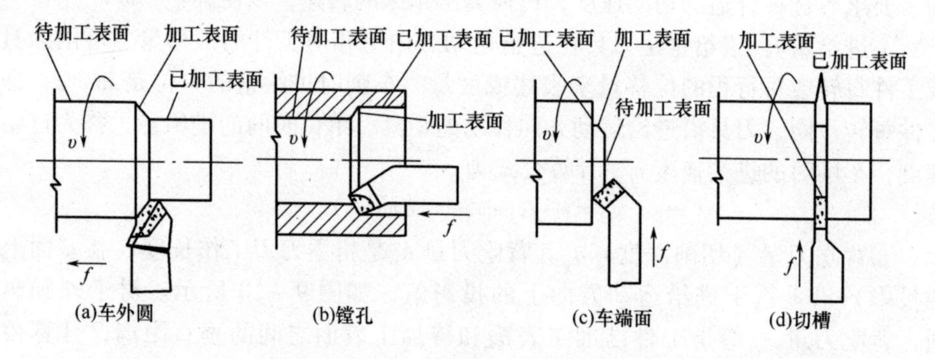

图 9－11　工件上的三个表面

第三节　基本车削加工操作方法

一、车　端　面

适合车削端面的车刀有多种，最常用的刀具主要有 45°外圆偏刀和 90°外圆偏刀。常用刀具和车削方法如图 9－12 所示。要特别注意的是，端面的切削速度由外到中心是逐步减小的。故车刀接近中心时应放慢进给速度，否则容易损坏车刀。

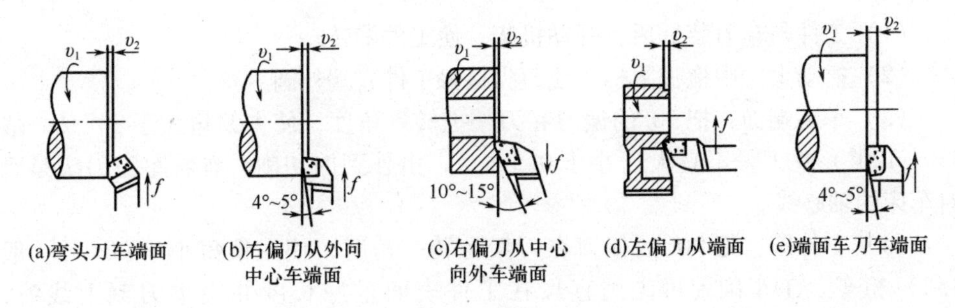

图 9－12　车端面

二、车外圆和台阶面

在同一工件上，有几个直径大小不同的圆柱体连接成台阶状零件，称其为台阶轴零件。台阶轴的切削，实质上是车外圆与车端面的组合加工。故在车削时必须兼顾外圆的尺寸精度和台阶长度的要求。

1. 台阶轴的技术要求

（1）各外圆之间的同轴度。

（2）外圆和台阶面的垂直度。

（3）台阶平面的平面度。

（4）外圆和台阶平面相交处的倒角（这个倒角应包括外倒角与内圆角）。

2. 车削台阶的方法

车削台阶一般也分粗、精车；粗车台阶的第一级台阶长度稍短（留 0.5mm 精车余量）其余各级可车至图纸长度；精车台阶时，通常在机动进给接近台阶时，用手动进给代替，车平面时，吃刀量不要太多，进给速度不要太快，否则会影响平面与台阶的垂直度。

车刀的切削位置参见图 9－13。

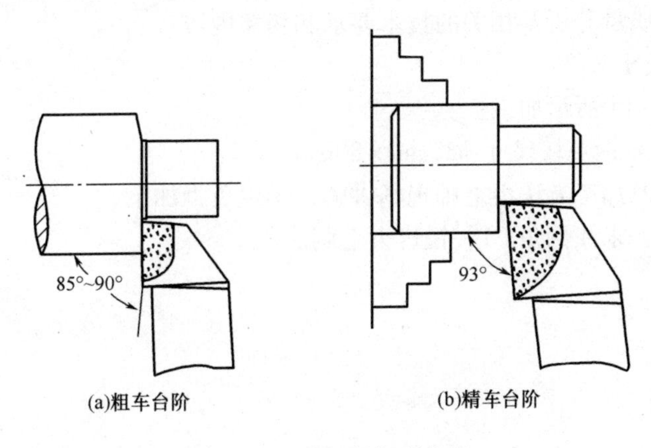

图 9－13　车刀的切削位置

（1）工件与车刀装好后，开动机床，使工件旋转。

（2）摇动大、中拖板手柄，使刀尖接触工件右端外圆。

（3）车右端面：把90°的偏刀在刀架上转一角度，使主偏角大于90°（一般95°~120°）吃刀量不宜大（小于0.5mm），由外到内切削，看看车刀刀尖是否对车床的轴心线。

（4）车外圆：把90°的偏刀在刀架上转一角度，使主偏角小于90°（一般85°）粗车。①车削前可先用直尺在工件表面量好长度并用尖刀刻上线痕，然后按线痕粗车。②刀尖接触工件右端，外圆刀尖接触工件右端外圆时，看清楚大、中拖板的位置，以此为起点，中拖板顺时针为进刀的深度，注意：中拖板每小格为外圆的半径尺寸。大拖板逆时针为长度进刀方向，注意大拖板上每小格的读数（机床型号不同，读数有可能不同）。留0.2~0.3mm的余量。

（5）车削及测量。

（6）精车，把90°的偏刀在刀架上转一角度，使主偏角大于90°（一般95°）精车。开机使刀尖接触工件右端外圆，以大、中拖板为起点位置，然后试车一刀。测量，计算好大、中拖板的进刀位置车至图纸尺寸。

（7）把右端端面与外圆交线倒角。

注意：开机对刀，退刀后停机，停机后测量。

第四节　车削加工实训

1. 实训目的

（1）深入了解车工的基本知识。

（2）通过轴类零件加工的实习操作，初步掌握车工的基本技能。

（3）掌握轴类零件加工的特点和加工方法，了解轴类零件的加工工艺，能进行轴类零件质量分析及相关的技术要求和相关内容。

2. 实训练习

按照图9－14所示加工：

材料：45号钢毛坯尺寸ϕ22mm×80mm。

工艺步骤及加工方法由老师现场讲解，学生负责加工。

技术要求：未注倒角C1；锐边去毛刺。

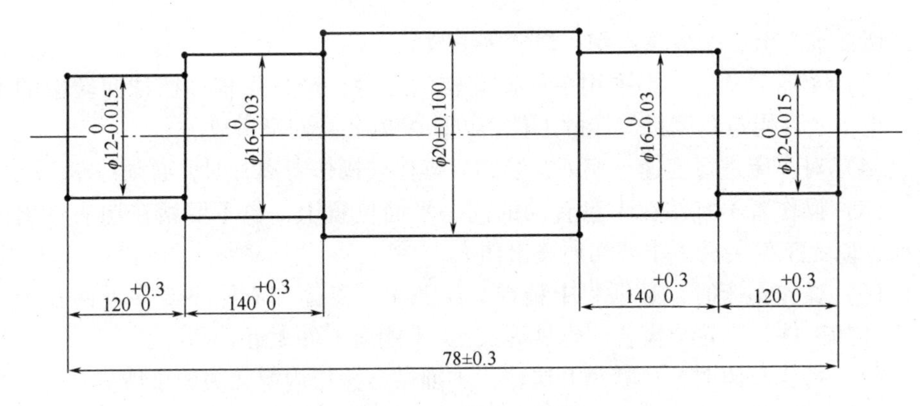

图 9－14　待加工零件

第五节　实习安全操作规程

安全文明生产是保障生产工人和设备的安全，防止工伤和设备事故的根本保证，也是加强企业经营管理的重要内容之一。它直接影响人身安全、产品质量和经济效益，影响机床设备和工具、夹具、量具的使用寿命及生产工人技术水平的正常发挥。学生在学习和掌握操作技能的同时，必须养成良好的安全文明生产的习惯。因此，要求操作者在操作时必须做到安全文明生产。

一、操　作　前

（1）操作机床时禁止戴手套，衣袖应扎好，女同学及留长发者应戴安全帽并把头发放入帽内。

（2）严禁穿背心、裙子、短裤、拖鞋、高跟鞋以及戴围巾进入实训场地。

（3）开机前要润滑机床并检查机床各部分机构是否完好，各传动手柄、变速手柄位置是否正确，以防开车时因突然撞击而损坏机床，启动后，应使主轴低速空转 1 ~ 2min，使润滑油散布到每个需要之处，等车床运转正常后才能工作。

（4）开机前用手扳动卡盘，检查工件与床面、刀架、拖板等是否会相碰，检查各操作手柄位置是否正确。

（5）量具、工具分类排列整齐，毛坯、半成品、成品分开堆放，稳固和拿取方便，工艺文件的安放位置要便于阅读。

（6）不允许在车床上堆放工具或其他杂物。

二、操　作　中

（1）操作者应在指定的车床上实训，多人共用一台车床时，一次只允许一人操作，并互相注意安全。

（2）卡盘扳手用完后应第一时间取下，放在指定位置，防止开车时卡盘扳手遗留在卡盘上，造成飞出伤人损物等事故。

（3）车床启动后，不准用手触摸旋转的工件，严禁用棉纱擦抹回转中的工件，也不允许用量具测量旋转的工件，以防发生人身安全事故。

（4）对车床进行变速、换刀、装卸等操作或操作者离开时，必须停车。

（5）操作者不宜站在卡盘转动的同一平面位置上，也不要站在切屑飞出的方向，以免工件装夹不牢或切屑飞出伤人。

（6）操作车床时，必须集中精神，注意手、身体和衣服不要靠近回转中的机件（如工件、带轮、齿轮、丝杠等）；头不能离工件太近。

（7）操作车床时，严禁离开岗位，不准做与操作内容无关的事情。

（8）棒料毛坯从主轴孔尾端伸出不能太长，以防棒料毛坯振动后使棒料毛坯弯曲而伤人。

（9）高速切削、车削崩屑材料和刃磨刀具时，要戴好防护眼镜。

（10）应使用专用的铁钩清除铁屑，不准用手直接清除。

（11）操作中若出现异常现象，应立刻停机检查；出现事故应立刻切断电源，并及时报告老师，由专业人员检修，未修复不得使用。

三、操　作　后

（1）要清洁干净车床导轨上及床身的切削液。并在车床导轨上涂润滑油，机床各油孔按规定加注润滑油。切削液要定期更换。

（2）认真擦干净机床及工、量具，并把工、量具分开放置好。

（3）将机床各部分调整到空挡位置，把床鞍摇至床尾一端。

（4）清扫工作场地，切断设备电源，做好交接班工作。

思考与练习

1. 简述车刀的常用材料有哪几种？

2. 简述卧式车床的主要加工范围。

3. 简述普通车床的传动路线。

4. 简述普通车床车削外圆的操作步骤。

5. 车削直径 $d=200\text{mm}$ 的带轮外圆，选择切削速度 $v=80\text{m/min}$，求车床主轴转速。

第十章　铣削加工

PPT课件

第一节　概　　述

机械零件一般是将毛坯通过各种不同的加工方法达到所需的形状和尺寸，铣削加工是最常用的切削加工方法之一。所谓铣削，就是在铣床上以铣刀旋转为主运动，工件进行进给运动的切削加工方法。

一、铣削特点和加工范围

铣削加工的主要特点是用多刀刃的铣刀来进行切削，效率较高，范围广，适合批量加工。铣刀属多齿工具，根据刀具的不同，出现断续切削，刀齿不断切入或切出工件，切削力不断发生变化，产生冲击或振动，影响加工精度和工件表面粗糙度。

铣削加工的精度一般可达IT9～IT7级，表面粗糙度Ra值为6.3～1.6μm。

铣削的加工范围很广，可加工平面、台阶、斜面、各种沟槽（直槽，T形槽，燕尾槽，V形槽）、成型面、齿轮以及切断等；铣削加工应用的示例，如图10－1所示，在铣床上还能钻孔和镗孔。

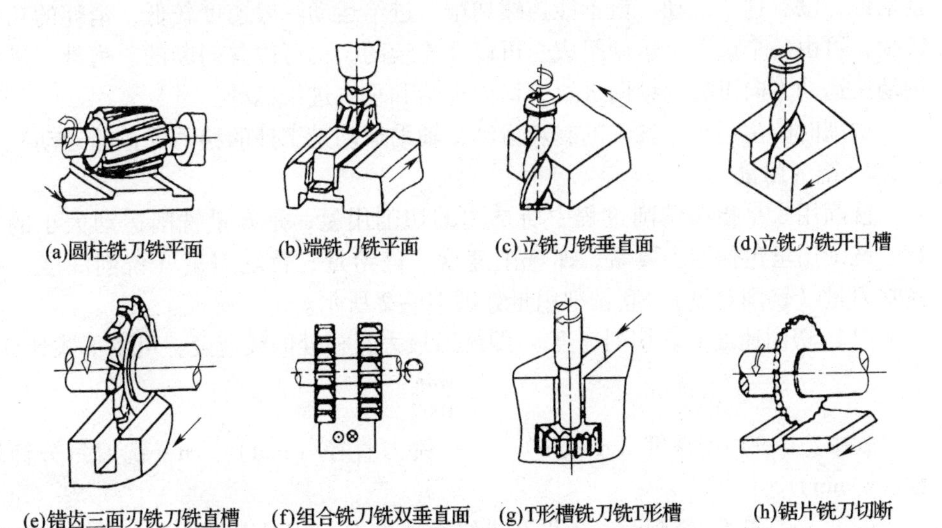

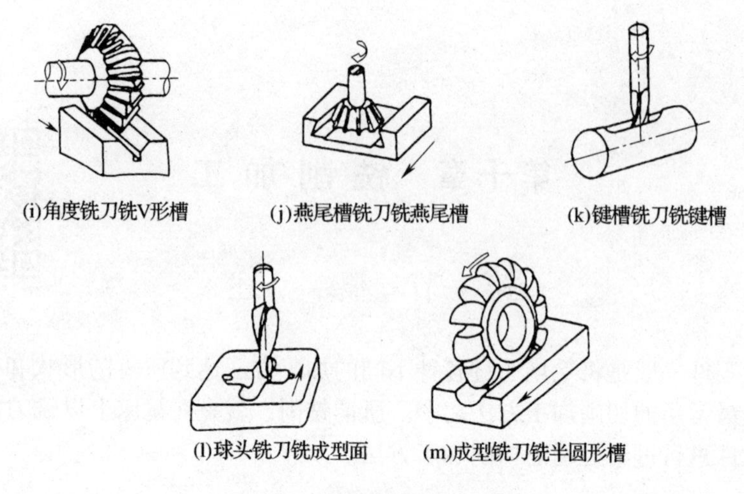

图 10－1　铣削加工应用

二、铣削的运动和铣削用量

1. 切削运动

切削运动可分为主运动和进给运动。

主运动是使工件与刀具产生相对运动以进行切削的最基本运动，主运动的速度最高，所消耗的功率最大。在切削运动中，主运动只有一个。它可以由工件完成，也可以由刀具完成；可以是旋转运动，也可以是直线运动。

进给运动是不断地把被切削层投入切削，以逐渐切削出整个表面的运动。也就是说，没有这个运动，就不能连续切削。进给运动一般速度较低，消耗的功率较少，可由一个或多个运动组成。可以是连续的，也可以是间断的。另外，进给运动按运动方向可分为纵向进给、横向进给和垂直进给三种。

铣削时的主运动是铣刀的旋转运动，辅助运动是工件的移动（进给运动）。

2. 铣削用量

铣削用量是指在铣削过程中所选用的切削用量，是衡量铣削运动大小的参数。铣削用量包括四个要素，即铣削速度、进给量、背吃刀量（铣削深度）和侧吃刀量（铣削宽度）。其铣削用量如图 10－2 所示。

（1）切削速度 v_c。切削速度 v_c 即铣刀最大直径处的线速度，可由下式计算：

$$v_c = \frac{\pi dn}{1000}$$

式中：v_c—切削速度（m/min）　d—铣刀直径（mm）　n—铣刀每分钟转数（r/min）

（2）进给量 f。铣削时，工件在进给运动方向上相对刀具的移动量即为铣削时的进给量。

（3）背吃刀量（又称铣削深度 a_p）。铣削深度为平行于铣刀轴线方向测量的

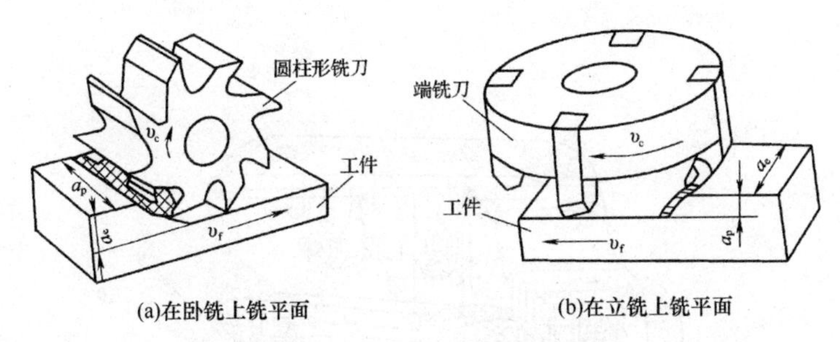

(a)在卧铣上铣平面　　(b)在立铣上铣平面

图 10－2　铣削运动和铣削用量

切削层尺寸（切削层是指工件上正被刀刃切削着的那层金属），单位为 mm。因周铣与端铣时相对于工件的方位不同，故铣削深度的标示也有所不同。

(4) 吃刀量（又称铣削宽度 a_e）。铣削宽度是垂直于铣刀轴线方向测量的切削层尺寸，单位为 mm。

因此，选择铣削用量的次序首先选择较大的铣削宽度、深度，其次是加大进个量（进给量）。最后才是根据刀具耐用度的要求，选择适宜的铣削速度。

三、铣床及其附件

(一) 铣床

铣床的种类很多，最常见的是卧式（万能）铣床和立式铣床。二者的区别在于前者主轴水平设置，后者竖直设置。

1. 卧式万能铣床

XW6132 卧式万能铣床的主要组成部分和作用，如图 10－3 所示。

(1) 床身。床身支承并连接各部件，顶面水平导轨支承横梁，前侧导轨供升降台移动之用。床身内装有主轴和主运动变速系统及润滑系统。

(2) 横梁。它可在床身顶部导轨前后移动，吊架安装其上，用来支承铣刀杆。

(3) 主轴。主轴是空心的（图 10－8），前端有锥孔，用以安装铣刀杆和刀具。

(4) 工作台。工作台上有 T 形槽，可直接安装工件，也可安装附件或夹具。它可沿转台的导轨做纵向移动和进给。

(5) 转台。转台位于工作台和横溜板之间，下面用螺钉与横溜板相连，松开螺钉可使转台带动工作台在水平面内回转一定角度（左右最大可转过 45°）。

(6) 纵向工作台。纵向工作台由纵向丝杠带动在转台的导轨上做纵向移动，以带动台面上的工件做纵向进给。台面上的 T 形槽用以安装夹具或工件。

(7) 横向工作台。横向工作台位于升降台上面的水平导轨上，可带动纵向工作台一起做横向进给。

(8) 升降台。升降台可沿床身导轨做垂直移动，调整工作台至铣刀的距离。

这种铣床可将横梁移至床身后面，在主轴端部装上立铣头，能进行立铣加工。

2. 立式铣床

立式铣床与卧式铣床很多地方相似。不同的是：它床身无顶导轨，也无横

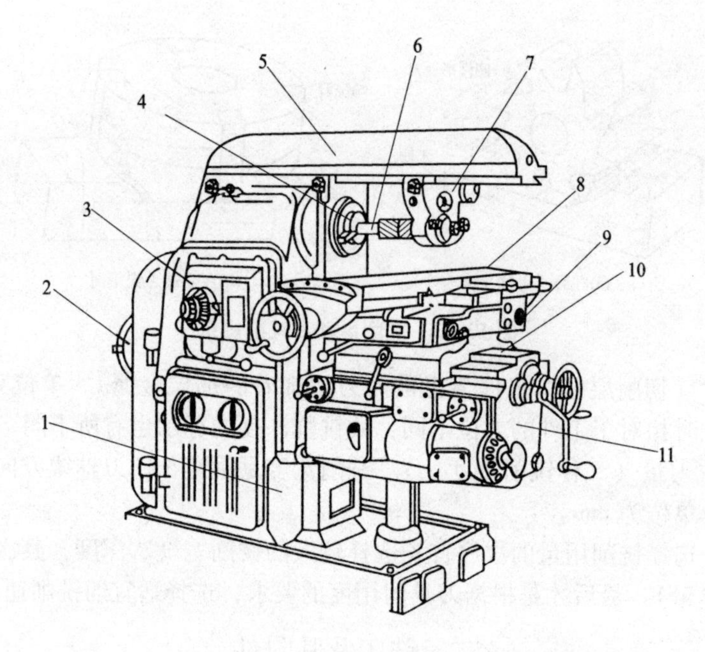

图 10－3　X6132 型卧式万能升降台铣床

1—床身　2—主传动电动机　3—主轴变速机构　4—主轴　5—横梁
6—刀杆　7—吊架　8—纵向工作台　9—转台　10—横向工作台　11—升降台

梁，而是前上部是一个立铣头，其作用是安装主轴和铣刀。通常立式铣床在床身与立铣头之间还有转盘，可使主轴倾斜成一定角度，铣削斜面。

（二）铣床附件

常用铣床附件有：万能分度头，万能铣头，平口钳，回转工作台等。

1. 万能分度头

分度头是铣床的重要附件之一，常用来安装工件铣斜面，进行分度工作，以及加工螺旋槽等。图 10－4 为常用的分度头结构和图 10－5 传动示意图，主要由底座、转动体、分度盘、主轴等组成。主轴可随转动体在垂直平面内转动。通常在主轴前端安装三爪卡盘或顶尖，用它来安装工件。转动手柄可使主轴带动工件转过一定角度，这称为分度。生产上有简单分度法、角度分度法、直接分度法和差动分度法等。

2. 万能铣头

万能铣头是一种扩大卧式铣床加工范围的附件，利用它可以在卧式铣床上进行立铣工作，使用时卸下横梁，装上万能铣头，根据加工需要其主轴在空间可以转成任意方向。

3. 平口钳

平口钳有固定钳口和活动钳口，通过丝杠螺母传动钳口间距离，可装夹不同尺寸的工件。有些机用平口钳底座，如图 10－6 所示设有转盘，可以扳转任意角

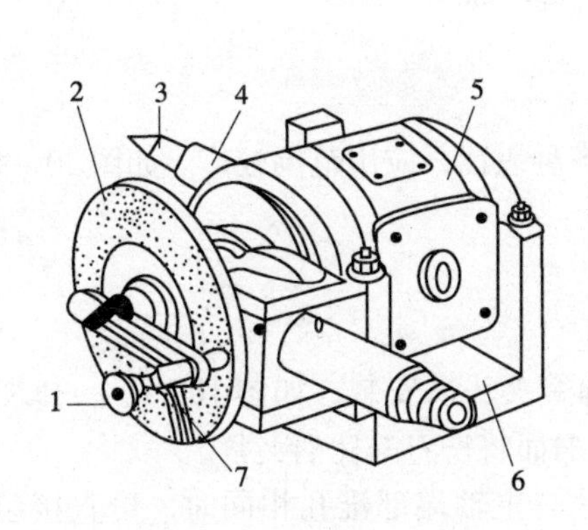

图 10－4　万能分度头结构图

1—分度手柄　2—分度盘　3—顶尖　4—主轴
5—转动体　6—底座　7—扇形夹

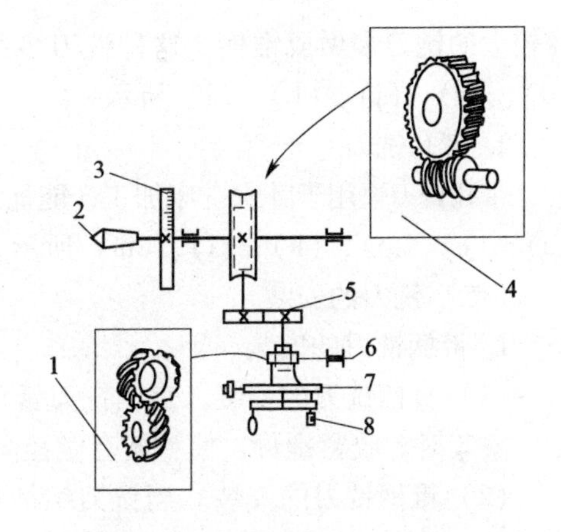

图 10－5　万能分度头的传动示意图

1—1：1 螺旋齿轮传动　2—主轴　3—刻度盘
4—1：40 蜗轮传动　5—1：1 齿轮传动　6—挂轮轴
7—分度盘　8—定位销

度，适应范围广；非回转式机用虎钳底座没有转盘，钳体不能回转，但刚度较好，装夹工件方便。适合装夹扳类零件，轴类零件，方体零件等。

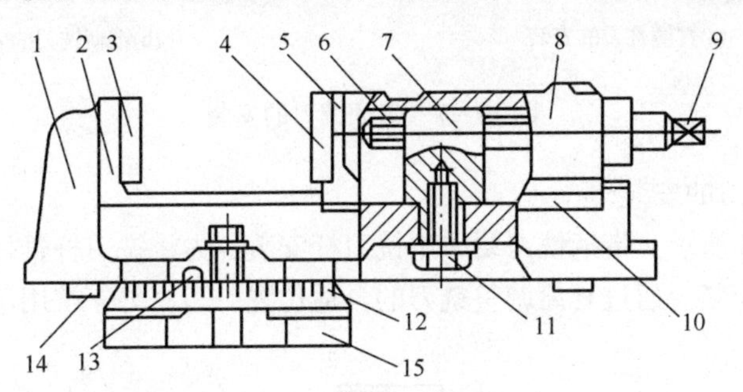

图 10－6　机用平口钳的结构

1—平口钳体　2—固定钳口　3、4—钳口铁　5—活动钳口　6—丝杠　7—螺母　8—活动座
9—方头　10—压板　11—紧固螺钉　12—回转底盘　13—钳座零线　14—定位键　15—回转盘底座

4. 回转工作台

在回转工作台上，首先校正工件。工件的圆弧中心与回转台中心应重合，铣刀旋转，工件做弧线进给运动，可加工圆弧槽，圆弧面等零件。

四、铣刀及其安装

（一）铣刀的种类

按铣刀结构和安装方法可分为带柄铣刀和带孔铣刀。

1. 带柄铣刀

带柄铣刀有直柄和锥柄之分。一般直径小于 20mm 的较小铣刀做成直柄。直径较大的铣刀多做成锥柄。这种铣刀多用于立铣加工，如图 10－1（b）、（c）、（d）、（g）、（j）、（k）、（l）所示。

2. 带孔铣刀

带孔铣刀适用于卧式铣床加工，能加工各种表面，应用范围较广。如图 10－1（a）、（e）、（f）、（h）、（i）、（m）所示。

（二）铣刀的安装

1. 带柄铣刀的安装

（1）直柄铣刀的安装。直柄铣刀常用弹簧夹头来安装，如图 10－7（a）所示。安装时，收紧螺母，使弹簧套做径向收缩而将铣刀的柱柄夹紧。

（2）锥柄铣刀的安装。当铣刀锥柄尺寸与主轴端部锥孔相同时，可直接装入锥孔，并用拉杆拉紧。否则要用过渡锥套进行安装，如图 10－7（b）所示。

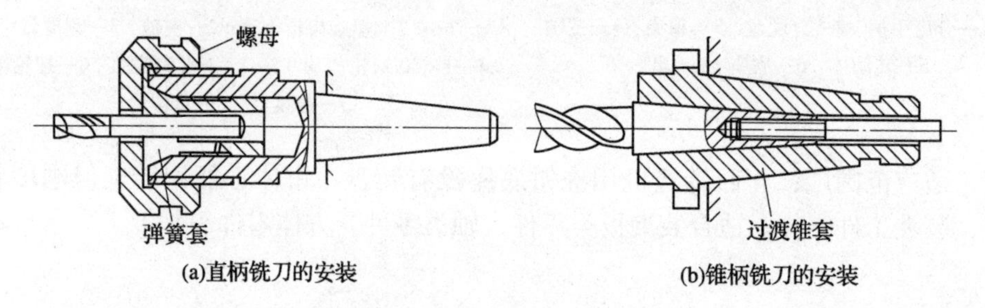

图 10－7　带柄铣刀的安装

2. 带孔铣刀的安装

如图 10－8 所示，带柄铣刀要采用铣刀杆安装，先将铣刀杆锥体一端插入主轴锥孔，用拉杆拉紧。通过套筒调整铣刀的合适位置，刀杆另一端用吊架支承。

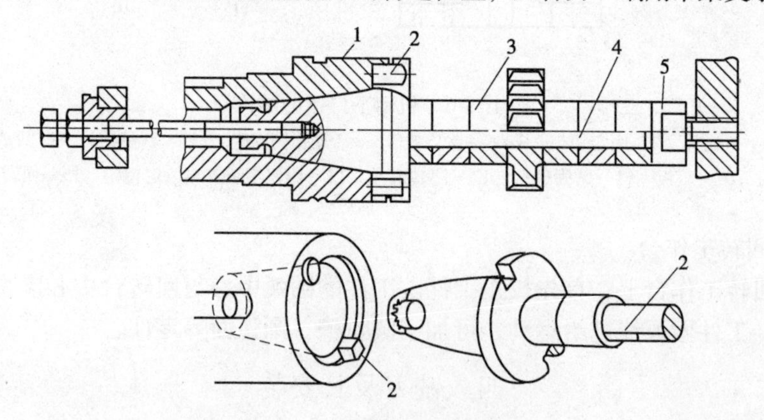

图 10－8　带孔铣刀的安装

1—主轴　2—键　3—套筒　4—刀轴　5—螺母

带孔铣刀是靠专用的心轴安装的，如套式铣刀、面铣刀，属于短刀杆安装。

五、工件的装夹

工件在铣床上的安装方法主要有以下几种：

（1）用平口钳安装。小型和形状规则的工件多用此法安装，如图 10－9 所示。

（2）用压板安装。对于较大或形状特殊的工件，可用压板、螺栓直接安装在铣床的工作台上，如图 10－10 所示。

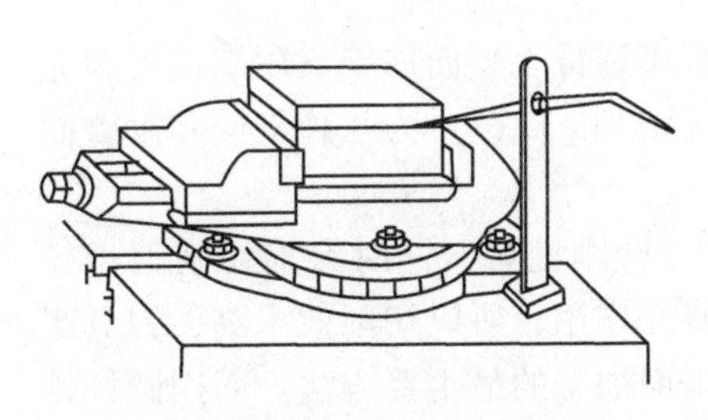

图 10－9　用平口钳安装工件

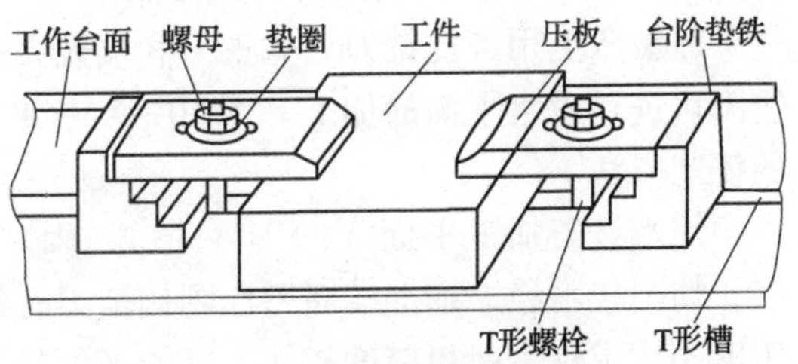

图 10－10　用压板安装工件

（3）用分度头安装。铣削加工各种需要分度工作的工件，可用分度头安装，如图 10－11 所示。

（4）用圆形转台安装。当铣削一些有弧形表面的工件，可通过圆形转台安装，如图 10－12 所示。

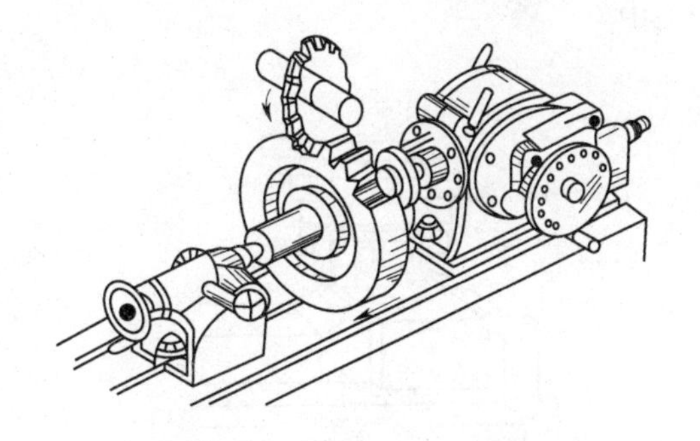

图 10－11　用分度头安装工件

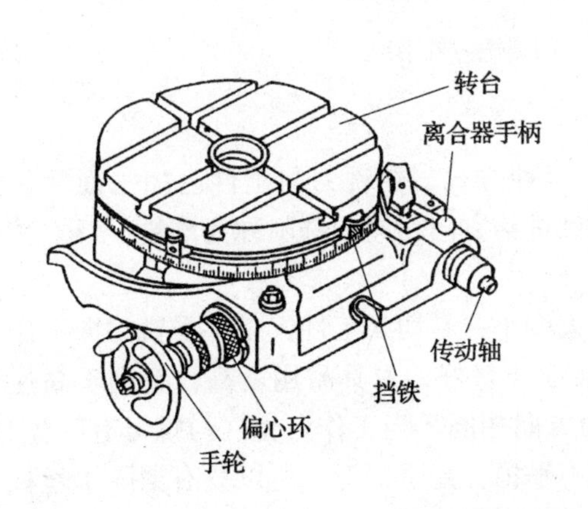

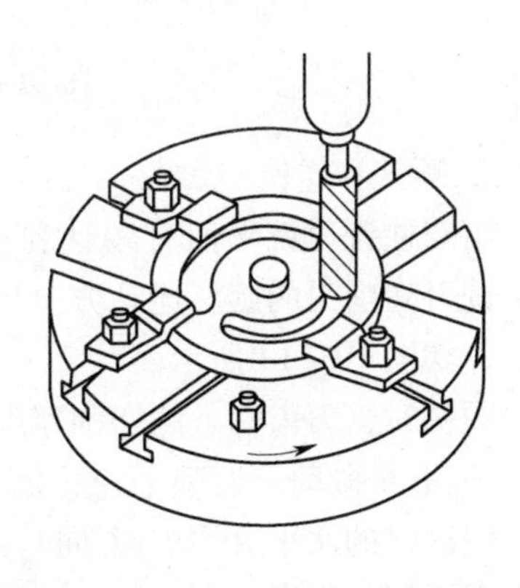

图 10－12　用圆形转台安装工件

第二节　铣削加工工艺

在铣床上使用不同的铣刀和利用各种附件，可以铣削平面、沟槽、成型面、螺旋槽、钻孔和镗孔等。

一、铣平面及垂直面

1. 铣削平面和垂直面的各种方法

在铣床上用圆柱铣刀、立铣刀和端铣刀都可进行水平面加工。用端铣刀和立铣刀可进行垂直平面的加工。图 10－1（a）（b）（c）（f）为几种平面和垂直面的铣削方法。

用端铣刀加工平面（图 10－13），因其刀杆刚性好，同时参加切削刀齿较多，切削较平稳，加上端面刀齿副切削刃有修光作用，所以切削效率高，刀具耐用度高，工件表面粗糙度较低。端铣平面是平面加工的最主要方法。而用圆柱铣刀加工平面，则因其在卧式铣床上使用方便，仍广泛应用于单件小批量的小平面加工中。

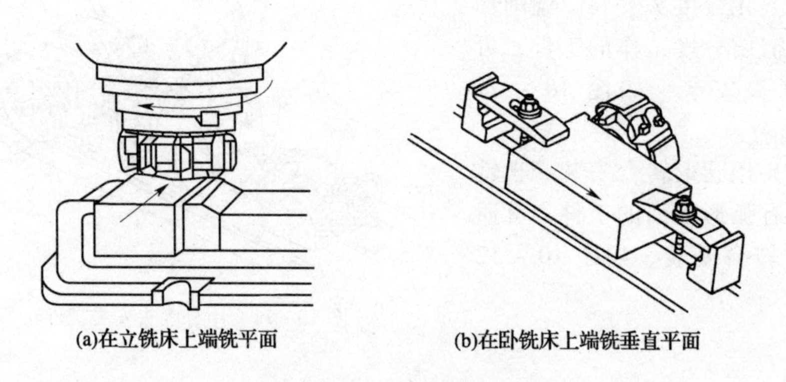

(a)在立铣床上端铣平面　　(b)在卧铣床上端铣垂直平面

图 10－13　用端铣刀铣平面

2. 顺铣和逆铣

用圆柱铣刀铣平面有顺铣和逆铣两种方式。在铣刀与工件已加工面的切点处，铣刀切削刃的旋转运动方向与工件进给方向相同的铣削称为顺铣，反之称为逆铣，如图 10－14 所示。

顺铣时，刀齿切入的切削厚度由大变小，易切入工件，工件受铣刀向下压分力 F_V，不易振动，切削平稳，加工表面质量好，刀具耐用度高，有利于高速切削。但这时的水平分力 F_H方向与进给方向相同，当工作台丝杠与螺母有间隙时，此力会引起工作台不断窜动，使切削不平稳，甚至打刀。所以只有消除了丝杠与螺母间隙才能采用顺铣，另外还要求工件表面无硬皮，方可采用这种方法。

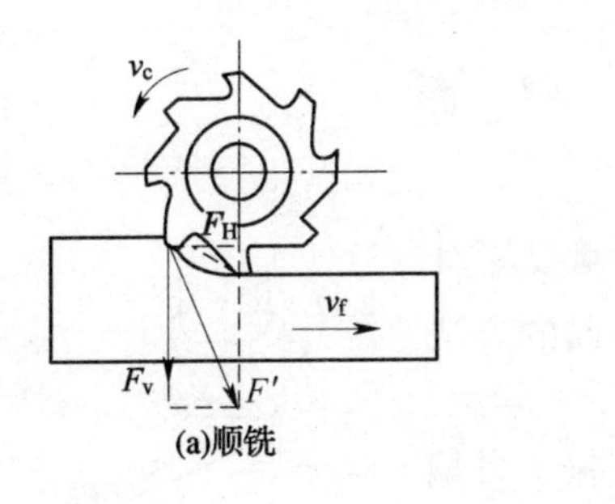

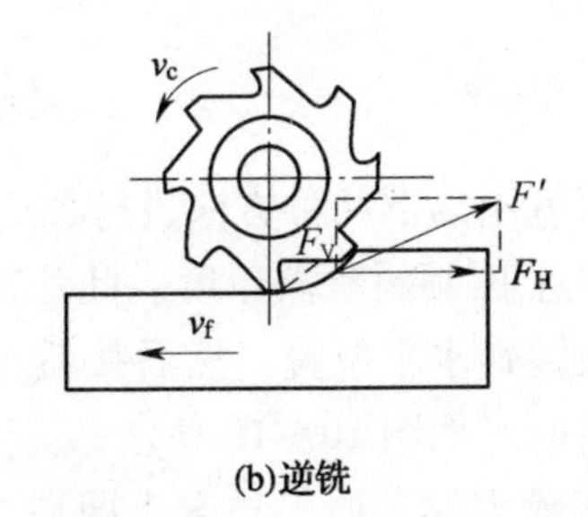

图 10－14　顺铣和逆铣

逆铣时，刀齿切离工件时，工件受到垂直分力，F_V方向向上容易引起振动或使工件装夹松动，对铣削薄而长的工件不利。但逆铣时，水平分力 F_H与进给方向相反，切削厚度是由零逐渐变到最大，由于刀齿切削刃有一定的钝圆，所以刀齿要滑行一段距离才能切入工件，刀刃与工件摩擦严重，工件已加工表面粗糙度增大，且刀具易磨损。逆铣过程中丝杠始终压向螺母，不致因为间隙的存在而引起窜动，工作台运动比较平稳。因铣床纵向工作台丝杠与螺母间隙不易消除，所以在一般生产中多用逆铣进行铣削。

二、铣台阶面

阶台是由平行面和垂直面组合而成的。阶台零件的形式有普通阶台、回字形阶台和阶梯台。

零件上的台阶通常可在卧式铣床上采用一把三面刃铣刀或组合三面刃铣刀铣削，或在立式铣床上采用不同刃数的立铣刀铣削。常用的方法有以下 4 种：

（1）用三面刃铣刀铣削阶台，如图 10－15 所示。

（2）用立铣刀铣削阶台。

（3）用端铣刀铣削阶台。

（4）用组合铣刀铣削阶台。

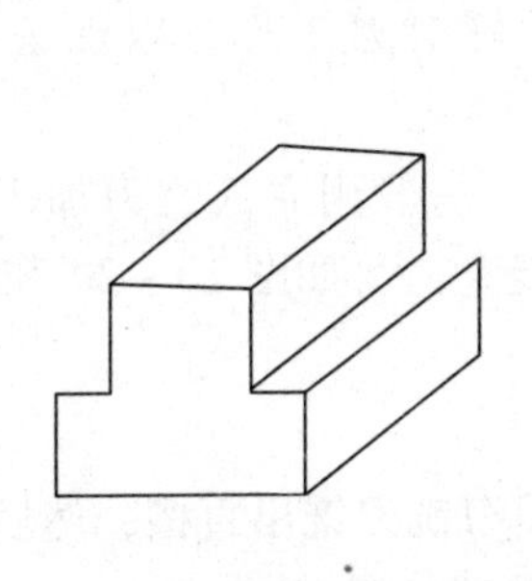

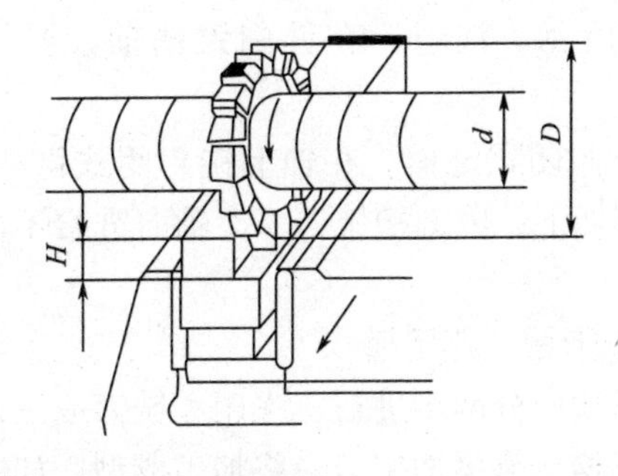

图 10－15　三面刃铣刀铣削台阶

三、铣　斜　面

铣斜面可用以下几种方法进行加工：

（1）把工件倾斜所需角度。此法是安装工件时，将斜面转到水平位置，然后按铣平面的方法来加工此斜面，如图 10－16 所示。

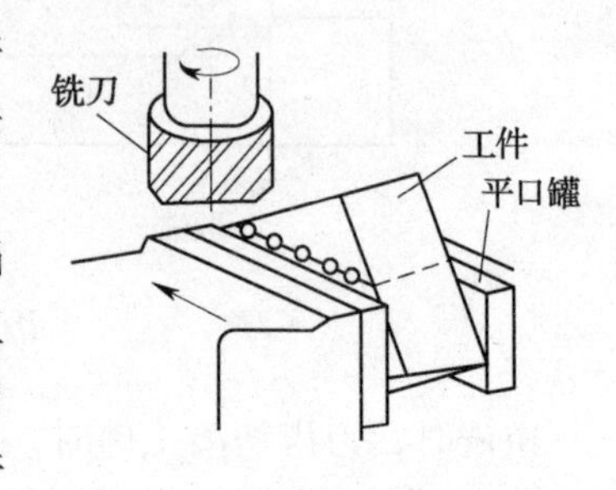

图 10－16　倾斜安装工件铣斜面

（2）把铣刀倾斜所需角度。即在立铣头可偏转的立式铣床、装有立铣头的卧式铣床、万能工具铣床上，将端铣刀、立铣刀按要求偏转一定角度进行斜面的铣削。加工时，工作台须带动工件做横向进给，如图 10－17 所示。

（3）用角度铣刀铣斜面。可在卧式铣床上用与工件角度相符的角度铣刀直接铣斜面，如图 10－18 所示。

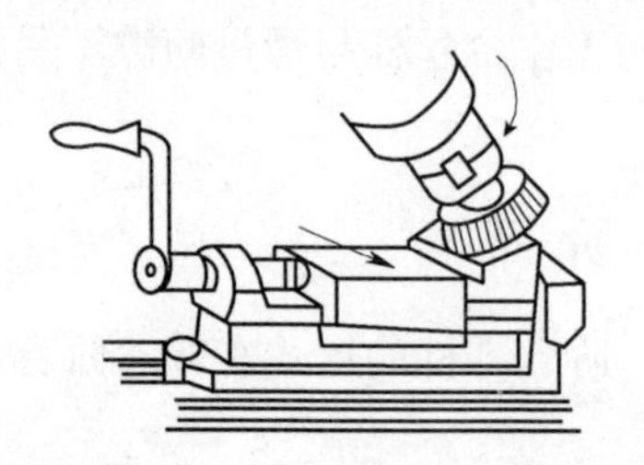
图 10－17　刀具倾斜铣斜面

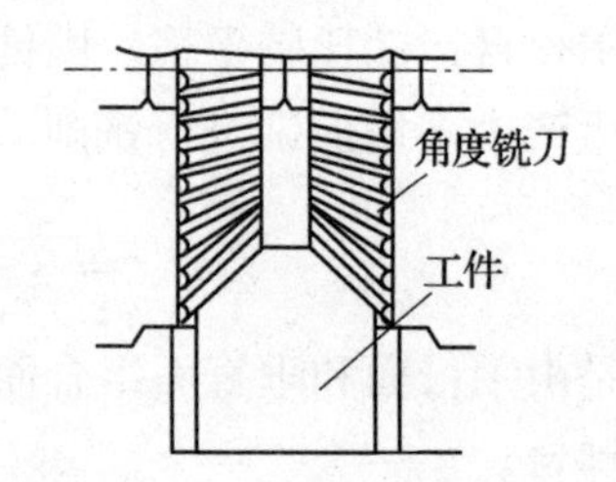

图 10－18　用角度铣刀铣斜面

四、铣　　槽

在铣床上可铣各种沟槽。

1. 铣键槽

（1）铣敞开式键槽。这种键槽多在卧式铣床上用三面刃铣刀进行加工，如图 10－19 所示。注意：在铣削键槽前，要做好对刀工作，以保证键槽的对称度。

（2）铣封闭式键槽。在轴上铣封闭式键槽，一般用立式铣刀加工。切削时要注意逐层切下，因键槽铣刀一次轴向进给不能太大，如图 10－20 和图 10－21 所示。

2. 铣 T 形槽及燕尾槽

铣 T 形槽应分两步进行，先用立铣刀或三面刃铣刀铣出直槽，然后在立式铣床上用 T 形槽或燕尾槽铣刀最终加工成型，如图 10－22 所示。

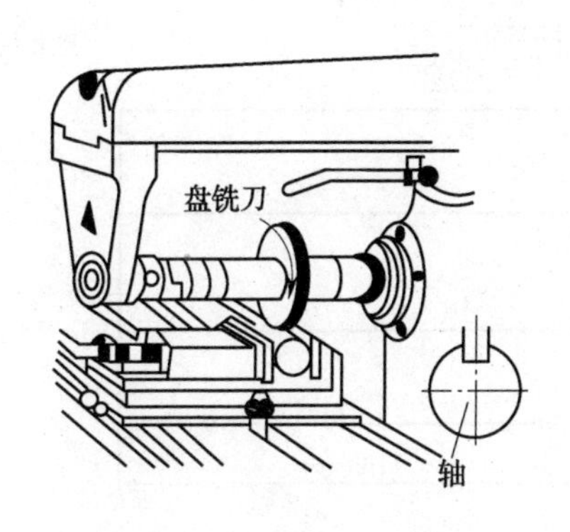

图 10－19　铣敞开式键槽

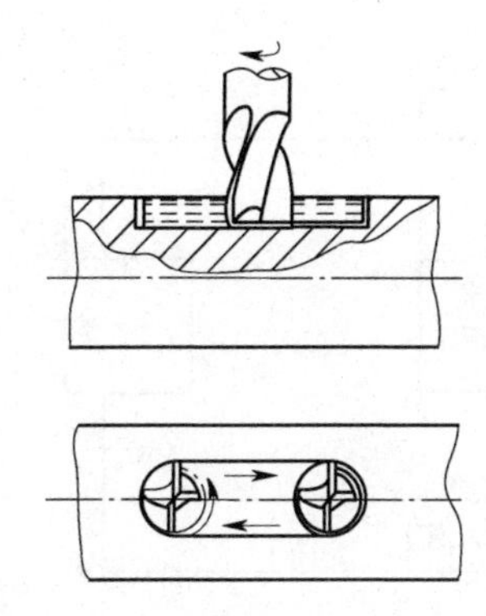

图10－20　在立式铣床上铣封闭式键槽

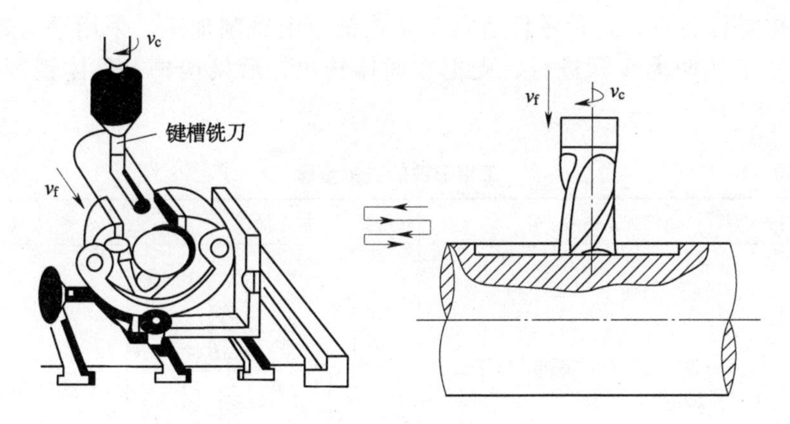

图 10－21　在立式铣床上铣封闭式键槽

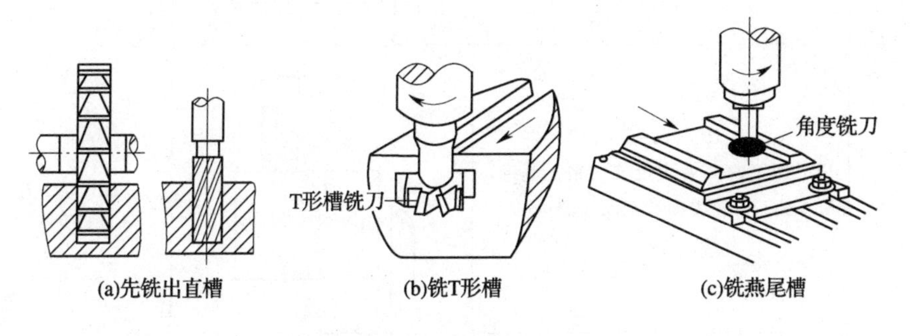

图 10－22　铣 T 形槽及燕尾槽

第三节　铣削加工实训

单件铣削加工如图 10－23 所示工字形铁零件，毛坯是长 110、宽 80、高 64 的长方体 45 钢锻件。

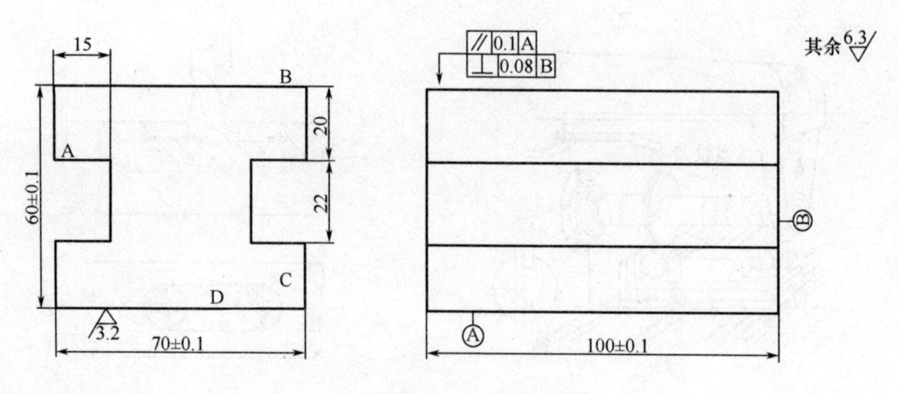

图 10－23　工字形铁

根据零件特点，这种零件适宜在立式铣床上铣削加工。采用平口钳进行安装。铣削按两大步骤进行，先把六面体铣出，后铣沟槽。具体铣削步骤，如表 10－1 所示。

表 10－1　工字形铁的铣削步骤

序号	加工内容	加工简图	刀具
1	以 A 面为定位（粗）基准，铣平面 B 至尺寸 62mm	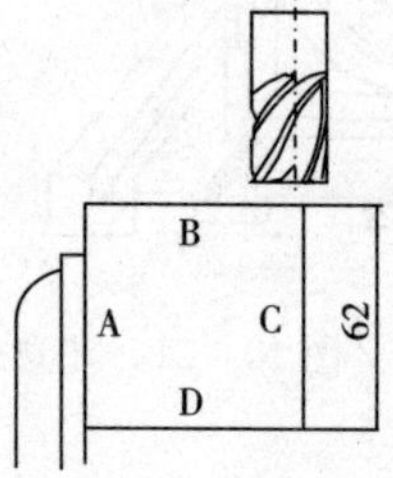	ϕ16 立铣刀
2	以已加工的 B 面为定位（精）基准，紧贴钳口，铣平面 C 至尺寸 75mm	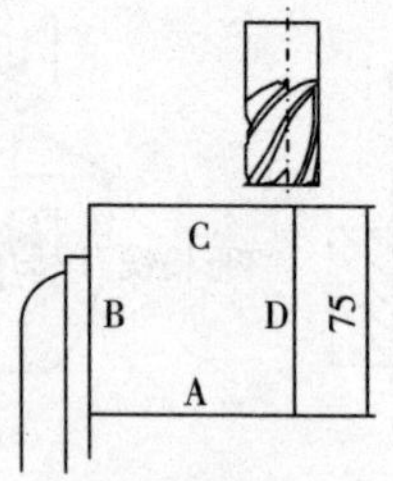	ϕ16 立铣刀
3	以 B 和 C 面为定位基准，B 面紧靠钳口，C 面置于平行垫铁上，铣平面 A 至尺寸（70 ±0. 1） mm	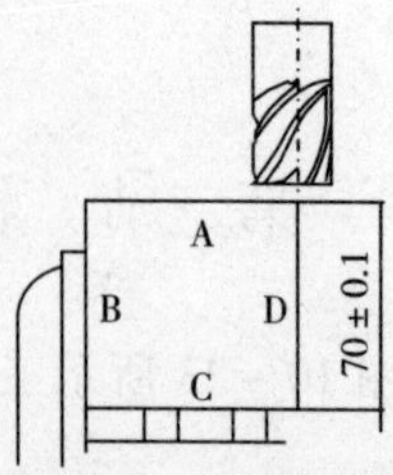	ϕ16 立铣刀

续表

序号	加工内容	加工简图	刀具
4	以C和B为定位基准，C面紧靠钳口，B面置于平行垫铁上，铣平面D至尺寸（60±0.1）mm	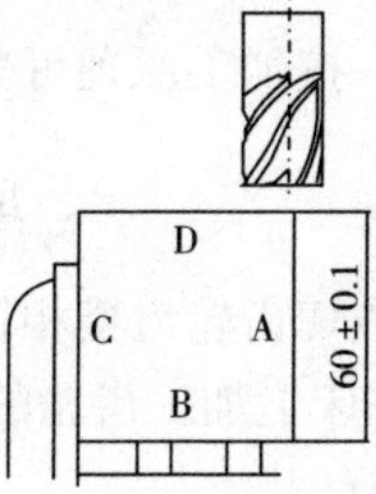 D C A B 60±0.1	ϕ16立铣刀
5	以B面为定位基准，B面紧靠钳口，同时使C或A面垂直于工作台平面，铣平面E至尺寸102mm	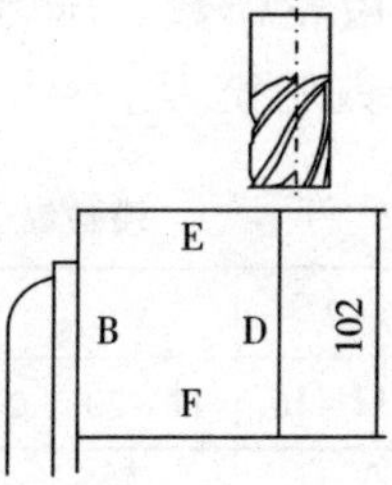 E B D F 102	ϕ16立铣刀
6	以B面和E面为定位基准，B面紧靠固定钳口，E面紧贴平行垫铁，铣平面F至尺寸（100±0.1）mm	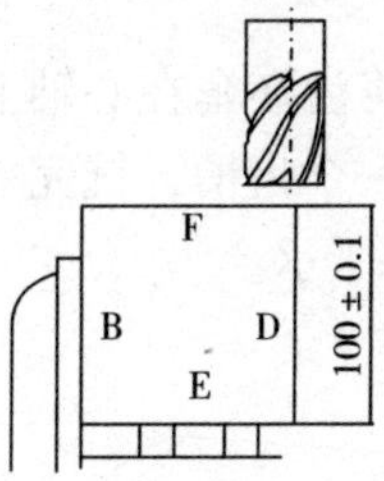 F B D E 100±0.1	ϕ16立铣刀
7	以B和A面为定位基准，铣C面上的直通槽，宽22mm、深15mm	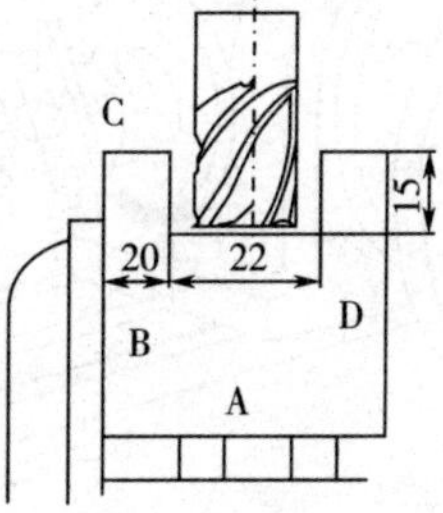 C 15 20 22 D B A	ϕ20立铣刀
8	以B和C面为定位基准，铣A面上的直通槽，宽22mm、深15mm	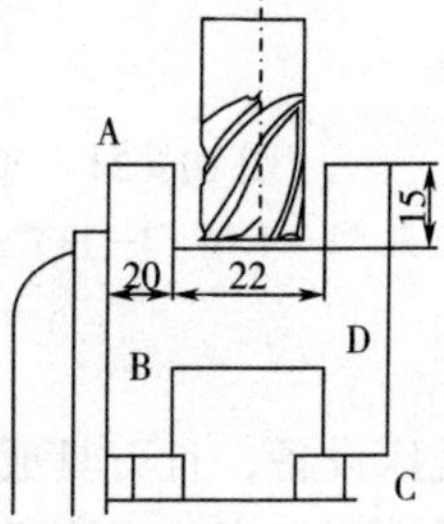 A 15 20 22 D B C	ϕ20立铣刀

第四节 齿形加工

齿轮齿形的加工，按加工原理可分为成形法和展成法两大类。

一、成 形 法

成形法是采用与被切齿轮齿槽相符的成形刀具加工齿形的方法。用齿轮铣刀（又称模数铣刀）在铣床上加工齿轮的方法属于成形法。

1. 齿轮铣刀的选择

应选择与被加工齿轮模数、压力角相等的铣刀，同时按齿轮的齿数根据表 10－2 选择合适号数的铣刀。

表 10－2　　模数铣刀刀号的选择

刀号	1	2	3	4	5	6	7	8
加工齿数范围	12～13	14～16	17～20	21～25	26～34	35～54	55～134	135 以上及齿条

2. 铣削方法

在卧式铣床上，将齿坯套在心轴上安装于分度头和尾架顶尖中，对刀并调好铣削深度后开始铣第一个齿槽，铣完一齿退出进行分度，依次逐个完成全部齿数的铣削，如图 10－24 所示。

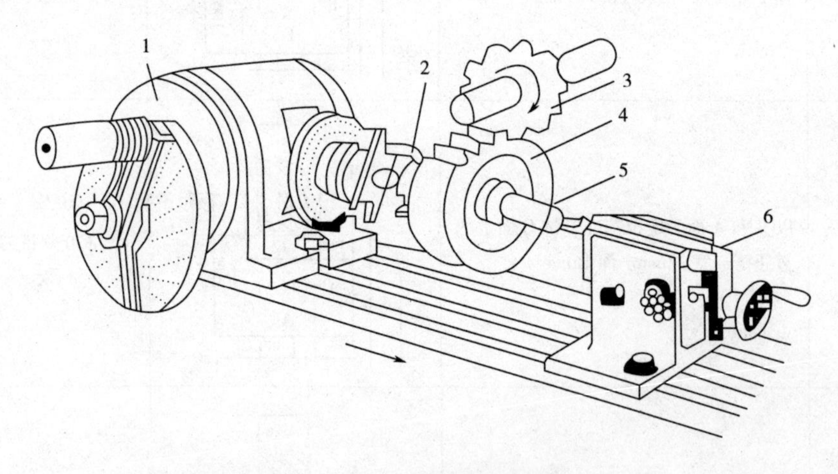

图 10－24　卧式铣床上铣齿轮

1—分度头　2—卡箍　3—模数铣刀　4—工件　5—心轴　6—尾架

3. 铣齿加工特点

（1）用普通的铣床设备，且刀具成本低。

（2）生产效率低。每切完一齿要进行分度，占用较多辅助时间。

（3）齿轮精度低。齿形精度只达 11 ~9 级。主要原因是每号铣刀的刀齿轮廓只与该范围最少齿数齿槽相吻合，而此号齿轮铣刀加工同组的其他齿数的齿轮、齿形都有一定误差。

二、展 成 法

展成法是利用齿轮刀具与被切齿坯作啮合运动而切出齿形的方法。最常用的方法是插齿加工和滚齿加工。

1. 插齿加工

插齿加工在插齿机上进行，是相当于一个齿轮的插齿刀与齿坯按一对齿轮做啮合运动而把齿形切成的。可把插齿过程分解为：插齿刀先在齿坯上切下一小片材料，然后插齿刀退回并转过一个小角度，齿坯也同时转过相应角度。之后，插齿刀又下插在齿坯上切下一小片材料。不断重复上述过程。就是这样，整个齿槽被一刀刀切出，齿形则被逐渐包络而成。因此，一把插齿刀，可加工相同模数而齿数不同的齿形，不存在理论误差。插齿加工原理如图 10 – 25 所示。

插齿有以下切削运动：

（1）主运动。插齿刀的上下往复运动。

（2）展成运动（又称分齿运动）。确保插齿刀与齿坯的啮合关系的运动。

（3）圆周进给运动。插齿刀的转动，其控制着每次插齿刀下插的切削量。

（4）径向进给量。插齿刀须做径向逐渐切入运动，以便切出全齿深。

（5）让刀运动。插齿刀回程向上时，为避免与工件摩擦而使插齿刀让开一定距离的运动。

插齿除适于加工直齿圆柱齿轮外，还特别适合加工多联齿轮及内齿轮。插齿加工精度一般为 7 ~8 级，齿面粗糙度 Ra 为 1. 6μm。

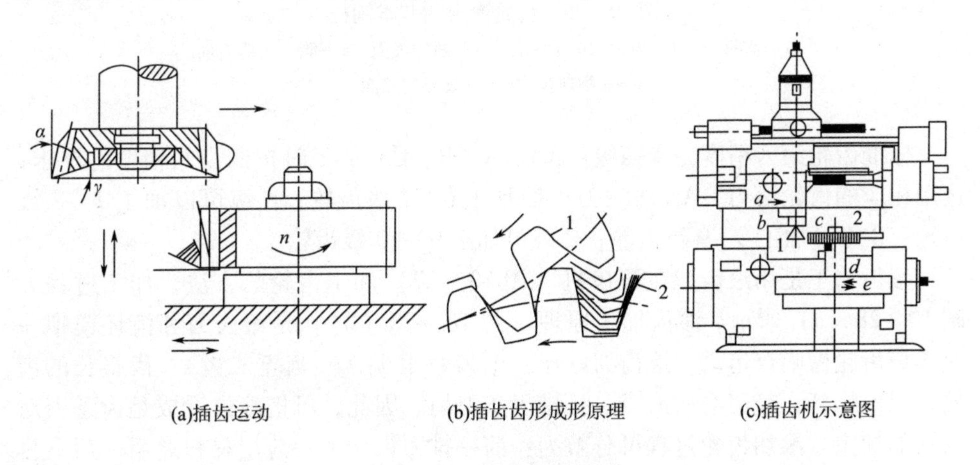

图 10 – 25　插齿加工原理

1—插齿刀　2—被加工齿轮

2. 滚齿加工

齿轮滚刀一般指加工渐开线齿轮所用的滚刀。它是按螺旋齿轮啮合原理加工齿轮的。由于被加工齿轮是渐开线齿轮，所以它本身也应具有渐开线齿轮的几何特性。齿轮滚刀从其外貌看并不像齿轮，实际上它仅有一个齿（或二个、三个齿），但是齿很长而螺旋角又很大的斜齿圆柱齿轮，因为它的齿很长而螺旋角又很大，可以绕滚刀轴线转好几圈，因此，从外貌上看，它很像一个蜗杆，如图 10－26 所示。为了使这个蜗杆能起切削作用，须沿其长度方向开出很多容屑槽，因此把蜗杆上的螺纹割成许多较短的刀齿，并产生了前刀面和切削刃。每个刀齿有一个顶刃和两个侧刃。为了使刀齿有后角，还要用铲齿方法铲出侧后面和顶后刀面。但各个刀齿的切削刃必须位于这个相当于斜齿圆柱齿轮的蜗杆的螺纹表面上，因此这个蜗杆就称为滚刀的基本蜗杆。

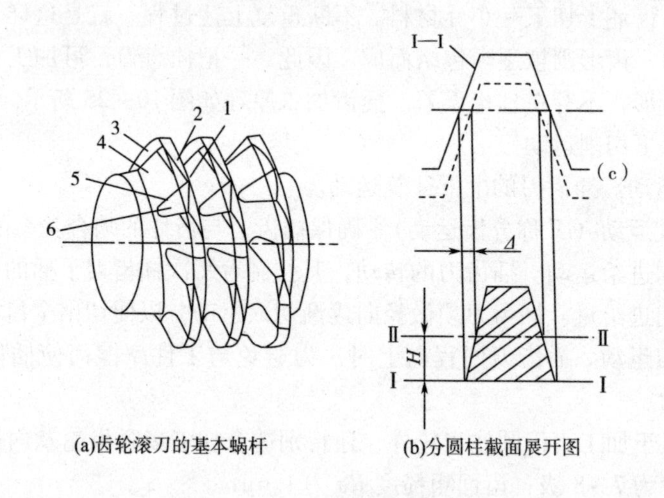

(a)齿轮滚刀的基本蜗杆　　(b)分圆柱截面展开图

图 10－26　齿轮滚刀的基本蜗杆

1—齿顶刃　2—齿顶刃的后刀面　3—蜗杆表面　4—侧刃的后刀面　5—侧切削刃　6—滚刀前刀面

标准齿轮滚刀精度分为四级：AA、A、B、C。加工时按照齿轮精度的要求，选用相应的齿轮滚刀。AA 级滚刀可以加工 6～7 级齿轮；A 级可以加工 7～8 级齿轮；B 级可加工 8～9 级齿轮；C 级可加工 9～10 级齿轮。

滚齿加工是用滚齿刀在滚齿机（图 10－27）加工齿轮的方法，加工过程如图 10－28（a）所示。滚齿加工原理［图 10－28（b）］是滚齿刀和齿坯模拟一对螺旋齿轮做啮合运动。滚齿刀好比一个齿数很少（一齿至二齿）、齿很长的齿轮，形似蜗杆，经刃磨后形成一排排齿条刀齿。因此，可把滚齿看成是齿条刀对齿坯的加工。滚切齿轮过程可分解为：前一排刀齿切下一薄层材料之后，后一排刀齿切下时，由于旋转的滚刀为螺旋形，所以使刀齿位置向前移动了一小段距离，而齿轮坯则同时转过相应角度。后一排刀齿便切下另一薄层材料。正如齿条刀向前移动，齿轮坯做转动。就这样，齿坯被一刀刀切出整个齿槽，齿侧的齿形则被包络而成［图10－28（c）］。所以，这种方法可用一把滚齿刀加工相同模数、不同齿数的齿轮，且不存在理论齿形误差。

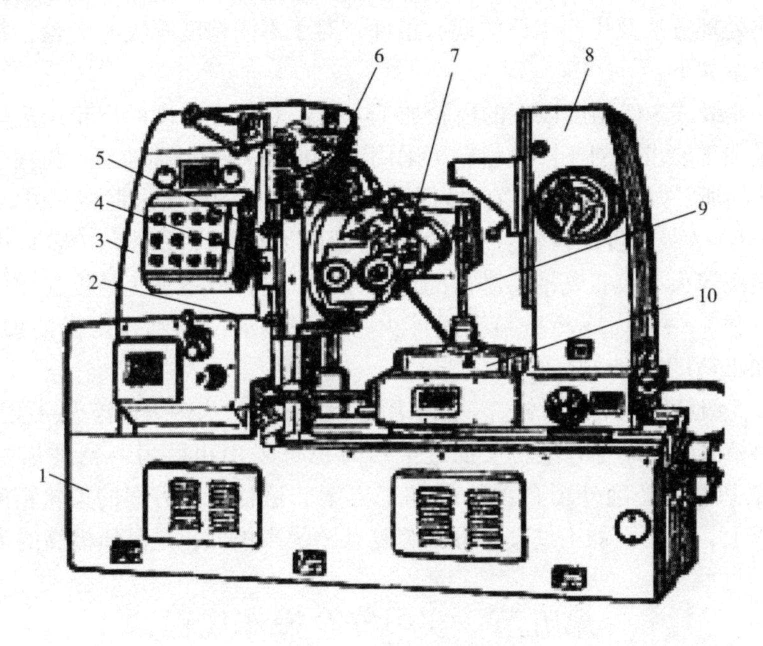

图10－27 滚齿机外形图

1—床身 2—挡铁 3—立柱 4—行程开关 5—挡铁 6—刀架 7—刀杆 8—支撑架 9—工件心轴 10—工作台

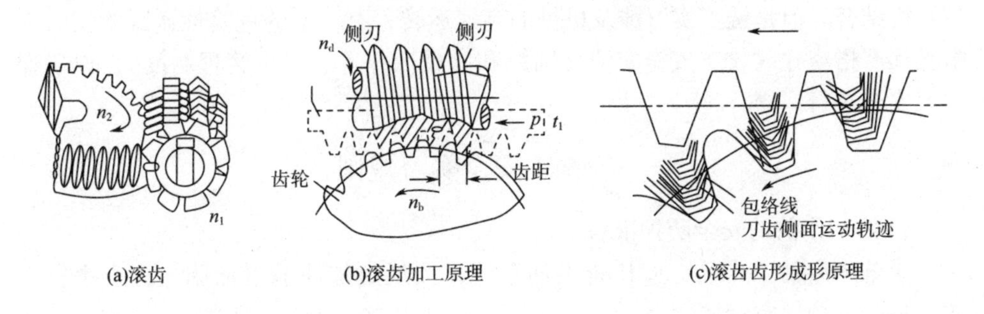

图10－28 滚齿加工原理

滚切直齿圆柱齿轮时有以下运动：

（1）主运动。滚刀的旋转运动。

（2）展成运动（又称分齿运动）。是保证滚齿刀和被切齿轮的转速必须符合所模拟的一对齿轮的啮合运动关系。即滚刀转一转，工件转 K/Z 转。其中：K 是滚刀的头数，Z 为齿轮齿数。

（3）垂直进给运动。要切出齿轮的全齿宽，滚刀须沿工件轴向做垂直进给运动。

滚齿加工适于加工直齿、斜齿圆柱齿轮。齿轮加工精度为 8 ~ 7 级，齿面粗糙度 Ra 为 1. 6μm。在滚齿机上用蜗轮滚刀、链轮滚刀还能滚切蜗轮和链轮。

齿形加工方案的选择，主要取决于齿轮的精度等级，结构形状、生产类型和齿轮的热处理方法及生产工厂的现有条件，对于不同精度等级的齿轮，常用的齿形加工方案如下：

（1）8 级或 8 级精度以下的齿轮加工方案：对于不淬硬的齿轮用滚齿或插齿即可满足加工要求；对于淬硬齿轮可采用滚（或插）→齿端加工→齿面热处理→修正内孔的加工方案。热处理前的齿形加工精度应比图样要求提高一级。

（2）6 ~ 7 级精度的齿轮。对于淬硬齿面的齿轮可以采用滚（插）齿→齿端加工→表面淬火→校正基准→磨齿的加工方案，这种方案加工精度稳定；也可以采用滚（插）→剃齿或冷挤→表面淬火→校正基准→内啮合珩齿的加工方案，此方案加工精度稳定，生产率高。

（3）5 级精度以上的齿轮。一般采用粗滚齿→精滚齿→表面淬火→校正基准→粗磨齿→精磨齿的加工方案。大批量生产时也可采用粗磨齿→精磨齿→表面淬火→校正基准→磨削外珩自动线的加工方案。这种加工方案的齿轮精度可稳定在 5 级以上，且齿面加工纹理十分错综复杂，噪声极低，是品质极高的齿轮。

第五节　实习安全操作规程

铣工实习是学生切削加工技术的必要途径之一，它可以培养学生的观察能力、动手能力，开拓同学们的视野，使同学们平时学习的理论知识和操作实践得到有机结合。但是铣工实习涉及机械的高速运转，有一定的危险性，因此实习人员必须严格遵守《铣工安全实习规则》和《铣床保养、卫生管理制度》，以确保实习安全进行。

一、铣工安全实习规则

（1）工作前的安全防护准备：

①铣床启动工作前，应检查供油系统，按规定加注润滑油脂，检查手柄位置，进行保护性空运转。

②穿戴要求。铣工不准戴围巾、手套，不准穿拖鞋、凉鞋，均应穿长裤。长头发的应戴好安全帽。高速切削时必须装防护挡板。

③刀具安装前，做好质地检查，镶嵌式、紧固式刀具要安装牢靠。

④铣床使用各类刀具时，必须清理好接触面、安装面、定位面。

（2）铣床自动进给时，必须脱开手动手柄，并调整好行程挡块，紧固。

（3）铣床工作时，应先停车后变速。进给未停，不得停止主轴转动。

（4）机床、刀具未停稳，不得用异物强制刹车，不得测量工件。

（5）铣床工作时，严禁用手摸或用棉纱擦拭正在转动的刀具和机床的传动部位；消除铁屑时，只允许用毛刷，禁止用手直接清理或嘴吹。

（6）严禁在铣床工作台面上敲打、校直工件或乱堆放工件。

（7）更换不同材料的工件，须将原有切屑清理干净，分别放置。

（8）铣床操作中，夹紧工件时，工具必须牢固可靠，不得有松动现象，所用的扳手必须符合标准规格。

（9）铣床工作时，头、手不得接近铣削面；取卸工件时，必须移开刀具后进行。

（10）拆装铣刀时，台面应垫木板，禁止用手去托刀盘。

（11）铣床装铣刀，使用扳手、扳螺母时，要注意扳手开口选用适当，用力不可过猛，防止滑倒。

（12）铣床对刀时，必须慢速进刀，刀接近工件时，需用手摇进刀。

（13）工作人员不准戴手套操作机床。

（14）工作时，工作人员必须精力集中，禁止串岗聊天，擅离机床。

（15）铣床工作时，发现异常声音，应立即停车检查，不得凑合使用。

（16）铣床工作结束后，要清理好机床，工作台面锁紧或安全到位，加油维护，切断电源，收好工、量、刀具，搞好场地卫生。

（17）实践场所禁止吸烟。

二、铣床保养、卫生管理制度

（1）铣削完毕，必须关闭铣床的总电源。

（2）铣削完毕后，应清理各种工具、量具并把它们放回规定位置。

（3）铣削完毕后，应清扫干净铣床及飞溅出来的铁屑。

（4）铣削完毕后，应用棉纱把机床擦拭干净（特别是铣床导轨）。

（5）应经常给铣床进行保养，并按铣床润滑系统加油要求给机床加油。

思考与练习

1. 铣削能加工哪些表面？一般加工能达到几级精度和粗糙度？
2. 铣削加工有哪些特点？
3. 一般铣削有哪些运动？
4. 请简述卧式万能铣床的主要结构和作用。
5. 立式铣床和卧式铣床的主要区别在哪里？
6. 带柄铣刀和带孔铣刀各如何安装？直柄铣刀与锥柄铣刀安装有何不同？
7. 工件在铣床上通常有几种安装方法？
8. 什么叫顺铣和逆铣？如何选择？
9. 铣削齿形的方法属哪种齿形加工方法？有何特点？
10. 试述插齿和滚齿的工作原理。两种齿形的加工方法各适用于加工什么齿轮？

第十一章　数控加工基础知识

PPT 课件

第一节　概　述

随着科学技术的迅速发展，产品结构越来越复杂，新产品开发的速度越来越快，产品的寿命周期越来越短，更新换代也越来越快。现代生活中，人们对个性化产品的需求与日俱增，大批量生产的产品的数量越来越少，单件与小批量生产的零件越来越多。还有航空航天、造船、机床、重型机械以及国防工业中使用的零件，精度要求高、形状复杂、加工批量小，用普通机床加工这些零件效率低、劳动强度大，有时甚至不能满足或达到产品的设计要求。为了解决这些问题，一种具有高精度、高效率、灵活、通用性强的自动化加工设备——数控机床和数控技术应运而生，它为多品种、小批量，特别是结构复杂、精度要求高的零件提供了自动化加工手段。现代的 CAD/CAM、机器人技术、FMS 和 CIMS、敏捷制造等，都是建立在数控技术之上。

一、计算机数控加工技术的优点

数控加工具有以下优点：

（1）加工精度高，产品质量稳定。

（2）对加工对象适应性强。

（3）自动化程度高，劳动强度低。

（4）生产效率高。

（5）良好的经济效益。

（6）有利于现代化管理。

二、数控机床的发展历程

数控机床诞生于美国。1952 年，美国帕森斯公司与麻省理工学院共同研制成功了世界上第一台数控机床，用来加工直升机叶片轮廓检查用样板。半个多世纪以来，数控技术得到了迅猛发展，其加工精度和加工效率不断提高。数控机床发展至今经历了两个阶段。

1. 硬件数控阶段（NC）

早期的计算机运算速度低，不能适应机床实时控制的要求，人们只好用数字逻辑电路搭成一台机床专用计算机作为数控系统，这就是硬件连接数控，简称数控（NC—Numerical Control）。

2. 计算机数控阶段（CNC）

以小型/微型计算机取代硬件控制计算机作为核心部件，数控机床的许多控制功能通过专用软件实现，其数控系统被称为软件控制系统，又称 CNC 系统。

三、数控机床的基本组成及工作原理

1. 数控机床的组成和工作原理和组成

数控机床的组成包括加工程序载体、数控装置、伺服驱动装置、机床主体和其他辅助装置，如图 11－1 所示。根据输入数据插补出理想的运动轨迹，然后输出到执行部件，加工出所需要的零件。因此，数控装置主要由输入、处理和输出三个基本部分构成。而所有这些工作都由计算机的系统程序进行合理的组织，使整个系统协调地进行工作。

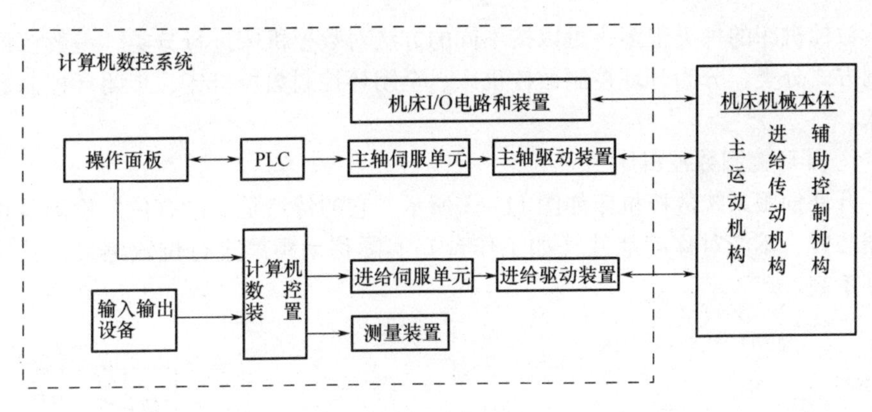

图 11－1　数控机床的基本组成及工作原理图

2. 数控机床的主要组成

(1) 输入输出装置。输入输出装置是数控装置（CNC）系统与外部设备进行交互的装置。交互的信息通常是零件加工程序（NC 代码），坐标数据，刀具补偿数据等，设备主要是指数控系统的操作面板。

(2) 数控装置。数控装置（CNC）是数控机床的核心，由硬件部分（专用的计算机）及控制软件部分组成。其作用是根据输入的零件加工程序进行相应的处理（如运动轨迹处理、机床输入输出处理等），然后输出控制命令到相应的执行部件（伺服单元、驱动装置和 PLC 等），需要系统有条不紊地进行工作。

(3) 伺服系统。伺服机构是数控机床的执行机构，由驱动装置、执行部件（如伺服电动机）以及位置检测反馈装置组成，如图 11－2 所示。

图 11－2　伺服机构部分元器件

（4）机床本体。机床本体指的是数控机床机械机构实体，包括床身、主轴、进给机构等机械部件。

四、数控机床的分类

数控机床的种类很多，可以按不同的方法对数控机床进行分类，一般按伺服控制方式分类，分为开环控制数控机床、全闭环控制数控机床、半闭环控制数控机床。

1. 开环控制数控机床

开环伺服系统数控机床如图 11－3 所示，它的特点是：没有位置检测装置和反馈装置，不能对移动部件（如工作台）实际移动距离进行位置测量，其控制精度不高。

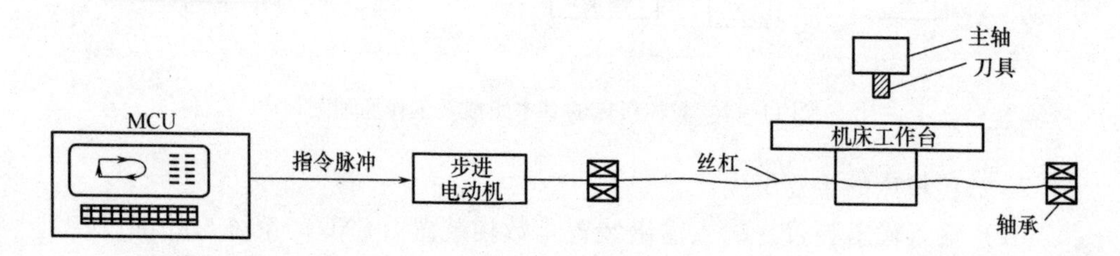

图 11－3　开环伺服系统数控机床控制系统

2. 全闭环控制数控机床

全闭环伺服系统数控机床如图 11－4 所示，它的特点是：有位置检测（一般检测元件直接装在机床的移动部件上）和反馈装置，加工中将工作台实际位移量的检测结果反馈给数控装置，并与输入的指令位置进行比较，用差值来调节控制。其控制精度高，但结构复杂，设计和调试较困难。

3. 半闭环控制数控机床

半闭环伺服系统数控机床如图 11－5 所示，它的特点是：其位置检测装置不

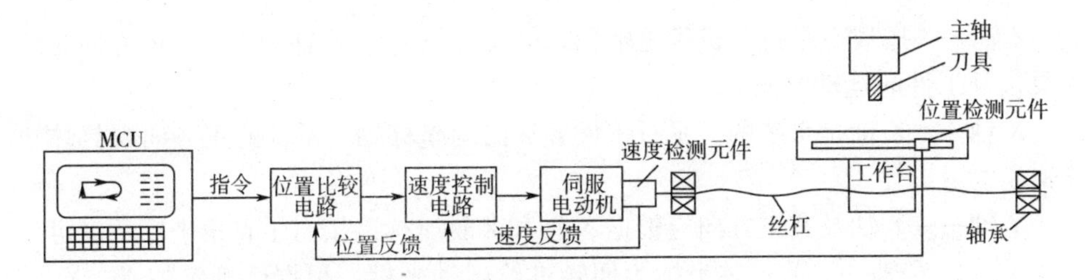

图 11－4　数控机床闭环伺服系统图

直接测量机床工作台的位移量，而是装在丝杠的端头或电机的端头，通过检测转角来间接地测量工作台的位移量，并反馈给数控装置进行位置校正。调试方便。在精度要求适中的中小型数控机床上，半闭环控制得到了广泛应用。

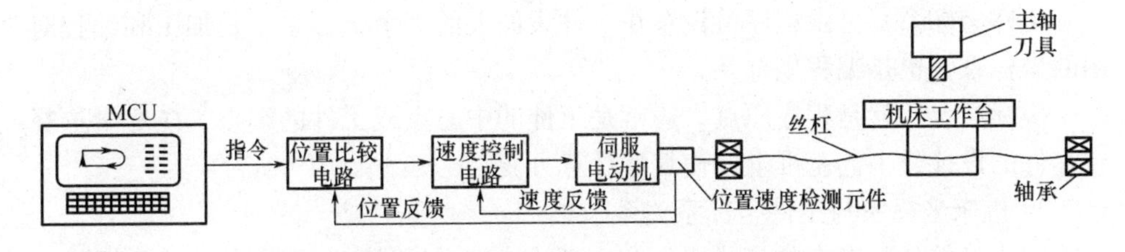

图 11－5　数控机床半闭环伺服系统图

五、数控机床的坐标系统

1. 机床坐标系

为了确定数控机床的运动方向和移动距离，机床需要一个坐标系，数控机床坐标系采用右手笛卡尔直角坐标系 X、Y、Z，对应每个轴的旋转运动坐标为 A、B、C，各坐标轴正方向按右手法则确定，如图 11－6 所示。

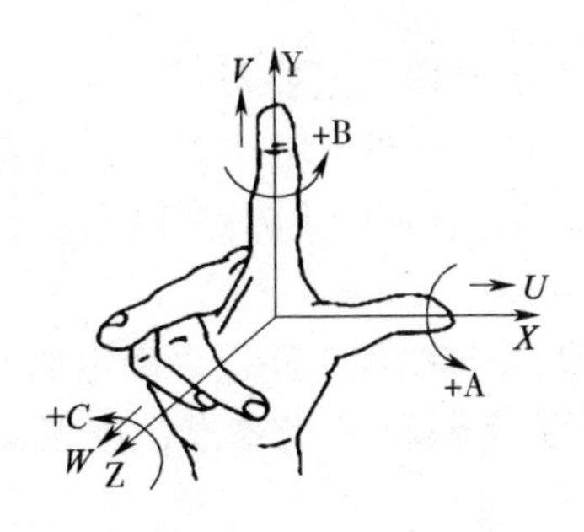

图 11－6　右手笛卡尔直角坐标系示意图

（1）坐标轴及其运动方向。无论机床的具体结构是工件静止、刀具运动，还是工件运动、刀具静止，数控机床的坐标运动都要理解为刀具运动，而工件为静止的。

Z 轴——按规定平行与机床主轴轴线的坐标轴定为 Z 轴，Z 轴的正方向是使刀具离开工件的运动方向。

X 轴——X 轴是水平的，平行工件装夹面的坐标轴，X 轴的正方向视具体机床而定。

Y 轴——Y 轴及其正方向应根据 X 轴和 Z 轴坐标，按右手直角坐标系确定。

A、B、C 轴——此三轴坐标为回转进给运动坐标。根据已确定的 X、Y、Z 轴，用右手螺旋法则确定 A、B、C 三轴坐标。

（2）机床坐标系原点。数控机床都有一个基准位置，称为机床原点，是指机床坐标系的原点，即 X = 0，Y = 0，Z = 0 的点。机床原点固定在机床的一个物理位置，一般在各轴的行程范围的终点。

2. 工件坐标系

工件坐标系：是由程序员设置在工件表面上的一个坐标系。是加工和编程时用的坐标系，也是编程坐标系。

坐标原点：就是程序原点。通常是工件的中心点或工件的端点，应尽量选择在零件的设计或工艺基准上，使编程计算方便。

3. 机床坐标系与工件坐标系关系

因为工件是装夹在机床中，所以工件坐标系是机床坐标系的子（局部）坐标系。机床坐标系只有一个，而工件坐标系可以有多个。

第二节　数控机床数控编程

数控编程是数控加工准备阶段的主要内容之一，利用数控机床加工首先必须生成数控程序（NC）代码，再用数字化的信号代码对机床运动进行控制，从而加工工件。

数控编程过程：

（1）分析零件图样和工艺处理。主要对零件图样进行工艺分析，以确定加工内容及其要求，确定加工方案，即采用什么设备（数控车床、数控铣床等）、装夹固定方法、选用刀具、确定合理的走刀路线以及切削用量等。

（2）编写数控加工程序。

1）手工编程：根据工艺安排的加工路线，确定加工坐标系、计算加工轨迹，编程人员按数控系统的指令代码和格式要求，逐段编写程序单，如图 11 - 7 所示。

2）计算机辅助编程：手工编程只适合简单零件，当遇到复杂零件（图 11 - 8），编程人员手工编程的工作量增大，而且不一定能解决曲面复杂的形状加工。计算机辅助编程（CAM）就是利用计算机（CAM）编程软件实现零件的数控程序自动编制的。

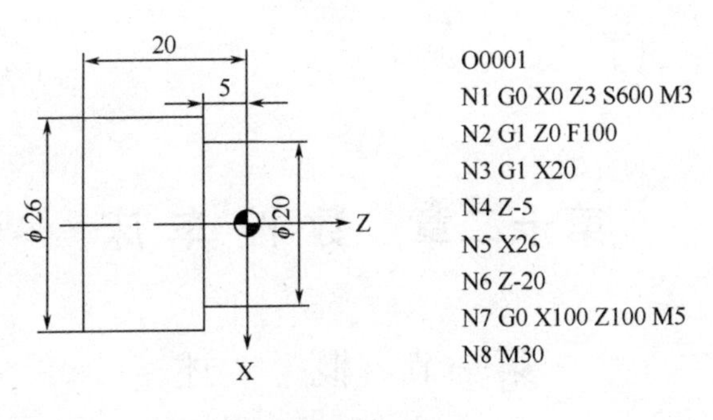

图 11-7　编程

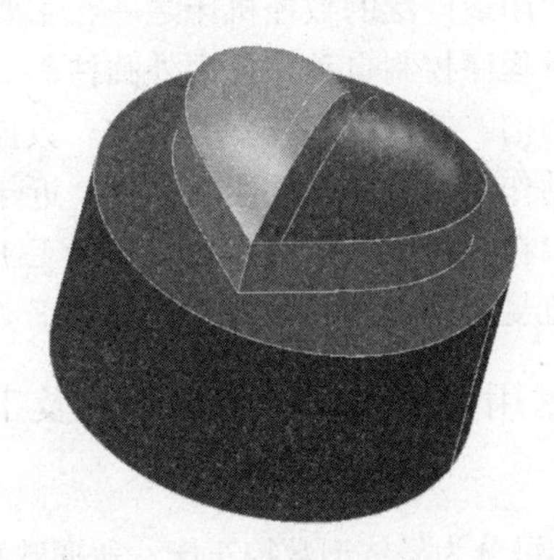

图 11-8　用于计算机辅助编程的零件

计算机辅助编程操作步骤：

①工艺分析。主要包括分析加工表面，确定编程原点，确定刀具等。

②几何造型或模型输入。CAM 计算机编程软件有很多，都可以进行几何造型，例如 UG、Mastercam、Powermill 等。

③生成刀具路径轨迹。根据工艺路线安排，加工参数（安全高度、主轴转速、进给速度、公差余量、切削深度等）要求，选择不同的加工方式策略，软件将自动生成所需要的刀具路径轨迹。

④刀具轨迹验证。为减少机床事故的发生、材料的浪费，可采用软件的模拟仿真功能进行检验。

⑤后置处理。软件生成的刀具路径轨迹需要转换成数控代码。

思考与练习

1. 数控加工技术的优点有哪些？
2. 数控机床按照伺服控制方式可以分成哪几类？
3. 机床坐标系与工件坐标系的关系如何？

第十二章　数 控 车 床

PPT 课件

第一节　概　　述

数控车床作为当今使用最广泛的数控机床之一，主要用于加工轴类、盘套类等回转体零件，能够通过程序控制自动完成内外圆柱面、锥面、圆弧、螺纹等工序的切削加工，并进行切槽、钻、扩、铰孔等工作。数控车床加工是利用数字化信息来控制机床的各种动作对回转体工件实施加工。近年来研制出的数控车削中心和数控车铣中心，可以在一次装夹中完成更多的加工工序，提高了加工质量和生产效率，因此特别适宜复杂形状的回转体零件的加工。

一、常用数控车削设备、附件及工量具

1. 数控车床的分类

数控车床按功能分类可分为经济型数控车床、普通数控车床、车削加工中心。

（1）经济型数控车床。采用步进电机和单片机对普通数控车床的车削进给系统进行改造后形成的简易型数控车床，该机床成本较低，主要应用于精度要求不高的回转类零件的加工，如图 12－1 所示。

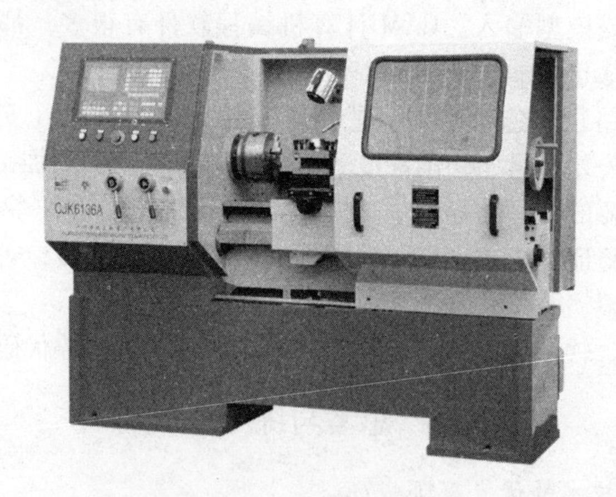

图 12－1　经济型数控车床

（2）普通数控车床。该机床配有专门设计的通用数控系统，数控系统功能强，自动化程度和加工精度也比较高，且能同时控制 X 轴和 Z 轴，可方便加工回转曲面体。普通数控车床按主轴的位置方向分类可分为卧式数控车床和立式数控

车床，如图12－2所示。

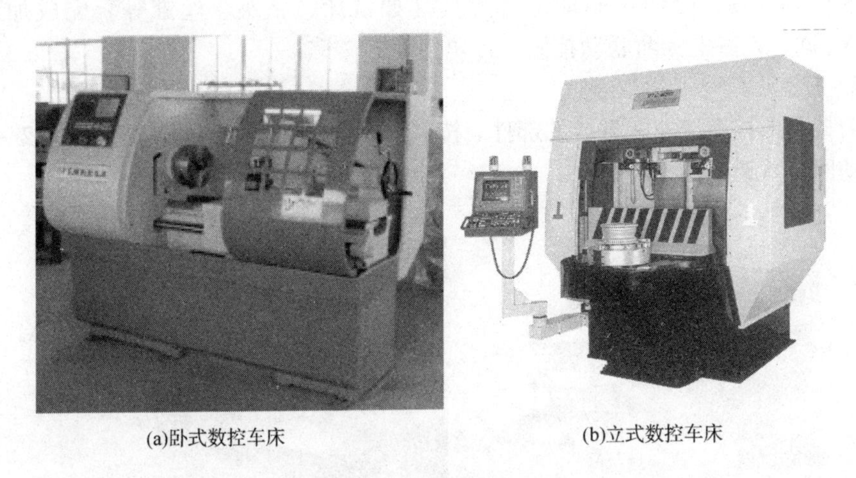

(a)卧式数控车床　　(b)立式数控车床

图12－2　普通数控车床

(3) 车削中心。车削中心（图12－3）主体是数控车床，配有刀库和机械手，与数控车床单机相比，自动选择功能和所使用的刀具数量大大增加。对于一回转面为主要加工内容，兼有圆周表面或端面加工的零件，可以一次装夹完成全部加工。

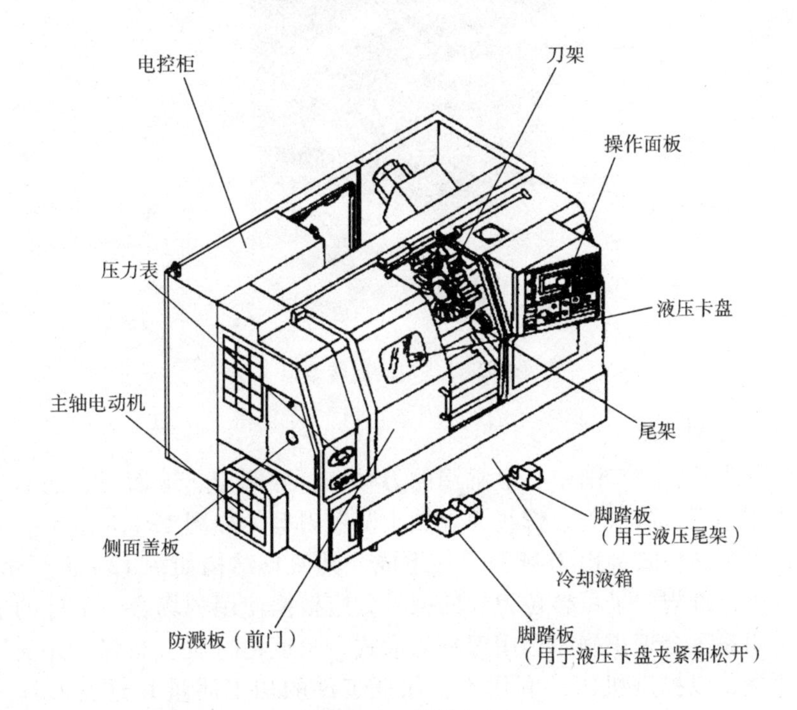

图12－3　车削中心

车削中心与数控车床的主要区别在于：车削中心在刀架部位增加了驱动刀具旋转的动力装置，因而可驱动旋转刀具（如铣床、钻头、丝锥等）完成加工，实现X、Y、Z三坐标两联动控制。

2. 刀架

刀架是数控车床非常重要的部件。按其结构分类可分为四方刀架（图12－4）和电动回转刀架（图12－5）。

(a)单刀架　　(b)双刀架

图12－4　四方刀架

图12－5　电动回转刀架

3. 数控车削刀具

数控车床及数控车削中心上常用的刀具有：外圆刀、端面刀、切断刀、内孔刀、成型车刀、圆头刀、螺纹刀、钻头及铰刀等，如图12－6所示。刀具大多采用机夹可转位式，由刀身和刀片组成，其刀具结构如图12－7所示，ISO标准和我国标准规定了可转位刀片的型号，应根据使用的场合、工件的加工特点及切削用量等合理正确地选用刀具的形式、角度、材质、品牌，并安排合适的切削用量，以提高机床的利用率，保证工件的加工质量并延长刀具的使用寿命。

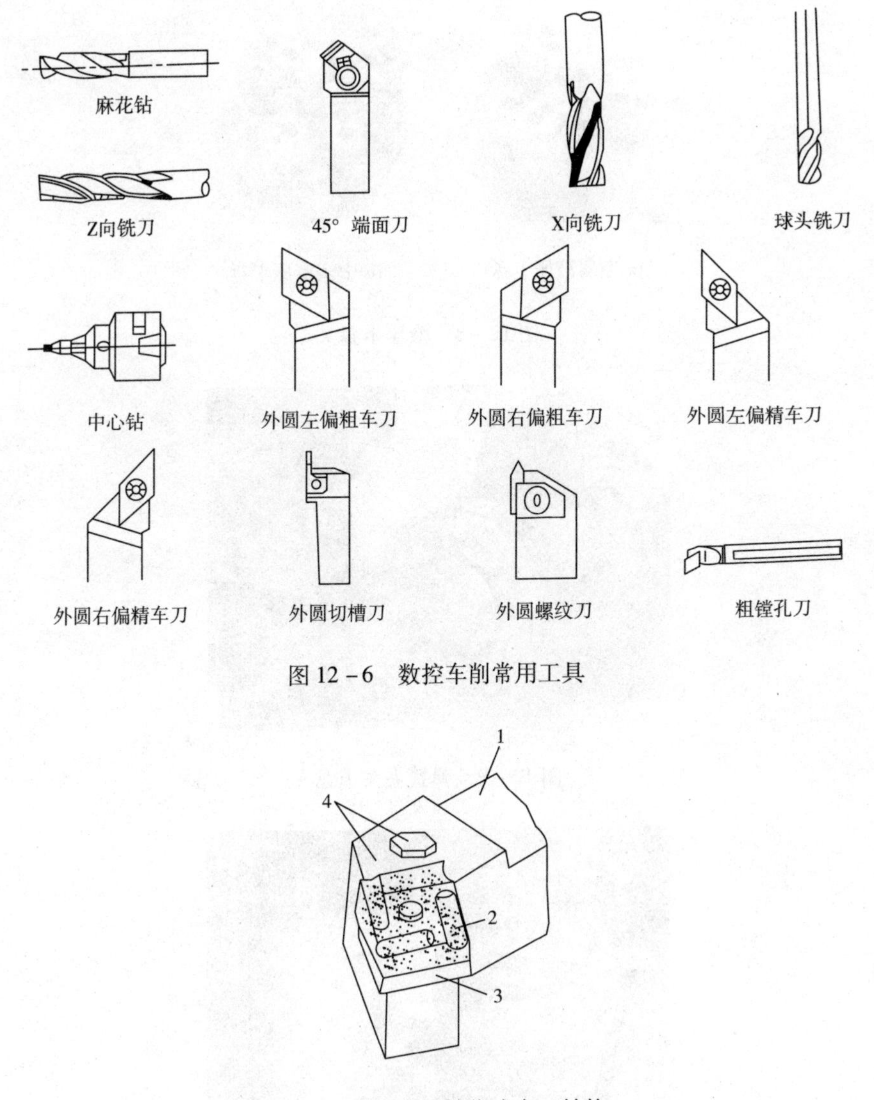

图 12－6　数控车削常用工具

图 12－7　机床可转位式车刀结构

1—刀杆　2—刀片　3—刀垫　4—夹紧元件

4. 卡盘

数控车床除可采用普通车床的三爪、四爪、花盘装夹工件外，高精度数控车床和车削中心大多采用精度可控制的液压卡盘（图 12－8）和弹簧夹头卡盘（图 12－9）。

5. 尾座

全自动数控车床和车削中心的尾座一般采用可控制液压尾座，如图 12－10 所示。

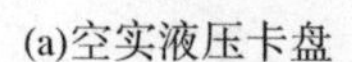
(a)空实液压卡盘　　(b)中实液压卡盘

图 12－8　液压卡盘

图 12－9　弹簧夹头卡盘

图 12－10　可控制液压尾座

6. 对刀仪

刀具长度补偿是数控车削加工的重要操作内容，其准确性将直接影响零件的加工精度和机床的生产效率。数控车削加工的对刀仪，采用有接触式对刀仪和光学对刀仪。接触式对刀仪可在机外对刀具切削刃径向和轴向坐标尺寸进行测量、调整，从而减少机床的试切次数和停机调整时间，保证机床的加工质量

（图 12－11）。

图 12－11　接触式对刀仪

光学对刀仪广泛应用于精密的机械加工中，可快速测出刀具的各种参数，如刀具高度、直径、切削刃的坐标位置等，根据测试结果可以对刀具进行调校，以保证机械加工的精确度，进而实现加工产品的精度统一，确保设备生产过程中的高精度和可重复性（图 12－12）。

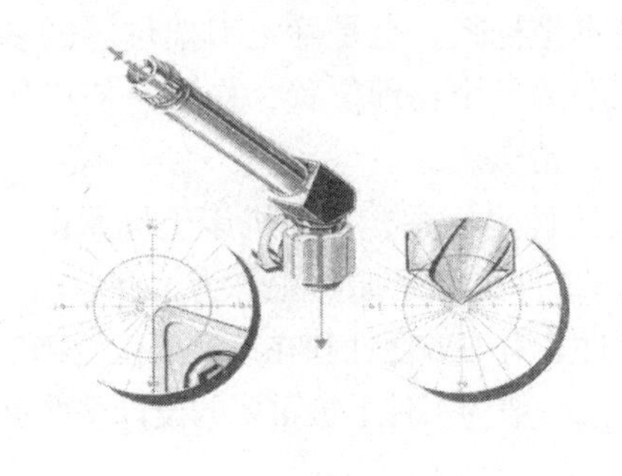

图 12－12　光学对刀仪

二、数控车床的主要加工特点

（1）对加工对象改型的适应性强。不同于传统机床在改变加工对象时，需制造或更换许多工、夹具等，而数控机床只需重新编制新的程序就能实现对零件的加工。

（2）加工精度高。数控机床的传动系统与机床结构都具有很高的刚度和热稳定性、制造精度，再加上数控装置系统控制精度也较高，所以在数控车床上加工零件的尺寸精度较高。

（3）加工效率高。工序集中，在一次安装后，通过自动换刀，高速、高效、高精度连续地对工件进行多种工序加工。

第二节　数控车削加工工艺

一、数控车削加工流程

当用数控车床加工零件时，需要编写程序，然后用程序驱动数控车床。

（1）在实际编程前，先要制订如何加工零件的加工工艺计划：①确定工件加工的范围；②确定在机床上安装工件的方法；③制定整个加工过程的加工顺序；④选定刀具和实施加工。

（2）根据零件图编写数控程序。

（3）在机床上安装工件和刀具。

（4）将程序写入数控系统中，根据程序运行刀具，进行实际加工。

二、数控车床的坐标系

1. 机床坐标系与工件坐标系

（1）机床坐标系与机床原点。机床坐标系是机床上固有的坐标系，建立在机床原点上，是用来确定工件坐标系的基本坐标系，也是确定刀架位置的参考坐标系。机床原点是机床制造商设置在机床上的一个物理位置，作用是使机床与控制系统同步，是建立测量机床运动坐标的起始点。

（2）工件坐标系与工件坐标系原点。工件坐标系，是在机床坐标系内，确定工件轮廓的编程和各点计算设定的坐标系。工件坐标系原点也称为工件原点，由编程人员根据编程计算方便性、机床调整方便性、对刀方便性和在毛坯上位置确定的方便性等具体情况定义在工件上的几何基准点，一般为零件上最重要的设计基准点。

2. 轴定义

本系统使用 X 轴、Z 轴组成的直角坐标系进行定位和插补运动。X 轴为水平面的前后方向，Z 轴为水平面的左右方向。向工件靠近的方向为负方向，离开工件的方向为正方向。

3. 编程坐标

本教程的数控车床控制系统可用绝对坐标（X，Z），相对坐标（U，W）或混合坐标（X，Z 和 U，W 同时混合使用）进行编写程序。

三、数控车削加工编程技术

数控车床的基本功能有以下几方面。

1. 准备功能（G 功能）

准备功能也称为 G 功能，（或称为 G 代码），它是用来指令车床工作方式或控制系统工作方式的一种命令。G代码有非模态G代码和模态G代码之分，非模态G代码只限于被指令的程序段中有效，而模态G代码在同组G代码出现之前，其代码一直有效，如表12-1所示。

表12-1 常用G功能指令介绍

指令名	功能	指令名	功能
G00	快速定位	G71 *	轴向粗车循环
G01	直线插补	G72 *	径向粗车循环
G02	顺时针圆弧插补	G73 *	封闭切削循环
G03	逆时针圆弧插补	G74 *	轴向切槽循环
G04 *	暂停、准停	G75 *	径向切槽循环
G28 *	自动返回机械零点	G76 *	多重螺纹切削循环
G32	等螺距螺纹切削	G90	轴向切削循环
G33	Z轴攻丝循环	G92	螺纹切削循环
G34	变螺距螺纹切削	G94	径向切削循环
G40	取消刀尖半径补偿	G96	恒线速控制
G41	刀尖半径左补偿	G97	取消恒线速控制
G42	刀尖半径右补偿	G98	每分进给
G50 *	设置工件坐标系	G99	每转进给
G70 *	精加工循环	G65	宏指令

注：带“*”代码为非模态代码，其他为模态代码。

插补基本概念：插补是指根据给定的数学函数，在理想的轨迹和轮廓上的已知点之间进行数据密化处理的过程。其任务就是根据进给速度的要求，在轮廓起点与终点之间计算出若干个中间点的坐标值。插补精度是以脉冲当量来衡量的，脉冲当量是指数控系统每输出一个基准脉冲后机床工作台的最小移动量。

G代码详细说明

(1) G00快速定位。

格式：G00 X30 Z50

其中，X30 Z50指终点坐标值，表示快速地从当前点以直线方式移动到终点坐标。

G00指令的运动轨迹是按快速定位进给速度运行（移动速度由系统的参数设定），先两轴同量同步进给作斜线运动，走完较短的轴，再走完较长的另一轴。

(2) G01直线插补。

格式：G01 X30 Z50 F100

其中，X30 Z50指终点坐标值；F100指进给速度；表示在当前点以直线方式和设定的进给速度移动到终点坐标，如图 12－13 所示。

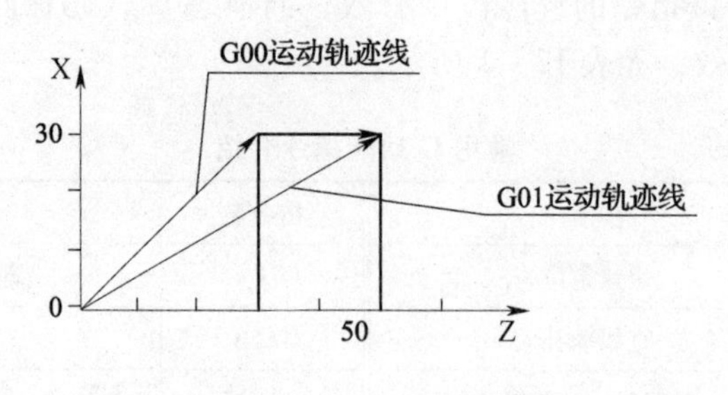

图 12－13　直线插补

（3）G02、G03 顺逆时针圆弧插补（图 12－14）。

用前刀架时：G03 顺时针圆弧插补，G02 逆时针圆弧插补。

格式 1：G02/G03　X_ Z_ R_ F_

其中，X_ Z_ 指圆弧终点坐标；R_ 指圆弧半径；F_ 指进给速度。

格式 2：G02/G03　X_ Z_ I_ K_ F_

其中，X_ Z_ 指圆弧终点坐标；I_ 是圆弧起始点的坐标，圆弧起点至圆心 X 轴方向的距离（mm）；K_ 是圆弧起始点的坐标，圆弧起点至圆心 Z 轴方向的距离（mm）；F_ 4 为数字的进给功能代码。

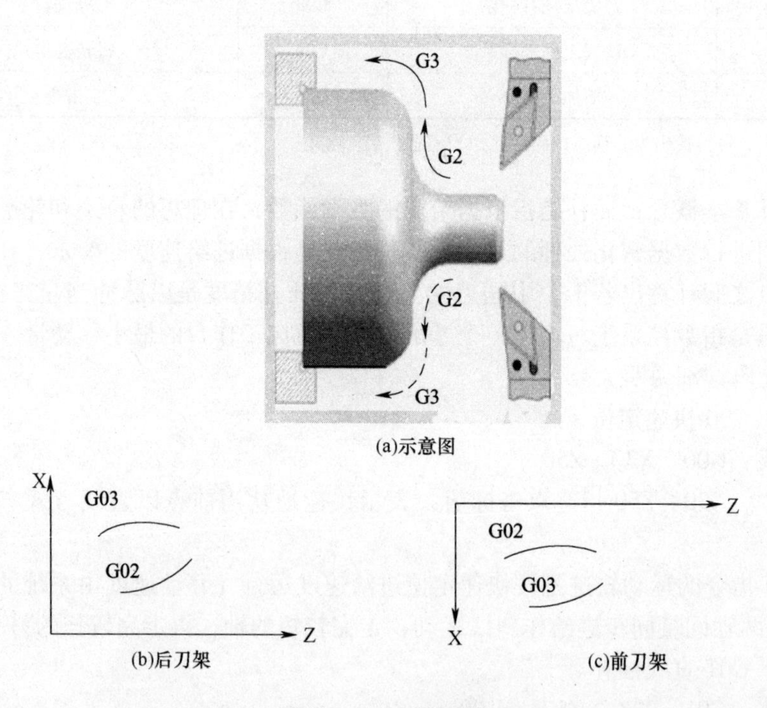

图 12－14　圆弧插补

（4）G50 坐标系统的设定（图 12－15）。

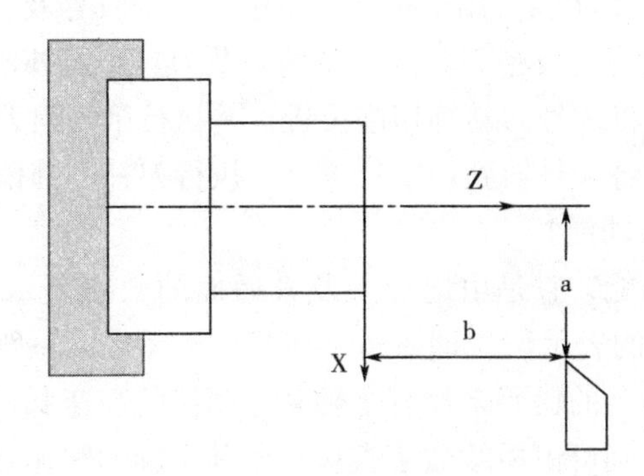

图 12－15　坐标系设定

格式：G50　X_ Z_

根据此指令，建立一个坐标系，使刀具上的某一点（如刀尖）在坐标系的坐标为（X、Z）。

此坐标系称为零件坐标系。坐标系一旦建立，后面指令中绝对值指令的位置都是用此坐标系中该点位置的坐标值来表示的。

当直径指定时，X 值是直径值，半径指定时是半径值。

直径指定时的坐标系设定：

格式：G50 X 2a　Zb

（5）G90 轴向切削循环（外圆、内圆车削循环）。

格式：G90　X_ Z_ F_

其中，X_ Z_ 指切削终点坐标值；F_ 指切削速度。

2. 辅助功能（M 功能，表 12－2）

表 12－2　　常用 M 功能表

代码	功能	代码	功能	代码	功能
M00	程序停止	M05	主轴停止	M30	程序结束
M03	主轴正转	M08	冷却液开	M98	调用子程序
M04	主轴反转	M09	冷却液关	M99	子程序结束

3. 进给功能（F 功能）

在切削零件时，用指定的速度来控制刀具运动和切削时的运动速度称为进给，决定进给速度的功能称为进给功能（也称 F 功能）。对于数控车床，其进给的方式可以分为：每分钟进给（即刀具每分钟走的距离，单位为 mm/min）和每转进给（即车床主轴每转一圈，刀具向进给方向移动的距离，单位为毫米/转）两种。

4. 刀具功能（T 功能）

刀具功能也称为 T 功能，用于指令加工中所用刀具号及自动补偿编组号的地址字，其自动补偿内容主要指刀具的刀位偏差及刀具半径补偿。例如：

T 02　03；表示将 2 号刀转到切削位置，并执行第 3 组刀具补偿值。

T 01　00；表示将 1 号转到切削位置，不执行刀补，补偿量为零。

5. 主轴功能（S 功能）

主轴转速指令功能，它是由地址 S 及其后面的数字表示，目前有 S2（两位数）、S4（四位数）的表示法，即 S××和 S××××，一般的经济型数控车床一般用一位或两位约定的代码来控制主轴某一挡位的高速和低速，对具有无级调速功能的数控车床，则可由后续数字直接指令其主轴的转速（r/min）。

本章介绍的 GSK 980TD 数控系统，对应机床具有无级调速功能。如：想要指定车床每分钟 560 转，编程时只需在程序段中指令 S560 即可实现转速要求（其余转速可类推）。

第三节　GSK 980TD 数控车床加工实训

一、GSK 980TD 数控系统控制面板

机床操作面板如图 12－16 所示，各按钮的说明参照表 12－3。

图 12－16　数控系统控制面板

表 12－3　　　　控制按钮的说明

按钮	名称	用途	按钮	名称	用途
自动	自动方式选择按钮	选择自动操作方式	运行	循环启动按钮	自动运行的启动。在自动运行中，自动运行的指示灯亮
暂停	进给保持按钮	在自动运转中，按操作面板上的进给保持键可以使自动运转暂时停止	编辑	程序编辑按钮	编辑、修改、存储文件
机床锁	机床锁住按钮	机床不移动，但位置坐标的显示和机床运动时一样，并且 M、S、T 都能执行。此功能用于程序校验	MST 辅助锁	辅助功能锁住按钮	辅助功能锁住开关置于 ON 位置，M、S、T 代码指令不执行，与机床锁住功能一起用于程序校验
复位	复位按钮	用 LCD/MDI 上的复位键，使自动运转结束，变成复位状态。在运动中如果进行复位，则机械减速后停止	单段	单程序段按钮	当单程序段开关置于 ON 时，单程序段灯亮，执行程序的一个程序段后，停止。如果再按循环启动按钮，则执行完下个程序段后停止
空运行	空运转键按钮	快速检查程序是否正确	手轮	单步方式选择按钮	选择单步进给方式
手动	手动方式选择按钮	选择手动操作方式		手动轴向运动按钮	手动连续进给，单步进给，轴方向运动
程序零点	返回程序起点	返回程序起点开关为 ON 时，为回程序零点方式		快速进给倍率	选择快速进给倍率

续表

按钮	名称	用途	按钮	名称	用途
0.001 0.01 0.1 1	单步/手轮移动量	选择单步一次的移动量（单步方式）	进给倍率	进给速度倍率	在自动运行中，对进给速率进行倍率
停止	主轴停止	主轴停止转动			
正转	主轴正转	主轴按顺时针方向转动	反转	主轴反转	主轴按逆时针方向转动
主轴倍率	主轴倍率	主轴倍率选择（含主轴模拟输出时）	快速倍率	快速倍率键	快速移动速度的调整
冷却	冷却液开关按钮	冷却液起动（详见机床厂发行的说明书）	换刀	手动换刀	手动换刀（详见机床厂发行的说明书）
点动 润滑	主轴点动、润滑液开关按钮	主轴点动，润滑液起动	X Y Z	手轮控制轴选择键	手轮操作方式 X、Y、Z 轴选择

二、GSK 980TD 数控车床基本操作

（一）手动方式

1. 手动返回参考点

（1）按参考点方式键，选择回参考点操作方式，这时液晶屏幕右下角显示【机械回零】。

（2）按手动轴向运动开关，按一下就可松开，不需长按。机床向选择的轴

向运动。

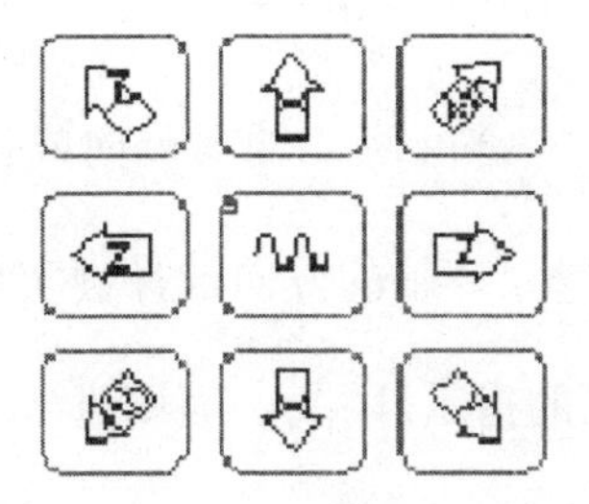

在减速点以前，机床快速移动，碰到减速开关后以 FL（参数 032 号）的速度移动到参考点。在快速进给期间，快速进给倍率有效。FL 速度由参数设定（回零方式不选择时）。

（3）返回参考点后，返回参考点指示灯亮，如图 12－17 所示。

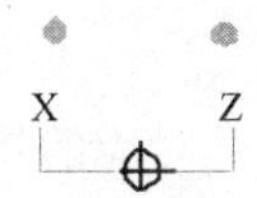

图 12－17　返回参考点结束指示灯

2. 手动返回程序起点

按下返回程序起点键，选择返回程序起点方式，这时液晶屏幕右下角显示

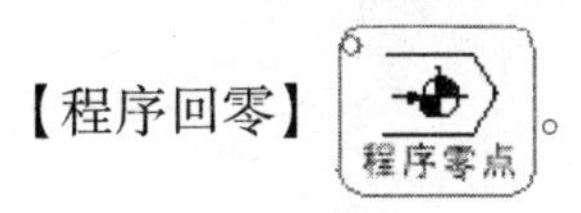

【程序回零】。

3. 坐标轴移动

按下手动方式键，选择手动操作方式，这时液晶屏幕右下角显示【手动方式】。

（1）手动连续进给。选择移动轴，机床沿着选择轴方向移动。也可同时按住 X、Z 轴的方向选择键实现 2 个轴的同时运动。

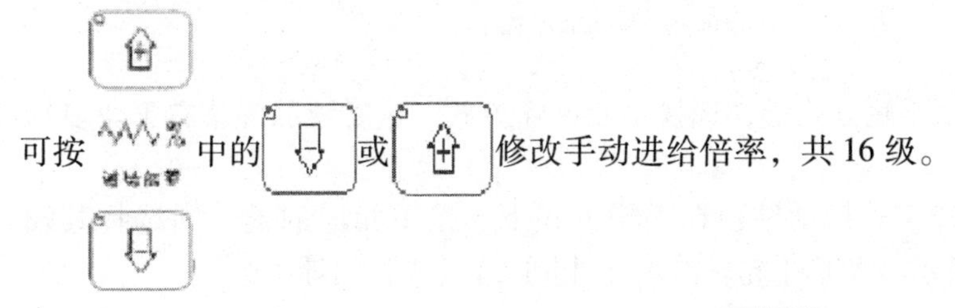

可按中的或修改手动进给倍率，共 16 级。

（2）手动快速移动。当进行手动进给时，按下键，使状态指示区的指示灯亮则进入手动快速移动状态。

按下 或 键可使 X 轴向负向或正向快速移动，松开按键时轴运动停止；按下 或 键可使 Z 轴向负向或正向快速移动，松开按键时轴运动停止；也可同时按住 X、Z 轴的方向选择键实现 2 个轴的同时移动。再按下 键，使状态指示区的指示灯 亮则进入手动快速移动状态。

按 中的 或 修改手动快速移动的倍率（也可按 、

、 键修改快速倍率，其对应的快速倍率分别是 Fo，50%，100%），快速倍率有 Fo，25%，50%，100% 四挡。

4. 手轮进给

转动手摇脉冲发生器，可以使机床微量进给，如图 12－18 所示。

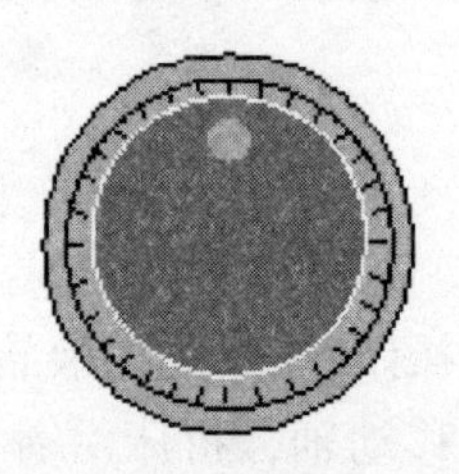

图 12－18　手摇脉冲发生器

顺时针：＋方向；逆时针：－方向

（1）按下手轮方式键，选择手轮操作方式，这时液晶屏幕右下角显示【手轮方式】。

（2）选择手轮运动轴：在手轮方式下，按下相应的键，则选择其轴，如图 12－19 所示，所选手轮轴的地址【U】或【W】闪烁。

图 12－19　轴选择键

（3）转动手轮。

（4）选择移动量：按下增量选择键（图12－20），选择移动增量，相应在屏幕左下角显示移动增量。

图12－20　移动量选择开关

（二）编辑方式

1. 程序存储、编辑操作前的准备

（1）把程序保护开关置于ON上。

（2）操作方式设定为编辑方式。

（3）按【程序】键后，显示程序后方可编辑程序。

注：为了保护零件程序，在【设置】页面上设有程序保护开关，只有该开关ON时，才可编辑程序。

2. 程序输入

（1）方式选择为编辑方式。

（2）按【程序】键。

（3）用键输入地址O。

（4）用键输入程序号。

（5）按EOB键。

通过这个操作存入程序号，之后把程序中的每个字用键输入，然后按INSRT键便将键入程序存储起来。

3. 程序号的检索

当存储器存入多个程序时，按【程序】键时，总是显示指针指向的一个程序，即使断电，该程序指针也不会丢失。可以通过检索的方法调出需要的程序（改变指针），而对其进行编辑或执行，此操作称为程序检索。

（1）检索法。

①选择方式（编辑或自动方式）。

②按【程序】键，显示程序画面。

③按地址O。

④键入要检索的程序号。

⑤按↓键。

⑥检索结束时，在LCD画面显示检索出的程序并在画面的右上部显示已检索的程序号。

（2）扫描法。

①选择方式（编辑或自动方式）。

②按【程序】键。

③按地址 O。

④按↓键。编辑方式时，反复按 O，↓键，可逐个显示存入的程序。

（3）光标确认法。

①选择方式（编辑或自动方式）。

②按【程序】键，进入程序目录显示页面。

程序目录　　　　　　　　O0008 N0000

软件版本号：GSK-980TD　V05.10.20

零件程序数：最多384；　已存：　20

存储器容量：6144 KB；　已用：5310 KB

程序目录：

O0000 O0001 O0002 O0003 O0004 O0005

O0006 O0007 O0008 O0009 O0010 O0011

O0012 O0023 O0088 O0089 O1000 O0044

O0100 O0101

程序大小：32KB　　注释：CNC PROGRAM. 20051020

S 0000 T0100

录入方式

③按或键将光标移动到待选择的程序名上（光标移动的同时，“程序大小”“注释”内容也随之改变）。

④按

键。

4. 程序删除

（1）删除存储器中的程序。

①选择编辑方式。

②按【程序】键，显示程序画面。

③按地址 O。

④用键输入程序号。

⑤按 DEL 键，则对应键入程序号的存储器中程。

（2）删除存储器中的全部程序。

①选择编辑方式。

②按【程序】键，显示程序画面。

③按地址键 O。

④输入 -9999 并按 DEL 键。

5. 字的插入、修改、删除

（1）存入存储器中程序的内容，可以改变。

①把方式选择为编辑方式。

②按【程序】键，显示程序画面。

③选择要编辑的程序。

④检索要编辑的字。

⑤进行字的修改、插入、删除等编辑操作。

（2）字符的检索。

①扫描法：光标逐个字符扫描。

（a）按 编辑 键进入编辑操作方式，按 程序PRG 键选择程序内容显示页面。

（b）按键盘的←/→/↑/↓方向键可以移动程序光标位置，按一次方向键光标按相应方向移动一个字符。

（c）按 键，向上翻页，光标移至上一页第一行第一列；若向上翻页到程序内容首页，则光标移至第二行第一列。

（d）按 键，向下翻页，光标移至下一页第一行第一列；若已是程序内容最后一页，则光标移至程序最后一行的第一列。

②查找法：从光标当前位置开始，向上或向下查找指定的字符。

（a）按 编辑 键，选择编辑操作方式。

（b）按 程序PRG 键，显示程序内容页面。

（c）按 转换CHG 键，进入查找状态，并输入欲查找的字符，最多可以输入10位。

（d）按↑键或↓键（根据欲查找字符与当前光标所在字符的位置关系确定按键）。

（e）查找完毕，系统仍然处于查找状态，再次按↑键或↓键，可以查找下一位置的字符，也可按 转换CHG 键退出查找状态。

（f）如未查找到，则出现“检索失败”提示。

6. 回程序开头的方法

在编辑操作方式、程序显示页面中，按键 复位 键，光标回到程序开头。

7. 字符的插入

（1）选择编辑操作方式。

（2）按【插入/修改】键进入插入状态（光标为一下划线）。

（3）输入插入的内容。

8. 字符的删除

（1）选择编辑操作方式。

（2）按【取消 CAN】键删除光标处的前一字符；按【删除 DEL】键删除光标所在处的字符。

9. 字符的修改

（1）插入修改法：先删除要修改的字符再插入要修改的字符。

（2）直接修改法：

①选择编辑操作方式；

②按【插入/修改】键进入修改状态（光标为一矩形反显框）；

③输入修改后的字符。

10. 单程序段的删除

此功能仅适用于有程序段号且程序段号在行首或程序段号前只有空格的程序段。

（1）选择编辑操作方式。

（2）移动光标移至删除的程序段的行首（第 1 列），按【删除 DEL】键即可 。

注：如果该程序段没有程序段号，在该段行首输入 N，光标前移至 N 上，按【删除 DEL】键即可。

11. 程序的执行

（1）选择所需执行的程序。

（2）选择自动方式。

（3）按【运行】键，程序自动运行。

（三）自动方式

自动运行。

运转方式。

1. 存储器运转

（1）首先把程序存入存储器中。

（2）选择要运行的程序。

（3）把方式选择于自动方式的位置 （自动方式选择键）。

（4）按循环启动键 （自动循环启动）。

（5）按循环启动键后，开始执行程序。

2. MDI 运转

从 LCD/MDI 面板上输入一个程序段的指令，并可以执行该程序段。

例：X10.5 Z200.5

（1）把方式选择于 MDI 的位置 （录入方式）。

（2）按【程序】键。

（3）按【翻页】按钮后，选择在左上方显示有“程序段值”的画面。

```
程序                                 O2000 N0100
    （程序段值）                     （模态值）
       X                             F   200
       Z                      G01    M
       U                      G97    S
       W                             T
       R                      G69
       F                      G99
       M                      G21
       S
       T
       P
       Q                             SACT  0000
地址                                   S 0000 T0200
                                     录入方式
```

（4）键入 X10.5。

（5）按 IN 键，X10.5 输入后被显示出来；按 IN 键以前，发现输入错误可按 CAN 键，然后再次输入 X 和正确的数值；如果按 IN 键后发现错误，再次输入正确的数值。

（6）输入 Z200.5。

（7）按 IN，Z200.5 被输入并显示出来。

```
程序                                    O2000 N0100
      (程序段值)                       (模态值)
         X    10.500                    F    200
         Z   200.500             G01    M
         U                       G97    S
         W                              T
         R                       G69
         F                       G99
         M                       G21
         S
         T
         P
         Q                              SACT  0000
  地址
                                        S000 T0200
                                  录入方式
```

（8）按循环启动键；按循环启动键前，取消部分操作内容；为了要取消Z200.5，其方法如下：

①依次按Z、CAN、IN键。

②按循环启动按钮。

3. 自动运行的启动

（1）选择自动方式。

（2）选择程序。

（3）按操作面板上的循环启动按钮。

程序的运行是从光标的所在行开始的，所以在按下  键运行之前应先检查一下光标是否在需要运行的程序段上。

4. 自动运转的停止

使自动运转停止的方法有两种：一是用程序事先在要停止的地方输入停止命令；二是按操作面板上按钮使它停止。

（1）程序停（M00）。含有M00的程序段执行后，停止自动运转，与单程序段停止相同，模态信息全部被保存起来。启动系统，能再次开始自动运转。

（2）程序结束（M30）。

①表示主程序结束；

②停止自动运转，变成复位状态；

③返回到程序的起点。

（3）进给保持。在自动运转中，按操作面板上的进给保持键可以使自动运转暂时停止。按进给保持按钮后，机床呈下列状态：

①机床在移动时，进给减速停止。

②在执行暂停中，休止暂停。

③执行 M、S、T 的动作后，停止。

按自动循环启动键后，程序继续执行。

（4）复位。用 LCD/MDI 上的复位键，使自动运转结束，变成复位状态。在运动中如果进行复位，则机械减速后停止。

（5）按急停按钮。机床运行过程中在危险或紧急情况下按急停按钮（外部急停信号有效时），系统即进入急停状态，此时机床移动立即停止，所有的输出（如主轴的转动、冷却液等）全部关闭。松开急停按钮解除急停报警，系统进入复位状态。

（6）转换操作方式。在自动运行过程中转换为机械回零、手轮/单步、手动、程序回零方式时，当前程序段立即“暂停”；在自动运行过程中转换为编辑、录入方式时，在运行完当前的程序段后才显示“暂停”。

（四）试运转

1. 全轴机床锁住

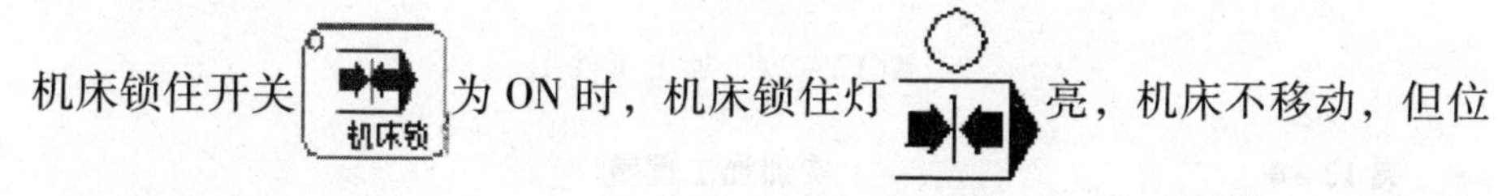

机床锁住开关为 ON 时，机床锁住灯亮，机床不移动，但位置坐标的显示和机床运动时一样，并且 M、S、T 都能执行。此功能用于程序校验。按一次此键，同带自锁的按钮，进行“开→关→开…”切换，当为“开”时，指示灯亮，关时指示灯灭。

2. 辅助功能锁住

如果机床操作面板上的辅助功能锁住开关置于 ON 位置，M、S、T 代码指令不执行，与机床锁住功能一起用于程序校验。

首次执行程序时，为防止编程错误出现意外，可选择单段运行。

自动操作方式下，单段程序开关打开的方法如下：

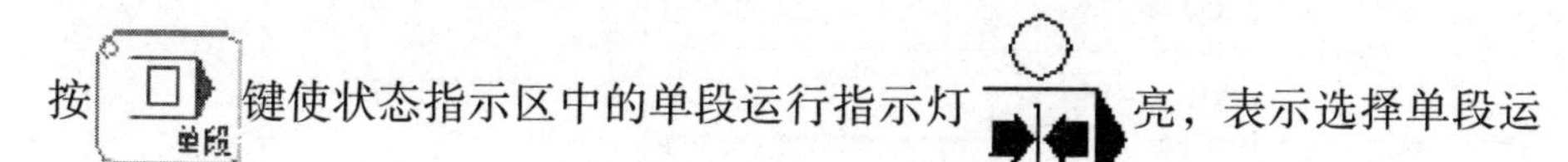

按键使状态指示区中的单段运行指示灯亮，表示选择单段运行功能；单段运行时，执行完当前程序段后，系统停止运行；继续执行下一个程序段时，需再次按键，如此反复直至程序运行完毕。

三、GSK 980TD 数控车床加工实训

编程如图 12－21 所示工件的程序，材料为 45 钢，毛坯尺寸为 $\phi25\times90$。程序编写如表 12－4 所示。

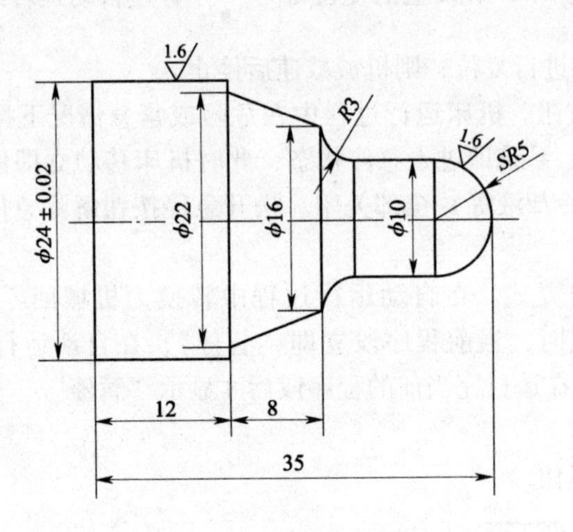

图 12－21　加工工件图

表 12－4　　实训加工程序

序号	程序内容	注解
	O0001	程序号
N10	G0 X100 Z100	加工原点
N20	T0101	粗车外圆刀
N30	M03 S1000	主轴 1000r/min 的速度正转
N40	G0 X25 Z2	快速定位到 X25 Z2 位置
N50	G90 X24.5 Z－38 F100	粗车外圆车削循环
N60	X22 Z－23	
N70	X18 Z－15	
N80	X14	
N90	X10.5	
N100	G0 X0 Z2	快速定位到 X0 Z2 位置
N110	G1 Z0 F100 S1500	精加工，主轴转速达到 1500r/min

续表

序号	程序内容	注解
N120	G3 X10 Z－5 R5	精加工
N130	G1 Z－15	
N140	G2 X16 Z－18 R3	
N150	G1 X22 Z－23	
N160	X24	
N170	Z－38	
N180	G0 X100	刀具退回加工参考点
N190	Z100	
N200	T0303	换切槽刀
N210	M03 S600	主轴转速为600r/min
N220	G0 X25 Z－38	定位到X25 Z－38
N230	G94 X0 F20	切断工件
N240	G0 X100Z100	刀具退回加工原点
N250	M05	停止主轴转动
N260	T0100	清除基准刀的刀偏
N270	M30	程序结束

第四节　实习安全操作规程

（1）工作前按规定润滑机床，检查各手柄是否到位，并开慢车试运转5min，确认一切正常方能操作。

（2）卡盘夹头要上牢，开机时扳手不能留在卡盘或夹头上。

（3）工件和刀具装夹要牢固，刀杆不应伸出过长（镗孔除外）。

（4）高速切削时，应使用断屑器和挡护屏。

（5）清除铁屑，应用刷子或专用钩。

（6）一切在用工、量、刀具应放于附近的安全位置，做到整齐有序。

（7）车床未停稳，禁止在车头上取工件或测量工件。

（8）车床工作时，禁止打开或卸下防护装置。

（9）临近下班，应清扫和擦试车床，并将机床电源关闭。

思考与练习

1. 数控车床的主要特点是什么？

2. 机床坐标系与机床原点分别指的是什么？

3. 对下列零件先进行编程，后加工。

（1）阶梯轴。材料为45号钢，毛坯尺寸为 $\phi45\times90$。要求采用两把左偏刀分别进行粗、精车加工。

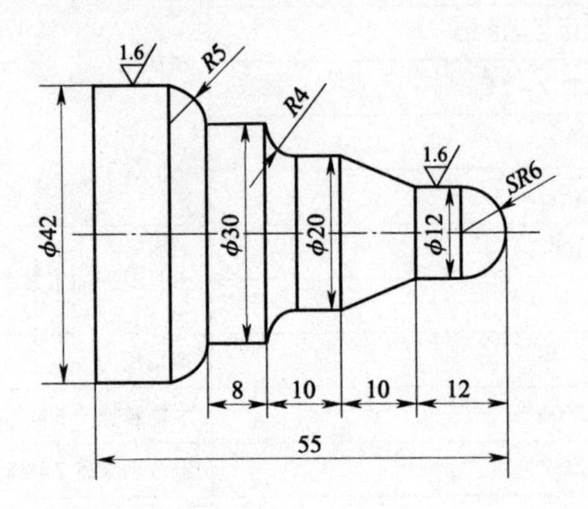

（2）葫芦。材料尺寸为 $\phi20\times90$，45号钢。

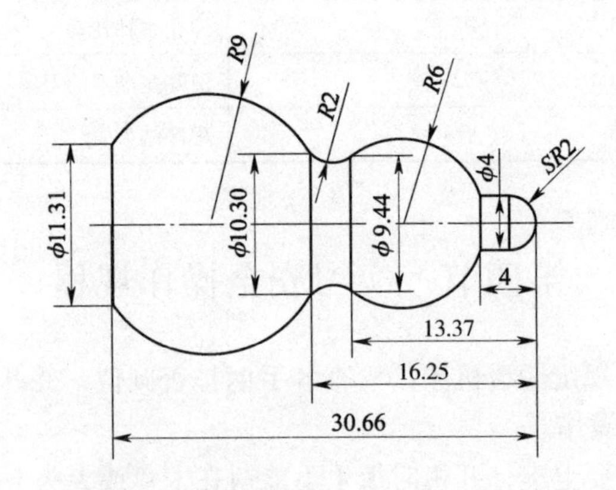

第十三章　数控铣削加工及自动编程

第一节　概　　述

PPT 课件

数控铣削加工是数控加工中最为常见的加工方法之一，广泛应用于机械设备制造、汽车、航空航天、模具加工等领域。数控铣床是一种应用很广的数控机床，按其主轴位置可分为数控立式铣床、数控卧式铣床和数控龙门铣床等。

数控铣床主要由机床本体、数控系统、电气控制系统、伺服系统等组成。如图 13－1 所示为立式数控铣床的布局图，床身用于安装和支承机床各部件，控制装置有显示器、操作按钮及指示灯等，工作台和升降台通过伺服电机的驱动，完成各运动轴的进给。

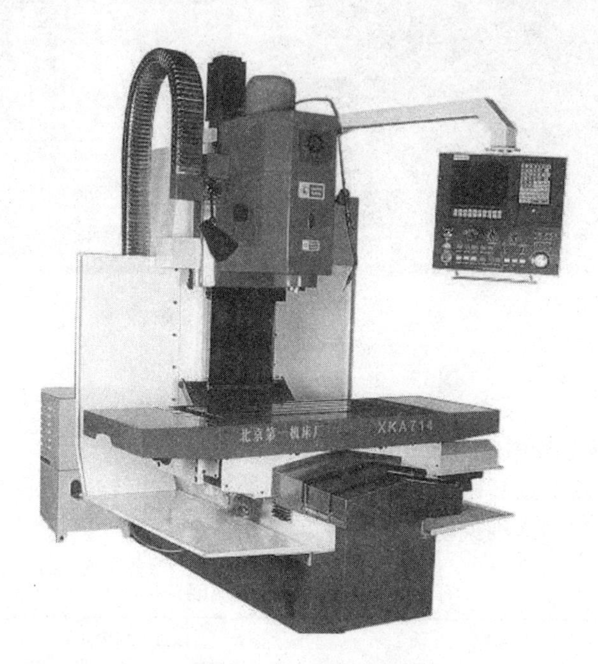

图 13－1　立式数控铣床布局

数控铣床可对零件进行平面轮廓铣削、空间曲面轮廓铣削加工，还可以进行钻、扩、绞、镗孔及螺纹加工等。主要加工对象有：

（1）平面轮廓零件。各种盖板、凸轮等。

（2）空间曲面零件。各类模具中常见的各种曲面，一般需要采用三轴坐标联动或多轴坐标联动进行加工，例如鼠标模具中的曲面等。

第二节　FANUC 0i Mate－MC 数控铣床操作实训

一、FANUC 0i Mate－MC 数控系统控制面板简介

FANUC 系统控制面板的形式虽有不同，但其各开关、按键的功能及操作方法大同小异。FANUC 0i Mate－MC 数控系统控制面板（图 13－2）简称 CRT/MDI 面板，主要由显示屏、键盘等组成。操作面板左侧是 CRT 显示屏，显示各种参数、数据等；分布在显示屏下方的七个按钮称为软键，功能是切换不同的显示界面。操作面板的右侧是 MDI 键盘，其布局如图 13－2 所示。

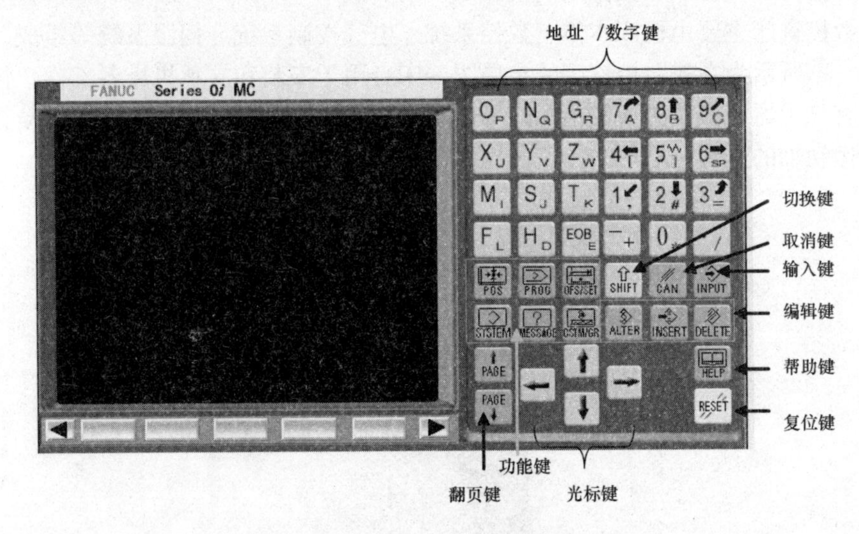

图 13－2　CRT/MDI 操作面板

1. MDI 键盘上常用按钮的功能说明

MDI 键盘上的键按其用途不同可分为功能键、数据输入键、程序编程键等。MDI 键盘常用按钮的详细说明见表 13－1。

表 13－1　MDI 键盘常用按键说明

序号	中英文标识	按键	功能说明
1	EOB 换行键	EOB E	用于一段程序结束时，前一段程序与后一段程序之间的分隔符号
2	POS 位置键	POS	用于显示位置界面。在屏幕（CRT）上显示刀具现在位置

续表

序号	中英文标识	按键	功能说明
3	PROG 程序键	PROG	用于显示程序界面。在编辑和显示在内在中的程序，可进行程序的编辑、修改等；在 MDI 方式，可输入和显示 MDI 数据，执行 MDI 输入的程序；在自动方式可显示运行的程序和指令值
4	OFS/SET 刀偏/设置键	OFS/SET	用于显示刀偏/设置（SETTING）界面。刀具偏置量设置和宏程序变量的设置与显示；工件坐标系设定页面；刀具磨损补偿值设定页面等
5	CAN 取消键	CAN	删除已输入到缓冲器的最后一个字符或符号。例如，当键入 S500M3 时，按下 键，则数字 3 被取消，并显示为 S500M
6	MESSAGE 信息键	MESSAGE	用于显示信息界面。按此键显示报警等信息
7	INSERT 插入键	INSERT	编辑程序时，在程序光标指示位置插入字符
8	RSET 复位键	RESET	按此键可使 CNC 复位，用以消除报警等
9	PAGE 翻页键	PAGE PAGE	PAGE 这个键是用于在屏幕上显示当前屏幕界面的上一页界面 PAGE 这个键是用于在屏幕上显示当前屏幕界面的下一页界面
10	CUROR 光标移动键		按下此键时，光标按所按键箭头所示方向移动

2. 屏幕软键

在显示屏的下方，有一排按键，分别对应显示屏上显示的一个功能，被称为“屏幕软键”。按一下这些软键，显示屏上相应的功能便会显示出来。每一个功能又有一系列的下级功能屏幕软键，我们形象地把上一级屏幕软键称为“章”，下一级称为“节”。可由菜单返回键和菜单继续键进行切换，如图 13－3 所示。

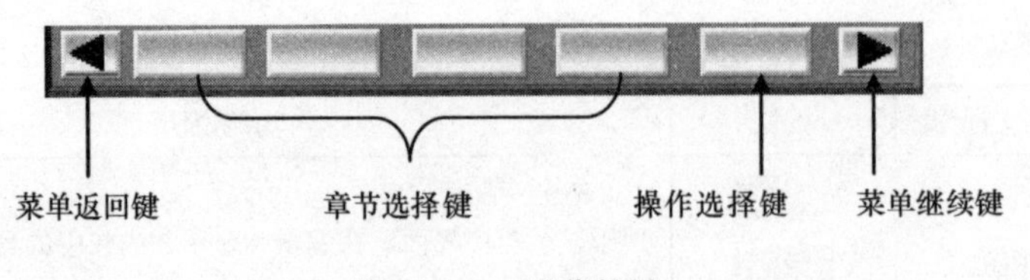

图 13－3　屏幕软键

二、FANUC 0i Mate－MC 数控铣床基本操作

1. 机床操作面板

机床的类型不同，其操作面板上的开关功能及排列顺序也有所差异，在实际操作时应以机床制造厂提供的说明书为准。本节以大连机床厂生产的 XD－30A 型号并配置了 FANUC 0i Mate－MC 系统的数控为例；操作面板如图 13－4 所示。

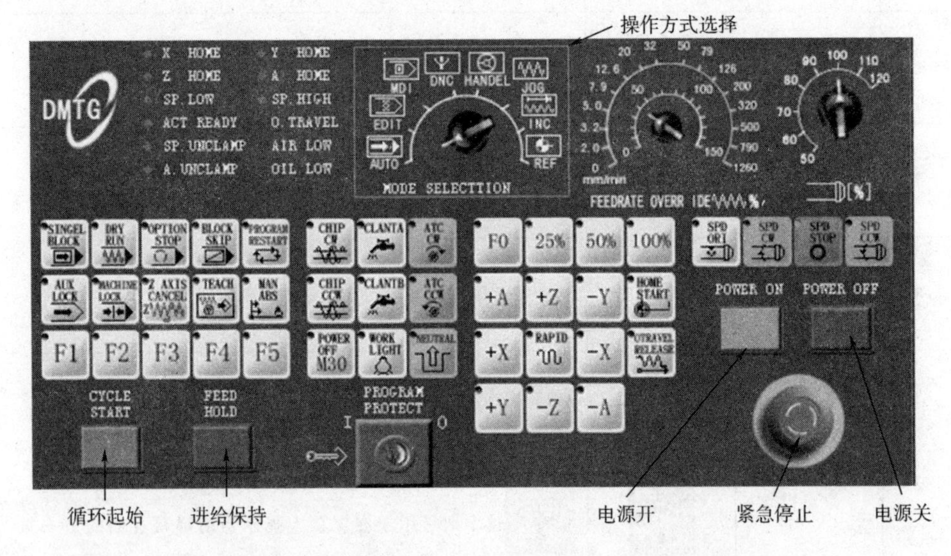

图 13－4　FANUC 0i Mate－MC 数控铣床的机床操作面板

2. 操作面板常用功能键简介

（1）紧急停止按钮（EMERGENCY BUTTON）。机床在运转中如遇到有危险的情况，立即按下此按钮，机械将立即停止所有的动作，欲解除时，按箭头所指方向旋转，即可恢复待机状态。

（2）循环起始与进给保持按钮（CYCLE START & FEED HOLD BUTTON）。【循环起始】按钮开关在自动运转和 MDI 方式下使用，开关 ON 后可进行程序的自动运行；用【暂停】按钮开关可使其暂停。

（3）操作方式选择旋钮开关。

1）REF：机床参考点返回方式，可进行各坐标轴的参考点返回。

2）INC：增量进给方式，可按设定的参数值进行位移。

3）JOG：手动进给方式，此方式下按下各运动轴的轴选择按钮，选定的轴将以JOG方式进给的速度移动，如同时再按下快速按钮，则速度叠加。

4）HANDEL：手轮方式，此方式下手摇脉冲发生器生效。

5）DNC：在线加工方式，可通过计算机控制机床进行零件加工。

6）MDI：手动数据输入方式，可在MDI页面进行简单操作、修改参数等。

7）EDIT：编辑方式，可进行零件加工程序的编辑，修改等。

8）AUTO：自动方式，可自动执行存储在NC里的加工程序。

3. 基本操作

说明：

（1）由于各型号数控机床的结构及数控系统有所差异，具体的实际操作应根据数控铣床的制造厂家提供的说明书进行操作。下方的基本操作只是作为示例。

（2）在本书中，操作过程中选择的机床操作功能键用【…】表示，选择屏幕软键用［…］表示。

（3）开机。

①检查设备是否正常。

②接通机床电气控制柜上的机床电源开关。

③按下机床操作面板上的电源开关【POWER ON】按钮；稍等片刻，显示屏会显示用户界面，若此时【急停】按钮是按下，显示屏会出现报警信号，同时机床上方的警示灯也会有红色灯闪烁；按照【急停】按钮上箭头指示的方向旋转便可松开【急停】按钮，稍等几秒钟，报警便会取消，机床开机完毕。

（4）手动返回机床零点（参考点）。机床零点（参考点）是数控机床上的一个基准位置，是机床坐标系的原点，通常设在各坐标轴最大极限位置。机床在断电之后，原来的位置没有记忆（有绝对编码器的系统能记忆），所以刚通电后位置数据是随机的，必须返回机床零点（参考点）就可以建立机床坐标系。

通常将数控铣床的参考点设在各坐标轴最大极限位置。手动返回参考点的操作步骤如下：

①将【方式选择】旋钮开关置于“回零”【REF】方式。

②再分别按下 +X（或 -X）、+Y、+Z 三个【手动进给轴选择】按钮开关，回零指示灯闪烁，按下原点复归开关【HOME START】按钮确认一下，机床开始执行“回零”操作。当回到机床零点时，回零指示灯亮，各轴不再运动。

注：回零过程中，不要进行其他操作。当回到机床零点之后，机床的坐标系的值都为0。

（5）MDI（手动输入）方式加工的操作。在 MDI 方式下，操作者可在 MDI 页面进行简单操作、修改参数，编制一段简单零件程序并被执行等操作。程序格式与普通程序一样。例如设定主轴转速操作。

例如，设定主轴500r/min 顺时针旋转的操作步骤如下：

①将【方式选择】旋钮开关置于【MDI】方式。

②点击“程序”【PROG】按钮，在 MDI 界面下编辑“S500M3”及“EOB”换行键，再点击“插入”【INSERT】按钮，完成程序录入。

③检查所录入的程序代码无误后，按下【循环启动】按钮即可启动主轴。

（6）工件坐标系设定。加工所需的工件坐标系应与编程时所设定的坐标系相同，下面举例工件坐系放置在工件中心及最高表面位置上的操作方法。

①先装夹好加工时所需的工件（毛坯）及刀具。

②通过 MDI 方式设置适当的主轴转速（一般对刀时主轴转速选择在 300 ~ 500r/min）。

③进行 X 轴找正时，用手轮方式先将刀具大概移动到工件 Y 轴的中间位置，使刀具缓慢靠近工件，如图 13 - 5 所示，当有少量铁屑出现时，在“位置”【POS】，相对坐标的界面下选择 X 轴，点击［归零］先把 X 轴的值清零，将 Z 轴抬高到安全位置，用同样的方法进行工件另一边的找正，找正后，此时相对坐标界面上 X 轴会有数值（a）显示，将 Z 轴抬高到安全位置，采用手轮将 X 轴移到该值一半（a/2）的位置，那么当前这个位置就是 X 轴的中心。X 轴找正后进行 Y 轴找正，方法与 X 轴相同。Z 轴以刀具刀尖刚碰到工件最高处来确定 Z 轴的位置，即为 Z 轴的零点。在实际生产中，常使用刀具、百分表及寻边器等工具进行对刀。

④当刀具按上述方法把工件的坐标系找到之后，把当前刀具的位置储存到机床的默认的工件坐标系（G54）处，方法如下：

先点击“偏置”【OFS/SET】按钮，再点击［工件］，把光标移动到 G54 处，输入 X0，点击【测量】即测出刀具当前的位置与机床零点的距离并存储，其他两个轴的方法与 X 轴相同。当所有轴的位置存储好之后，可以查看存储后 G54 的值与“位置”【POS】，［总和］的界面下机床坐标系的值是否相同，相同即代表存储正确。

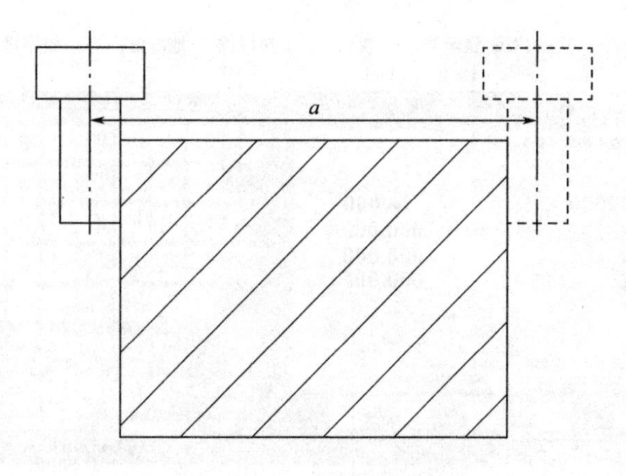

图 13－5　工件坐标系设定

4. 自动方式加工操作

对于一些简单的零件，由于程序较短，可预先将程序存储在数控系统的存储器内，然后在自动方式下执行程序完成对零件的加工。

自动方式加工操作步骤如下：

①将【方式选择】旋钮开关置于“自动”【AUTO】方式。

②按下“程序”【PROG】按钮，录入地址（字母）键 O，输入所要加工的程序号，再按下［O 搜索］按键或者光标键上下键都可调出加工程序。

③调整好机床各种加工参数之后按下【循环启动】按钮，开始执行程序。

程序执行过程中的暂停：按下【进给保持】按键，此时“循环启动”灯熄灭，而“进给保持”灯亮，各轴停止运动。再次按下【循环启动】按钮，程序继续执行，各运动轴按程序运动。

终止程序执行：按下“复位”【RESET】按钮，程序停止执行，系统进入复位状态。

5. 关机

工件加工完毕后，先使数控铣床的各移动部件及主轴停止下来，卸下工件，清理机床，然后关机。通常按下列步骤进行：

①按下【急停】按钮；先使数控铣床的各移动部件及主轴停止下来。

②再关闭机床操作面板上的电源开关【POWER ON】按钮。

③大约 5s 后，再关闭机床电气控制柜上的电源开关。

第三节　GSK 983M 数控铣床操作实训

一、GSK 983M 数控系统控制面板

GSK 983M 数控系统控制面板如图 13－6 所示。

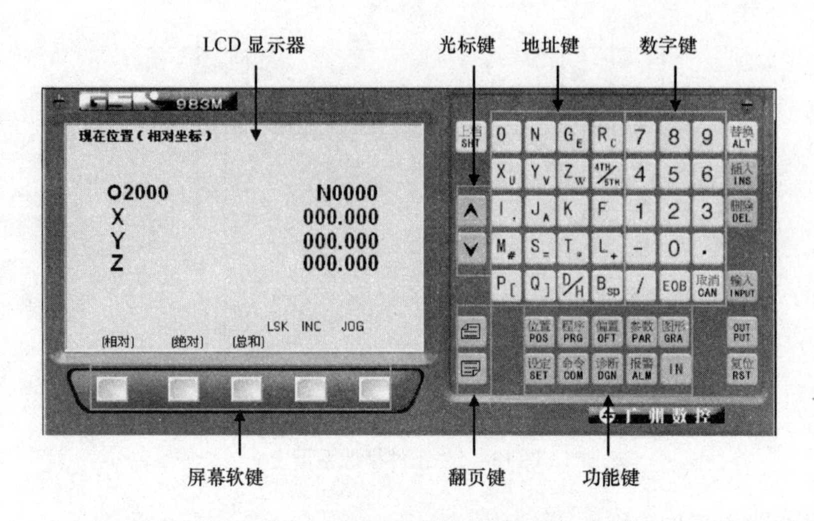

图 13－6　GSK 983M 数控系统控制面板

二、GSK 983M 数控铣床基本操作

机床的操作面板如图 13－7 所示。

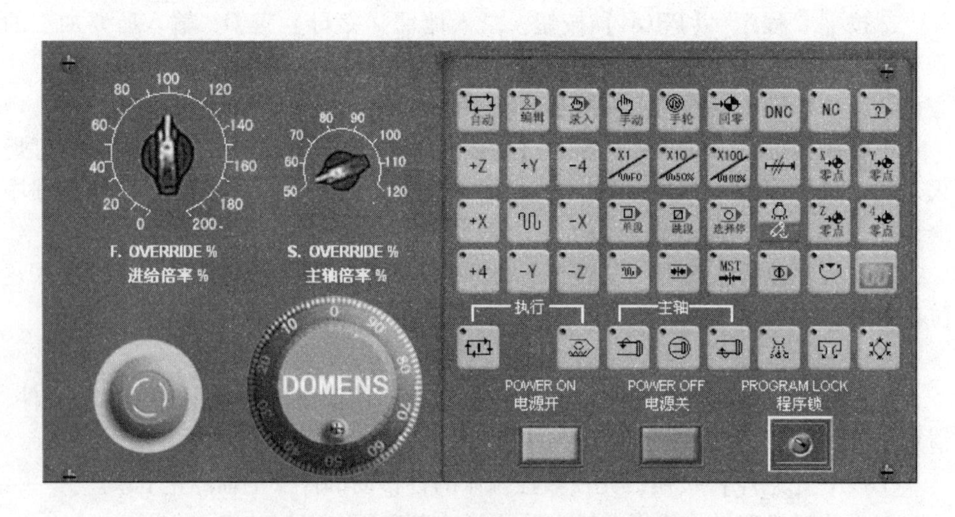

图 13－7　GSK 983M 数控铣床的操作面板

（1）数控铣床通电及断电操作。GSK 983M 数控铣床的通电及断电操作可参考上一节 FANUC 系统的数控铣床的操作方法。

（2）手动返回机床零点（参考点）。

①进行手动返回机械零点操作之前，先用手动方式把各轴向回零的反方向移开，远离限位开关，如果太过于靠近限位开关，回零过程中则会出现报警象限（报警内容显示为 091 程序）。

②机床回零操作方法：先选择“回零”按钮（此时回零按钮亮），然后分别按“+Z”“+Y”和“-X”三个轴方向键按钮，对三个轴进行回零操作。

③回到零点时的特征：A：面板上X、Y、Z零点按钮灯亮；B：机床坐标三个轴的值都为零（查看方法：按【位置】键→［总和］即可查看到机床坐标）。

（3）主轴转速的设定。机床在开机之后，如果未设定主轴转速，通过手动方式操作主轴点动开关主轴是不会转动的；或者想变换机床主轴的速度，可以通过录入方式来设定主轴的速度，操作方法如下：

①选择【录入】方式；

②按【命令】键。

注：如果此时操作界面左上角是显示为“当前程序段命令”的界面，可以通过【向下翻页】键切换到操作界面左上角会显示为“下一程序段（命令数据输入）”；在此界面下录入“M3或M03”→按【输入】键→录入“S（一般对刀时主轴转速选择在300~500转/分钟）”→按【输入】键。

③设定好主轴转速及方向后，按【循环启动】按钮，便可启动主轴，之后手动方式操作主轴点动开关主轴都可以按设定的速度转动。

（4）工件坐标系设定。加工所需的工件坐标系应与编程时所设定的坐标系相同，下面举例工件坐标系放置在工件中心及最高表面位置上的对刀操作方法。

①先装夹好加工所需的工件（毛坯）及刀具。

②设置适当的主轴转速。

③进行X、Y、Z轴的找正，方法如同本章《第二节 FANUC 0i Mate - MC数控铣床基本操作》中工件坐标系设定的操作方法。

④当刀具按上述方法把工件的坐标系找到之后，把当前刀具的位置储存到机床的默认的工件坐标系（G54）处，方法如下：

先点击【偏置】按钮，再点击［工件］，把光标移动到G54处对应的工件坐标系上，（0代表工件坐标系为整体偏移，1代表G54坐标系，2代表G55坐标系，依次类推到G59），将机床坐标上的值（查找机床坐标值的方法：按【位置】键→再按［总和］即可找到）抄到G54坐标系上。当所有轴的位置存储好之后，可以查看存储后G54的值与“位置”【POS】，［总和］的界面下机床坐标系的值是否相同，相同即代表存储正确。此时按下“复位”键，“位置”界面下的绝对坐标的三个轴的坐标值显示为0。

（5）自动方式加工操作。对于一些简单的零件，由于程序较短，可预先将程序存储在数控系统的存储器内，然后在自动方式下执行程序完成对零件的加工。

自动方式加工操作步骤如下：

①先选择【自动】方式。

②按下【程序】按钮，录入地址（字母）键O，输入所要加工的程序号（例如O1111），再按下光标键向下键都可调出加工程序。

③调整好机床各种加工参数之后按下【循环启动】按钮，开始执行程序。

程序执行过程中的暂停：按下【进给保持】按键，此时“循环启动”灯熄灭，而“进给保持”灯亮，各轴停止运动。再次按下【循环启动】按钮，程序继续执行，各运动轴按程序运动。

终止程序执行：按下“复位”【RESET】按钮，程序停止执行，系统进入复位状态。

第四节　数控编程实例

PowerMILL 软件是以 CAM（计算机辅助制造）功能为主的软件，能够实现数控加工刀具路径的编辑、模拟仿真以及程序后处理。软件可以进行 CAD（计算机辅助设计）模型导入、建立工件坐标、设置刀具、建立毛坯、选择加工策略、模拟仿真和后处理等操作，能快速完成刀具路径的编辑，并生成加工程序，实现数控加工的自动化编程加工。

一、PowerMILL 编程操作步骤

1. 进行加工前的准备

打开 PowerMILL 软件，导入模型，点击视图查看工具栏，把模型由线框显示切换成阴影显示，查看模型属性，生成正确的工件坐标系，设置刀具类型和大小，建立毛坯大小，设置加工安全高度。

2. 选择加工策略

PowerMILL 软件提供了许多智能快捷的加工策略，例如等高精加工、三维偏置精加工、最佳等高精加工、参考线精加工、平行平坦面精加工等。这里主要介绍几个常用且有代表性的加工策略。

粗加工最常用的方式是三维偏置区域清除模型加工，该加工策略加工路径效果较好，在对话框输入常用参数，如程序名称、公差、选择刀具、下切深度等参数。

二次粗加工是根据已加工步骤所残留下来不均匀的余量再次加工的策略，如果加工初始阶段选择刀具直径较大时，剩余残留不均匀的情况就要使用较小刀具进行二次粗加工。

精加工方式 PowerMILL 软件提供了许多常用的加工策略，有平行平坦面精加工、等高精加工、平行精加工等策略，根据模型的不同特征选择适合的精加工方法，如果平坦区域较多则选择平行平坦面精加工，模型特征高度落差较大则采用等高精加工，不规则曲面较常采用平行精加工策略。

3. 仿真模拟加工

PowerMILL 软件自带强大的仿真模拟功能，编程者可以选择不同的渲染场景来观察程序的加工效果，主要作用是检查编制的走刀线路是否发生碰撞或者过

切，如果出现碰撞或者过切都会用不同颜色标示出来。

4. 程序代码后处理

加工刀路编制完，经过仿真模拟加工没有问题，再进行程序代码的后处理，PowerMILL 软件提供许多对应于不同厂家机床的后处理文档，编程人员可以根据机床的不同系统选择相应的后处理文件来生产代码。

二、PowerMILL 应用实训

以图 13 - 11 所示零件加工为例，详细介绍 PowerMILL 软件的自动编程方法。

1. 输入模型

在文件下拉菜单栏里选择输入模型，把需要加工的几何模型数据导入 PowerMILL 软件中，再选择已建好的零件模型的存放路径，打开就可载入软件显示区，如图 13 - 8 所示。

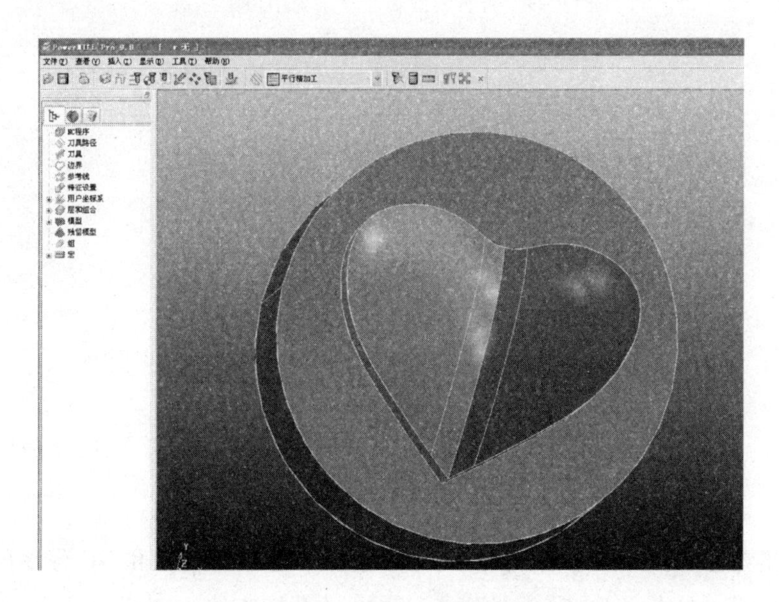

图 13 - 8　输入模型

2. 建立坐标系

（1）坐标系需要 X、Y 放置在工件的正中心，Z 轴在工件的最高表面，且垂直于工件才可以，以便在机床上找正。

（2）坐标系是否在中心（所要的原点位置）可以通过右击模型，查看下拉菜单栏的属性得到，如图 13 - 9 所示。

（3）可以通过右击坐标系—下拉菜单栏中的—编辑用户坐标系—进行编辑（移动、旋转），如图 13 - 9 及图 13 - 10 所示。如把坐标系放在工件的最高点，需要往上移动 3.55716，给数值后，点 Z 轴，即可。

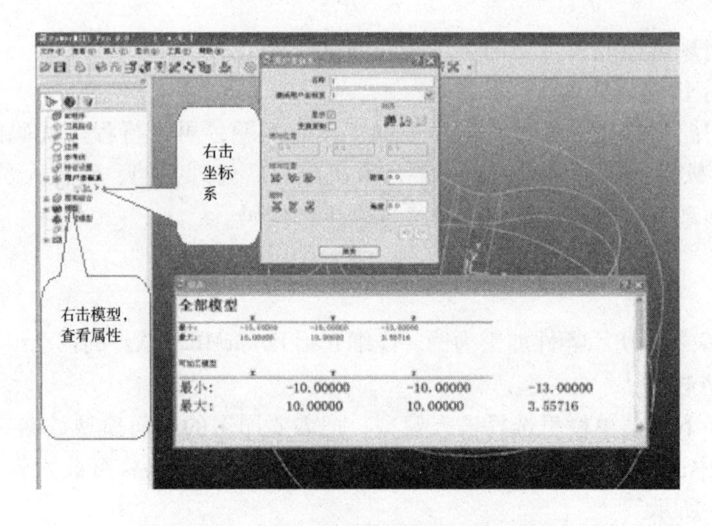

图 13－9　查看模型属性及编辑用户坐标系

图 13－10　设置 Z 轴坐标

①建立毛坯。如图 13－11 所示，毛坯是产生刀具路径和 NC 程序的前提。在主工具栏中单击（毛坯）图标，弹出（毛坯表格）对话框，在（由……定义）下拉列表中选择（方框）选项，在（估算限界）中，公差为 0.01mm，类型为模型，拓展为 0，勾选（显示）框，点击（计算），然后在（限界）中把（最大 Z）设置为 0，按回车，把［透明度］按钮拉到最左边，建立毛坯设置。

②刀具创建。首先分析模型，确定所要的刀具类型，再根据模型选择刀具规格大小。右击浏览器中的［刀具］选项，在弹出菜单中选择［产生刀具］命令，选择［端铣刀］命令。弹出［端铣刀刀具表格］对话框，设置刀具名称、直径和刀具编号等参数，单击［关闭］。其中在图形区域中以黄色线框显示出现的刀具则表示当前激活的刀具，白色线框表示未激活的刀具。如果要控制刀具的显示

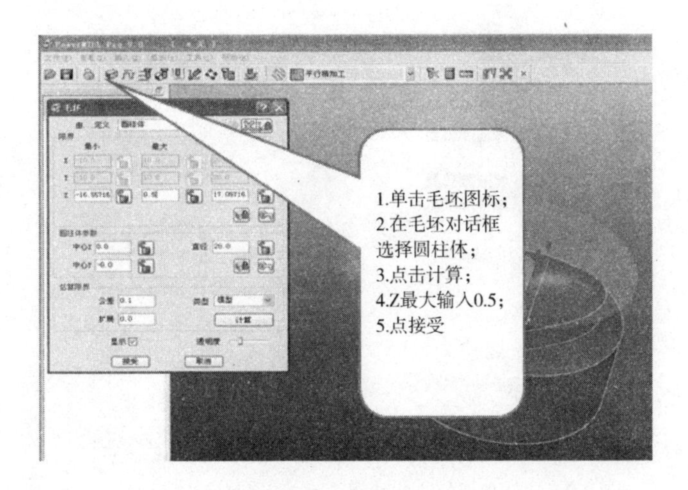

图 13－11　建立毛坯

状态可以点击该刀具前面的图标。一般情况下端铣刀用于加工平面、轮廓、挖槽等，球形铣刀主要用于精修曲面。按图 13－12 所示产生端铣刀 D6，球头刀 R3 各一把。

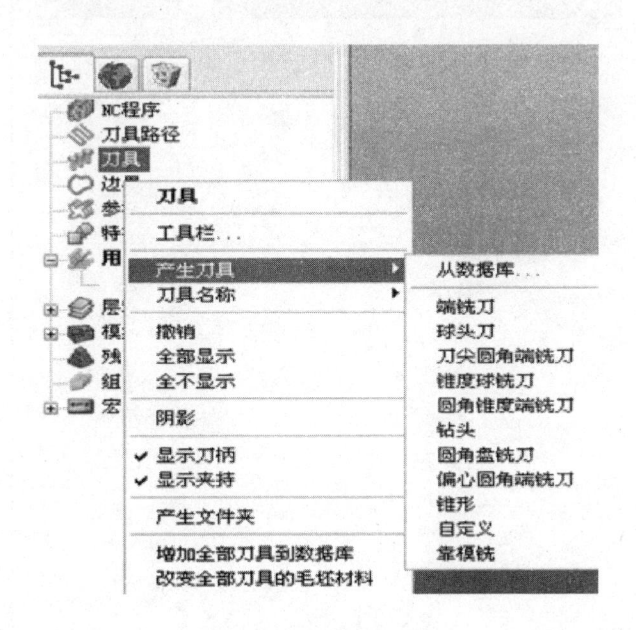

图 13－12　产生刀具

③刀具路径策略运用。单击策略图标，选择粗加工策略“偏置区域清除策略”。

PowerMILL 策略方式非常丰富，根据需要选择相对应的策略，粗加工 95% 的情况下是选择“三维区域清除中的偏置区域清除策略”，如图 13－13 所示。

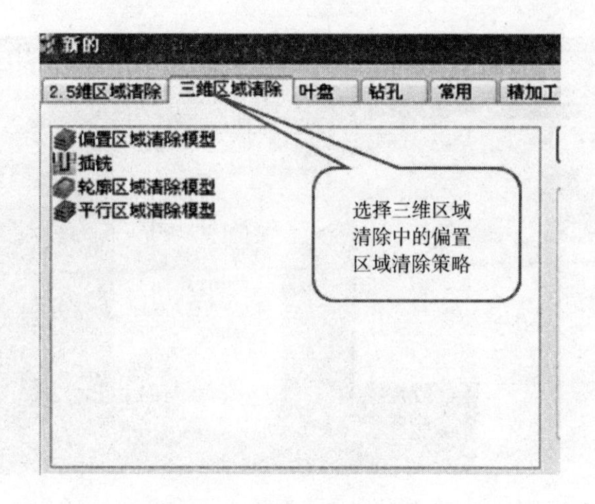

图 13－13　选择粗加工策略

在弹出的参数设置对话表中，按工艺要求设置好相关参数，点应用计算好刀具路径，如图 13－14 所示。

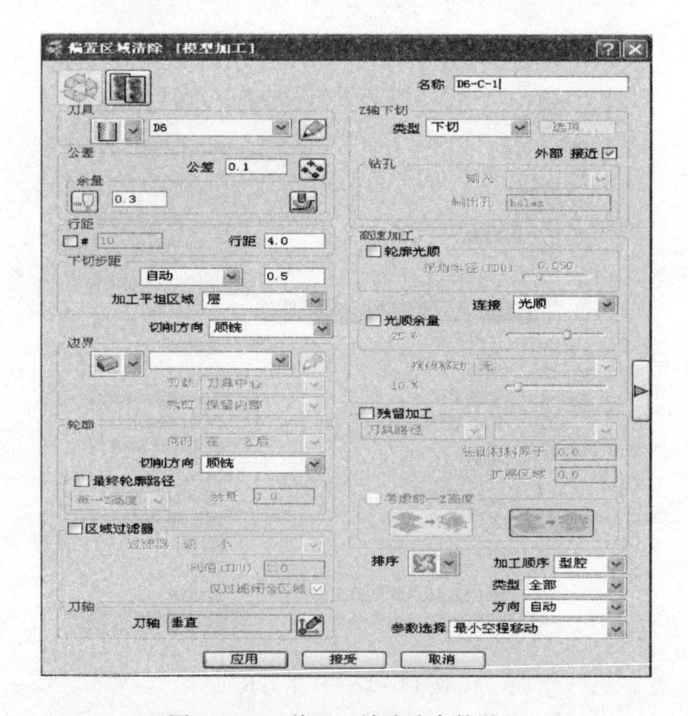

图 13－14　偏置区域清除参数设置

3. 平面、侧面轮廓精加工

（1）选择“平行平坦面精加工策略”，如图 13－15 所示。

（2）设置相关参数，点应用计算刀具路径轨迹，如图 13－16 所示。

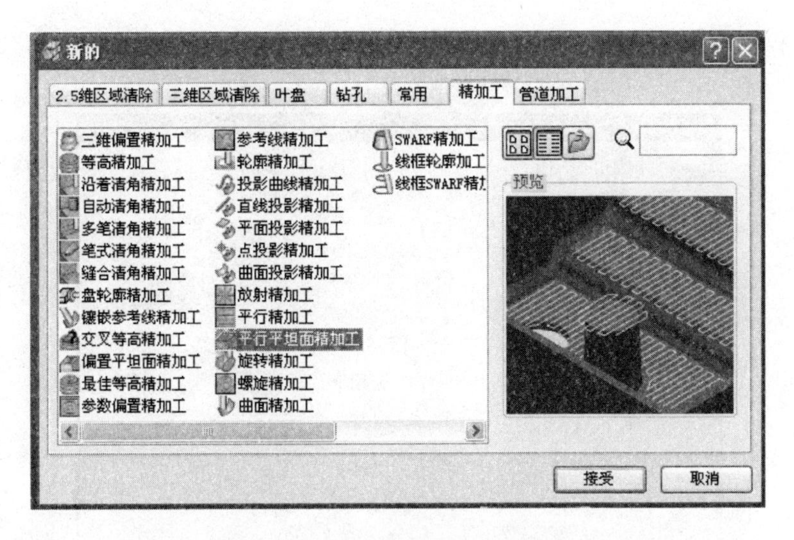

图 13－15　选择精加工策略

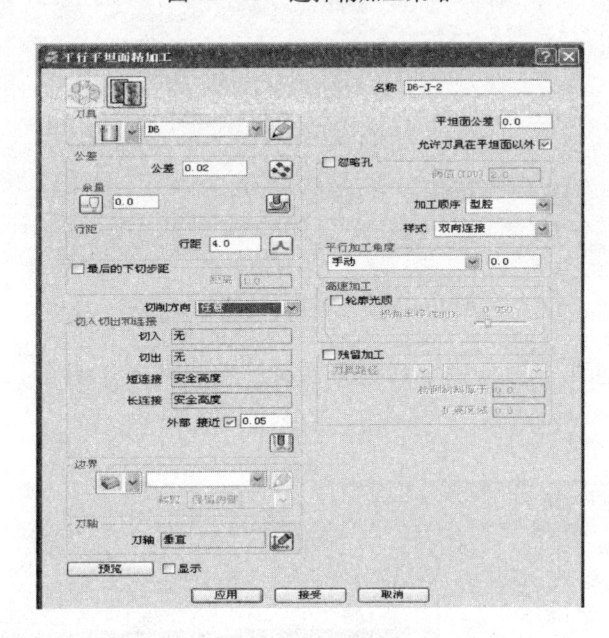

图 13－16　平行平坦面精加工参数设置

4. 精加工曲面

（1）选择“平行精加工策略”，如图 13－17 所示。

图 13－17　精加工曲面策略

（2）设置相关参数，点应用计算刀具路径轨迹，如图 13－18 所示。

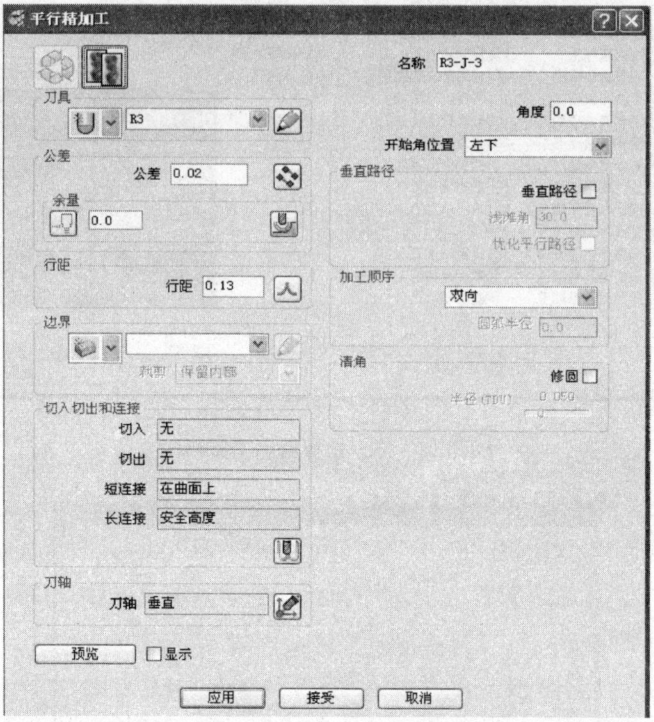

图 13－18　平行精加工参数设置

（3）模拟仿真（工具栏空白地方右键，选择两条工具条），如图 13－19 所示。

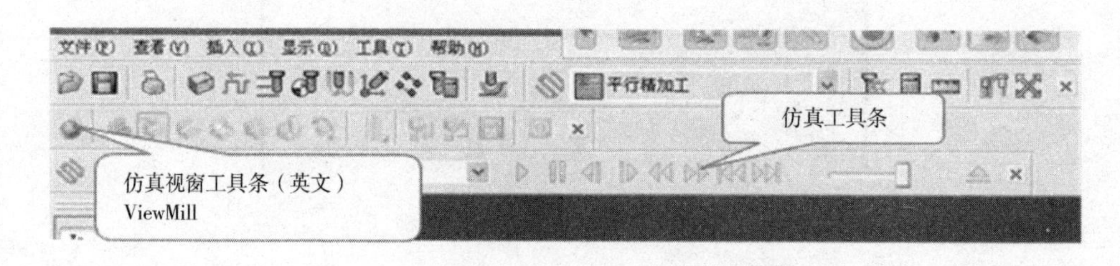

图 13－19　仿真视窗工具条及仿真工具条

5. 装载刀具路径

开启效果模式，得到仿真结果图，如图 13－20 所示。

6. 后置处理

NC 程序的生成，如图 13－21 所示；程序的编辑修改，如图 13－22 所示。

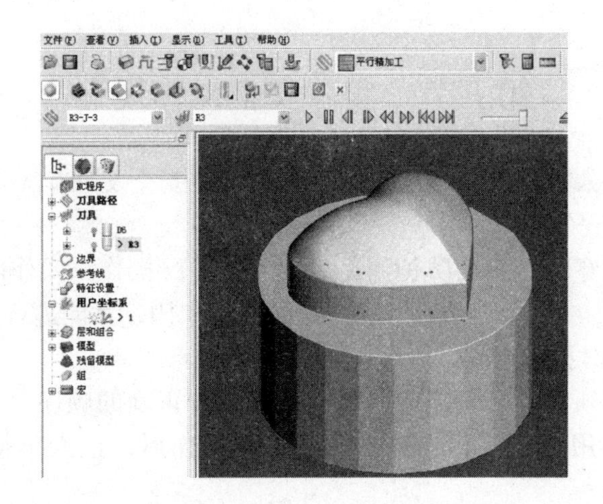

图 13－20　仿真结果图

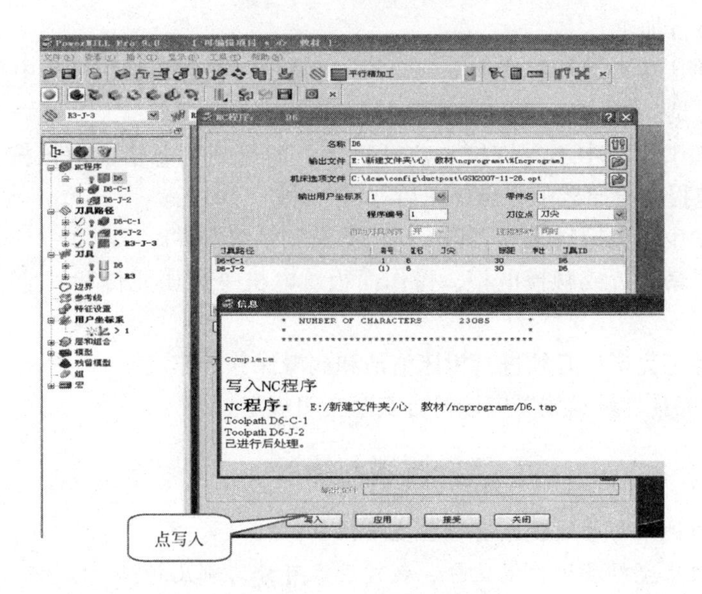

图 13－21　NC 程序的生成

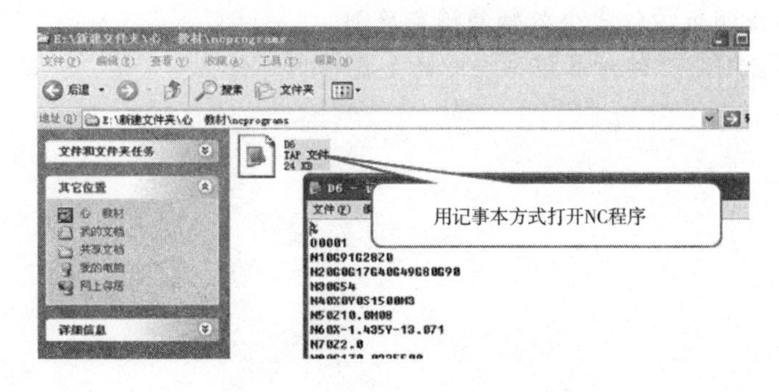

图 13－22　NC 程序的编辑修改

第五节　实习安全操作规程

（1）学生进入数控铣床车间实习，必须经过安全文明生产和安全教育以及机床安全操作规程的学习。

（2）按规定穿戴好劳动防护用品后，才能进行操作，操作前必须认真检查数控铣床的状况，夹具、刀具及工件等必须夹持牢固，才能进行操作及加工。如有异常情况应及时报告老师，以防止造成事故。

（3）学生必须在老师指定的机床上操作，按正确的顺序开、关机，文明操作，不得随意使用他人的机床，当一个人在操作时，他人不得干扰以防造成事故。

（4）零件加工程序必须进过模拟加工后，经指导教师检查确认无误，并同意后方可进行加工。

（5）机床正常运行时禁止按“急停”“复位”按钮，加工过程中严禁用手触摸工件及刀具。

（6）加工过程中不允许擅自离开机床，如遇到紧急情况应该按下“急停”按键，迅速报告指导老师，经修正后方可继续进行加工。

（7）学生不得擅自修改、删除机床参数和系统文件。

（8）严禁接近或触摸电柜、操作面板、电机等高压元件和其他一些非常危险的部件。

（9）加工完毕后必须进行机床清洁和润滑保养工作。

（10）工具、量具放置应该符合安全文明规定。

思考与练习

1. 数控铣床与普通铣床有哪些主要区别？
2. 按机床主轴放置位置区分，数控铣床可分为哪几种？
3. 数控铣床主要由哪几部分组成？
4. 简要说明数控机床坐标轴的确定原则。
5. PowerMILL 软件仿真模拟功能的主要作用是什么？

第十四章 加 工 中 心

PPT 课件

第一节 概 述

计算机技术的迅猛发展使传统制造业发生了根本变革，也对制造模式提出了全新的要求。在现代制造技术体系中，数控技术占据了重要地位，它集计算机、微电子、自动检测、智能控制、信息处理等高新技术于一体。对制造业实现柔性自动化、智能化、集成化起着举足轻重的作用。

加工中心是数控机床中功能较全面、加工精度较高效的工艺设备。同时把铣削、镗削、钻削、螺纹加工等功能集中在一台设备上，可以一次装夹完成多个加工要素的要求。加工中心刀库可容纳几十把甚至上百把刀具，在加工过程中能实现刀具的自动更换和加工要素的自动测量。由于加工中心装有一定容量的刀库和自动换刀系统，因而大大减少了工件装夹所需时间，以及工件测量和机床调整等辅助工序时间，生产效率要比普通机床高出好几倍。加工中心还具有多轴控制的能力，能完成型面复杂的三维加工，具有刀具、丝杠间隙、螺距误差等自动补偿，对加工精度要求较高，形状较复杂、品种更换频繁的零件具有良好的经济效益。也有故障诊断、过载保护等功能。

一、加工中心的分类

根据加工中心的用途和功能，可分为以下几种形式。

1. 按加工方式分类

（1）车削加工中心。以车削为主，主体是数控车床，机床上配备自动换刀机械手或转塔式刀库。部分高性能车削中心还配置有铣削动力头。

（2）镗铣加工中心。是机械加工行业应用最多的一类数控设备，有立式和卧式以及龙门式等几种。其工艺范围主要是铣削、镗削、钻削、攻丝等。坐标控制数多为 3 个，高性能的数控系统可达 5 个或更多。

（3）复合加工中心。在一台设备上可完成铣、车、镗、钻等多种加工的称为复合加工中心，可代替多台机床实现多工序的加工。这种方式既减少工件装卸时间，又可提高机床生产效率；既能保证和提高形位精度，又可减少半成品库存量。

2. 按主轴的位置不同分类

（1）立式镗铣加工中心。是指主轴轴线与工作台垂直设置的加工中心，主要适用于加工板类、盘类、模具及小型壳体类复杂零件。其市场占有量较高，如

图 14－1 所示。

（2）卧式镗铣加工中心。是指主轴轴线与工作台平行设置的加工中心，主要适用于加工箱体类零件。由于结构比立式加工中心复杂，占地面积比立式加工中心大，它比立式加工中心具有更多的柔性。通常配有回转工作台，如图 14－2 所示。

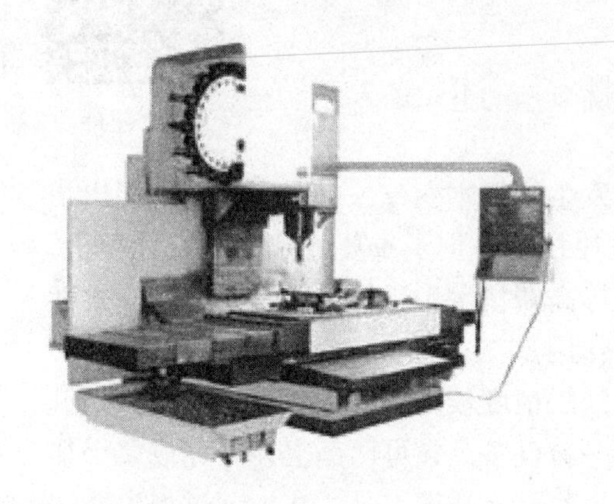

图 14－1　立式镗铣加工中心

图 14－2　卧式镗铣加工中心

二、加工中心的加工对象

加工中心适宜加工工序多、精度要求高、形状复杂、需要多种类型的普通机床和众多刀具、夹具，并经过多次装夹和调整才能完成加工的零件。例如，箱体类零件、具有复杂曲面的零件和异型件等加工。

通常此类箱体类零件要进行铣、镗、钻、扩、铰、攻丝、锪平等工序的加工，工序比较多，过程复杂，有些还要用专用夹具来装夹。这类零件在加工中心上加工，一次装夹能完成普通机床 60% ~95% 的工序内容，并且精度一致性好，质量稳定。

在复杂曲面的零件加工过程中，加工中心也得到广泛的应用。例如：整体叶轮、模具型腔、螺旋桨等。这类复杂的曲面采用普通机床加工是无法达到预定加工精度的，而多轴联动的加工中心，配合专用刀具和自动编程技术，可以大大提高其生产效率并保证曲面的形状精度。复杂曲面加工时，程序编制的工作量很大，一般需要专业的 CAD 软件进行实体建模，再由 CAM 软件生成数控机床的加工 NC 代码。通过这些 NC 代码去控制机床加工零件。

三、加工中心编程特征点的基本概念

1. 机床原点与参考点

机床原点是指机床坐标系的原点，即 $X=0$，$Y=0$，$Z=0$。机床原点是机床的基本点，它是其他所有坐标，如工件坐标系、编程坐标系，以及机床参考点的基准点。从机床设计角度来看，该点位置可以是任意点，但对某一具体机床来说，机床原点是固定的。

机床参考点是用于对机床运动进行检测和控制的固定位置，有时也称机床零点。它是在加工之前和加工之后，用控制面板上的回零按钮使移动部件退回到机床坐标系中的一个固定不变的极限点。机床参考点的位置是由机床制造厂家在每个进给轴上用限位开关精确调整好的，其坐标值已输入数控系统中，因此参考点对机床原点的坐标是一个已知数。数控机床在工作时，移动部件必须首先返回机床零点，测量系统置零之后即可以机床零点作为基准，随时测量运动部件的位置，刀具（或工作台）移动才有基准，如图 14－3 所示。

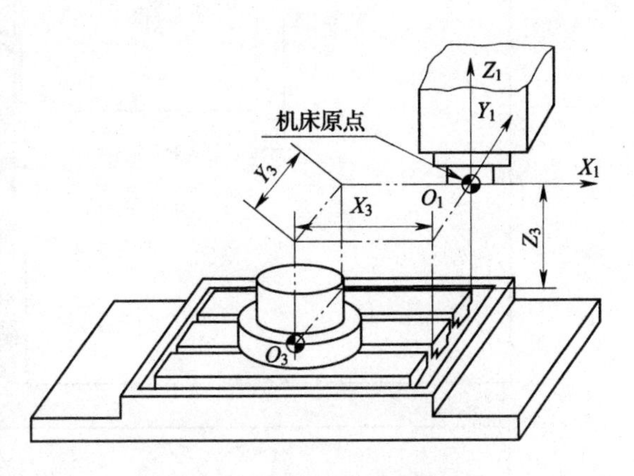

图 14－3　加工中心的机床原点

通常在数控铣床和加工中心上机床原点和机床参考点是重合的。

2. 编程原点

编程坐标系是编程人员根据零件图样及加工工艺等建立的坐标系。编程坐标系一般供编程使用，确定编程坐标系时，不必考虑工件毛坯在机床上的实际装夹位置，如图 14－4 所示，其中 O_2 即为编程坐标系原点。

为了编程方便，需要在图纸上选择一个适当的位置作为编程原点，即程序零点或程序原点。对于简单零件，工件零点一般就是编程原点，这时的编程坐标系就是工件坐标系。而对于形状复杂的零件，需要编制几个程序或子程序。为了编程方便和减少坐标值的计算，编程原点就不一定设在工件零点上，而设在便于程序编制的位置。

3. 对刀点

对刀点就是在数控加工时，刀具相对于工件运动的起点（编制程序时，不论实际是工件相对于刀具运动，或是刀具相对于工件运动，都看作工件是相对静止的，而刀具在运动），程序就是从这一点开始的。对刀点也可以称为“起刀点”或“程序起点”。编制程序时应首先考虑对刀点的位置选择。选定的原则如下：

①对刀点在机床上找正容易。

②选定的对刀点位置应使程序编制简单。

③引起的加工误差小。

④加工过程中检查方便。

对刀点可以设在夹具上，也可以设在被加工零件上，但是必须与零件的定位基准有一定的坐标尺寸联系，这样才能确定机床坐标系与零件坐标系的相互关系。

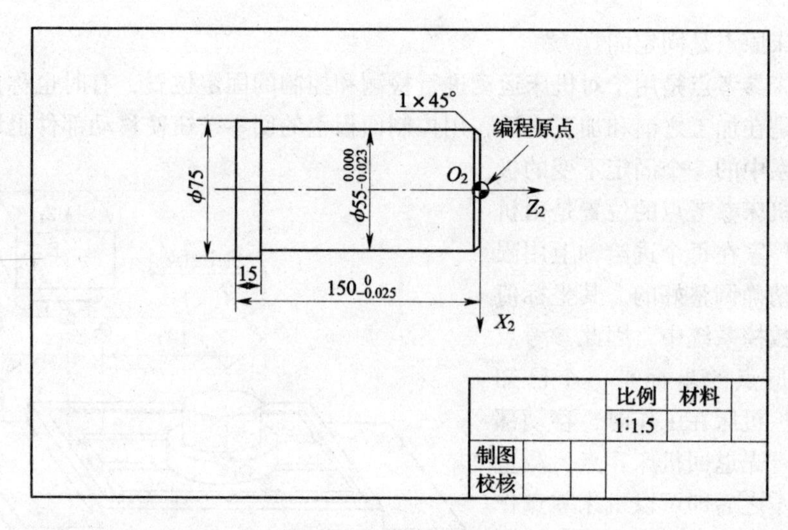

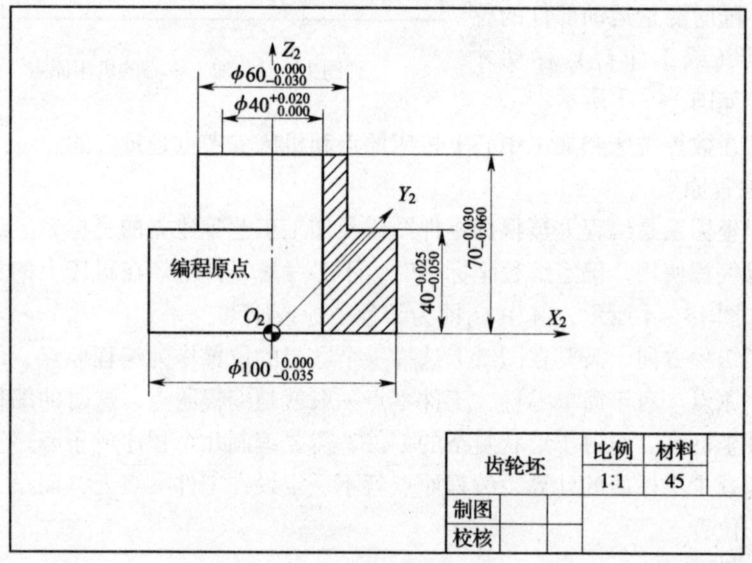

图 14－4　编程坐标系和编程原点

4. 原点偏置

当工件在机床上固定后，机床参考点与程序原点的偏置量必须通过测量来确定，存入 G54 至 G59 原点偏置寄存器中，以供 CNC 系统原点移置计算用。一般要通过对刀的方式来测量程序原点的位置。如图 14－5 所示描述了一次装夹加工两个相同零件的多程序原点与机床参考点之间的关系及偏移计算方法。

采用 G54 至 G59 实现原点偏移的有关指令为：

N01 G90 G54

……　　　　　　／＊加工第一个零件

N02 G55

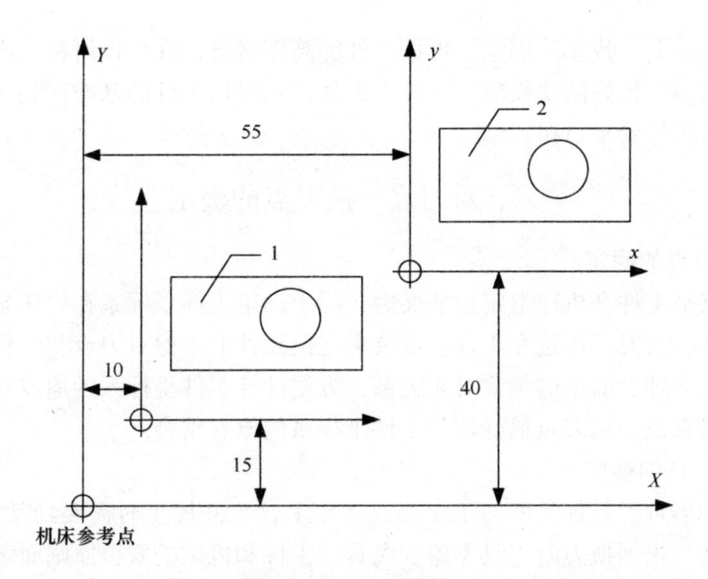

图 14－5　原点偏置

……　　　　　　　/＊加工第二个零件

当然首先要设置 G54 到 G59 原点偏置寄存器：

零件 1：G54 X10.0Y15.0Z0.0

零件 2：G55 X55.0Y40.0Z0.0

显然，对于多程序原点偏移，采用 G54 至 G59 原点偏置寄存器存储所在机床参考点与程序原点的偏移量，然后在程序中直接调用 G54 至 G59 进行原点偏移，无疑给加工复杂零件程序的编制带来了很大便利。

对于编程员而言，一般只要知道工件上的程序原点即可，与机床原点、机床参考点及装夹原点无关。但对于机床操作者来说，必须分清楚所选用的加工中心机床上述各原点及其之间的偏移关系。加工中心机床的原点偏移，实质上是指机床零点向编程员定义在工件上的程序原点的偏移。

第二节　加工中心加工实训

由于加工中心具有多把刀具，并能实现自动换刀，因此需要测量所用各把刀具的基本尺寸，并存入数控系统以确定工件坐标系原点（程序原点）在机床坐标系中的位置，以便加工中心调用，即进行加工中心的对刀。它是数控加工中极其重要的操作内容，其准确性将直接影响零件的加工精度。

一、工件的定位与装夹（对刀前的准备工作）

在数控加工中心上常用的夹具有平口钳、分度头、平台夹具和三爪自定心卡盘等，普通形状零件加工时一般选用平口钳装夹工件，把平口钳安装在加工中心工作台面中心上，找正、固定。根据工件的高度情况，在平口钳钳口内放入形状合适和表面质量较好的垫铁后，再放入工件，一般是工件的基准面朝下，与垫铁面紧靠，然后拧紧平口钳。

二、对刀点、换刀点的确定

1. 对刀点的确定

对刀点是工件在机床上定位装夹后，用于确定工件坐标系在机床坐标系中位置的基准点。对刀点可选在工件上或装夹定位元件上，但对刀点与工件坐标点必须有准确、合理、简单的位置对应关系，方便计算工件坐标系的原点在机床上的位置。一般来说，对刀点最好能与工件坐标系的原点重合。

2. 换刀点的确定

在使用多种刀具加工的加工中心或铣床上，工件加工时需要经常更换刀具，换刀点位置应根据换刀时刀具不碰到夹具、工件和机床的安全原则而定。

三、数控加工中心的常用对刀方法

对刀操作分为 X、Y 向对刀和 Z 向对刀，对刀的准确程度将直接影响加工精度，对刀方法一定要同零件加工精度要求相适应。

根据使用对刀工具的不同，常用对刀方法分为以下几种：

①试切对刀法。

②采用寻边器、Z 轴设定器和偏心棒等工具对刀法。

③标准芯棒、塞尺和块规对刀法。

④专用对刀器对刀法。

（一）试切对刀法

这种方法简单方便，但会在工件表面留下切削痕迹，对刀精度较低。

如图 14－6 所示，以对刀点（此处与工件坐标系原点重合）在工件表面中心位置为例（采用双边对刀方式）。

1. X、Y 向对刀

将工件通过夹具装在工作台上，装夹时，工件的四个侧面都应留出对刀的位置。

启动主轴中速旋转（M03 S450），快速移动工作台和主轴，让刀具快速移动到靠近工件左侧有一定安全距离的位置，然后降低速度移动至接近工件左侧。

靠近工件时改用微调进给速度操作（一

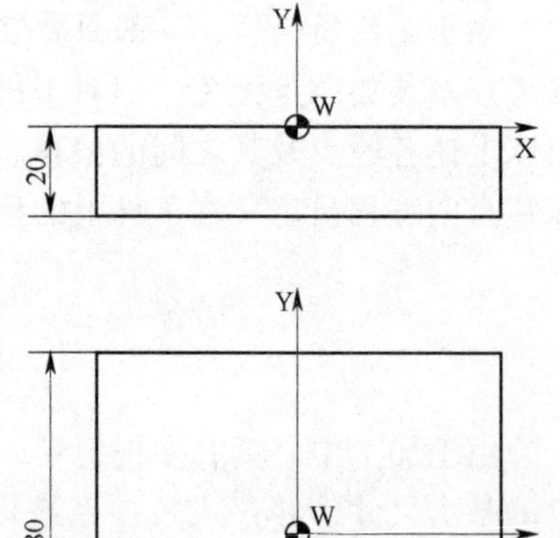

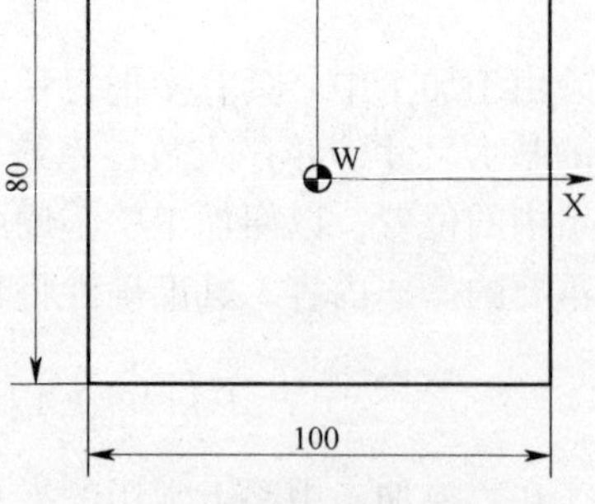

图 14－6　对刀点

般用0.01mm来靠近），让刀具慢慢接近工件左侧，使刀具恰好接触到工件左侧表面（观察，听切削声音、看切痕、看切屑，只要出现其中一种情况即表示刀具接触到工件），再回退0.01mm。此时机床相对坐标系中显示的X坐标值清零。

沿Z正方向退刀，至工件表面以上，用同样方法接近工件右侧，记下此时机床相对坐标系中显示的X坐标值，如-110.000等。

此时利用手轮把Z正方向退刀，并把X轴相调至相对坐标为-55.000。可得工件坐标系原点在机床坐标系中X相对坐标值为-110.000/2=-55.000，同理可测得工件坐标系原点W在机床坐标系中的Y坐标值。记下X轴和Y轴的机械坐标值。

2. Z向对刀

将刀具快速移至工件上方。

启动主轴中速旋转（M03 S450），快速移动工作台和主轴，让刀具快速移动到靠近工件上表面有一定安全距离的位置，然后降低速度移动让刀具端面接近工件上表面。

靠近工件时改用微调进给速度操作（一般用0.01mm来靠近），让刀具端面慢慢接近工件表面（注意，刀具特别是用立铣刀时最好在工件边缘下刀，刀的端面接触工件表面的面积小于半圆，尽量不要使立铣刀的中心孔在工件表面下刀），使刀具端面恰好碰到工件上表面，再将Z轴抬高0.01mm，记下此时机床机械坐标系中的Z值，如-234.500等，则工件坐标系原点W在机床坐标系中的Z坐标值为-234.500。

3. 数据存储

将上面测得的X、Y、Z机械坐标值输入机床工件坐标系存储地址G5*中（一般使用G54~G59代码存储对刀参数）。

（二）采用寻边器、偏心棒和Z轴设定器等工具对刀法

操作步骤与采用试切对刀法相似，只是将刀具换成寻边器或偏心棒。

这是最常用的方法，效率高，能保证对刀精度。使用寻边器时必须小心，让其钢球部位与工件轻微接触，同时被加工工件必须是良导体，定位基准面有较好的表面粗糙度。Z轴设定器一般用于转移（间接）对刀法。

一个工件的加工常常需要用到不止一把刀，第二把刀的长度与第一把刀的装刀长度不同则需要重新对零，但有时零点被加工掉，导致无法直接找回零点，或不容许破坏已加工好的表面，还有某些刀具或场合不好直接对刀，这时候可采用间接找零的方法。

1. 对第一把刀

对第一把刀的Z时仍然先用塞尺法、试切法等，记下此时工件原点的机床坐标Z_1，第一把刀加工完后，停转主轴。

把对刀器放在机床工作台平整台面上（如虎钳大表面）。

在手轮模式下，利用手摇移动工作台至适合位置，向下移动主轴，用刀的底端压对刀器的顶部，表盘指针转动，最好在一圈以内，记下此时Z轴设定器的示数A并将相对坐标Z轴清零。

抬高主轴，取下第一把刀。

2. 对第二把刀

装上第二把刀。在手轮模式下，向下移动主轴，用刀的底端压对刀器的顶部，表盘指针转动，指针指向与第一把刀相同的示数A位置。记录此时Z轴相对坐标对应的数值Z（带正负号）。将Z（带正负号）保存在刀具长度补偿（H02）中。抬高主轴，移走对刀器。

这样，就设定好了第二把刀的零点。其余刀具与第二把刀的对刀方法相同。

注：使用第二把刀加工时，调用刀长补正 G43 H02 即可。

思考：如果是第三把刀，刀长补正 G43 H－呢？

（三）专用对刀器对刀法

传统对刀方法有安全性差（如塞尺对刀，硬碰硬刀尖易撞坏）、占用机时多（如试切需反复切量几次）及人为带来的随机性误差大等缺点，已经适应不了数控加工的节奏，非常不利于发挥数控机床的功能。用专用对刀器对刀有对刀精度高、效率高、安全性好等优点，把烦琐的靠经验保证的对刀工作简单化了，保证了数控机床的高效、高精度特点的发挥，已成为数控加工机床上解决刀具对刀不可或缺的一种专用工具。还可以在具体的工作中根据不同的需要设计不同的对刀器，来满足各自的加工需求。

四、数控多轴加工

多轴数控加工是指在一台机床上除了传统三个坐标轴（三个直线坐标）外再加至少一个旋转坐标轴，而且可在计算机数控系统控制下同时协调运动进行加工，数控机床的运动轴也是空间的坐标轴。多轴联动的加工中心适合加工复杂、工序多、要求高、需要多种类型的普通机床和众多刀具夹具，并且经过多次装夹和调整才能完成加工的零件。同时，多轴联动数控机床系统是解决叶轮、叶片、螺旋桨、汽轮机转子、重型发电机转子等复杂加工的重要手段。它是衡量一个数控机床精密程度、科技含量和自动化程度的重要标准。

数控机床采用在坐标系中描述刀具与工件之间的相对运动轨迹，这个坐标系是依据空间右手直角笛卡尔坐标系的原则建立的，称为基本坐标系。而基本坐标系中的三个坐标轴，称为基本坐标轴。分别用X、Y、Z表示，坐标轴的相互关系由右手定则决定。围绕X、Y、Z轴转动的圆进给坐标轴分别用A、B、C表示，由坐标轴的相互关系右手螺旋法则决定，如图14－7所示。

在传统X、Y、Z三轴数控机床的基础上加上A轴旋转坐标就成了四轴数控机床，如图14－8所示。

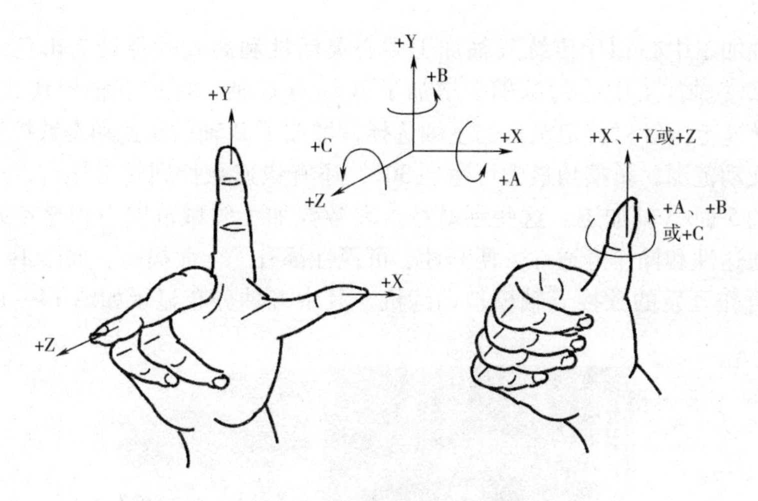

图 14－7 笛卡尔直角坐标系统

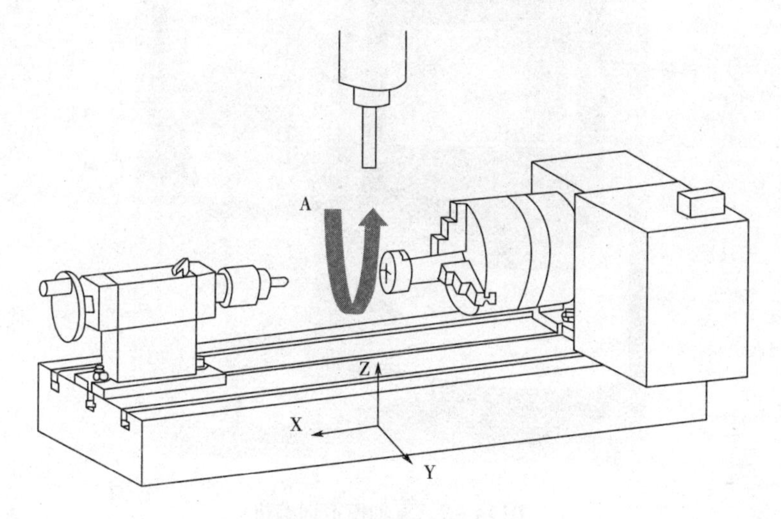

图 14－8 四轴联动数控机床

由于多了个旋转轴 A 轴的联动，能使四轴数控机床在一次装夹的前提下完成曲轴、旋转轴、螺旋轴等多种复杂轴类零件的加工，在保证有一定的 A 轴旋转精度和旋转速度，可避免多次装夹加工带来的定位误差，同时也提高了表面加工的精度和表面质量，大大提升了生产效率。在激烈的市场竞争中，制造业要求更短的生产周期、更高的加工质量以及更快的产品改型加工适应能力和更低的制造技术。要满足这些条件，越来越多的制造企业采用了更为高端的四轴数控加工机床甚至是五轴数控加工机床。

五、数控五轴模拟训练机的操作

1. 机床介绍

五轴数控机床柔性好、加工精度高，能适应复杂零件的高效、高精度加工应用。五轴加工中心相比传统三轴加工中心灵活性和高效性都较为出色，在传统X、Y、Z三轴加工中心的基础上增加了B轴与C轴，标配五轴模块式的设计，可选配转速范围针对特定机床的主轴选择，增加了B轴的快速动态数控铣头具有很大的摆动范围，负摆角最大可达到30°，还有快速数控回转工作台，适用于日常生产的5面/5轴加工。这些创新特点在数控加工领域范围中相比传统三轴数控机床通达性和操作舒适性、便利性、可视性都有了全面提高。如图14－9所示为校企合作开发的数控五轴模拟训练机，其中五轴分布显示如图14－10所示。

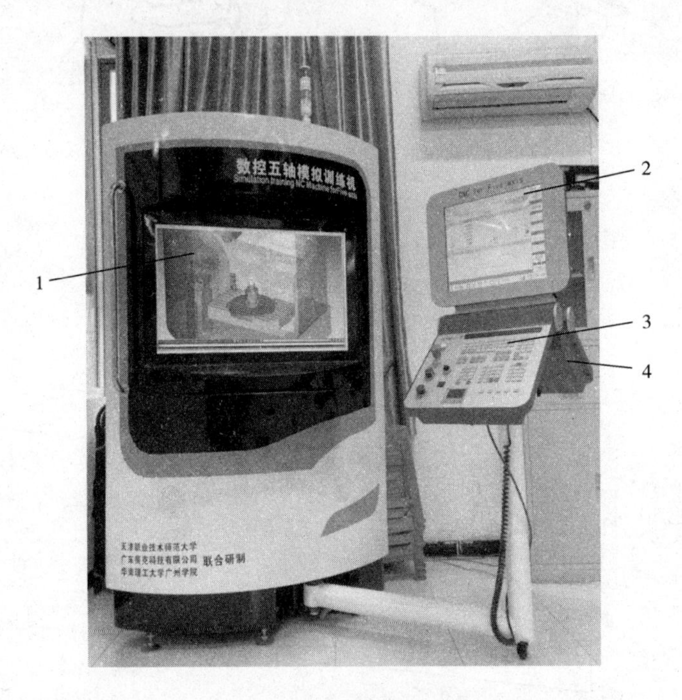

图14－9　五轴模拟训练机

1—训练机模拟床身　2—数控面板　3—西门子操作台　4—海德汉操作台

2. 数控加工模拟系统

数控系统是数控机床的控制中枢，它可以根据用户输入或导入的数控加工程序来进行相应的加工动作，从而使机床进给并进行特定的零件加工。同时，数控系统能驱动机床按照特定的轨迹进行运动和切削，允许用户按照一定的标准编写加工程序来完成特殊的加工动作。数控模拟系统经大量实践可用来验证产品设计是否符合加工要求、加工代码是否正确、生产工艺是否合适等，进而节省产品的研发周期。此外，数控模拟系统也能够在数控实训中为培养数控实操及维护人员提供强有力的支持。

五轴模拟训练机配置了西门子和海德汉双系统，其控制系统流程如图14－11所示。训练机是面向精密加工车间应用的模拟仿真系统，它是根据实际操作面板

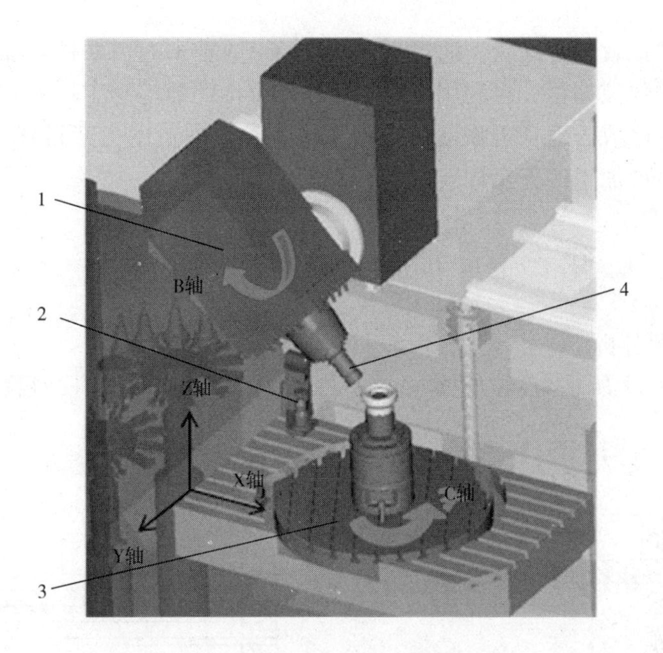

图 14－10　五轴分布显示图

1—B 轴回转主轴　2—Z 轴对刀校正　3—C 轴回转工作台　4—主轴

作为模拟对象设计，包括两部分 MDI 操作键盘和 GTR 显示器，主要功能是显示机床的参数和状态、主轴和进给率控制、操作模式选择、编辑程序和设置参数等，可用模拟编程软件编写相对应的程序代码进行后处理之后传输至五轴模拟训练机进行模拟加工。

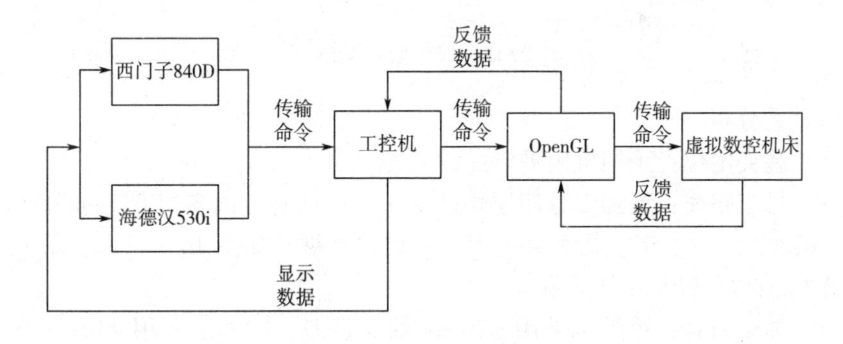

图 14－11　控制系统流程

在当代计算机技术、控制技术、电子信息技术飞速发展且高度融合的今天，数控加工技术在现代化制造业中所占的比例越来越大，它是一项利国利民的关键技术。而作为当前世界上高档数控机床之一的五轴数控加工机床，已经成为判断一个国家制造业水平是否先进的标志之一。五轴模拟训练是根据企业和学校对数控系统的实际需求开发出来的一套具有实际应用价值的数控仿真软件，解决数控代码验证和模拟教学等问题。通过现代 CAD/CAM 技术对需要进行加工处理的对象进行建模和数控编程，再利用专业的、功能全面的数控加工仿真软件进行相应的加工仿真，已成为现代机械制造业追求短周期、高精度生产目标的重要手段，大大提高了生产加工的安全性。

第三节　加工中心编程典型实例

1. 零件图分析

如图 14－12 所示为某内轮廓型腔零件图，要求对该型腔进行粗、精加工。

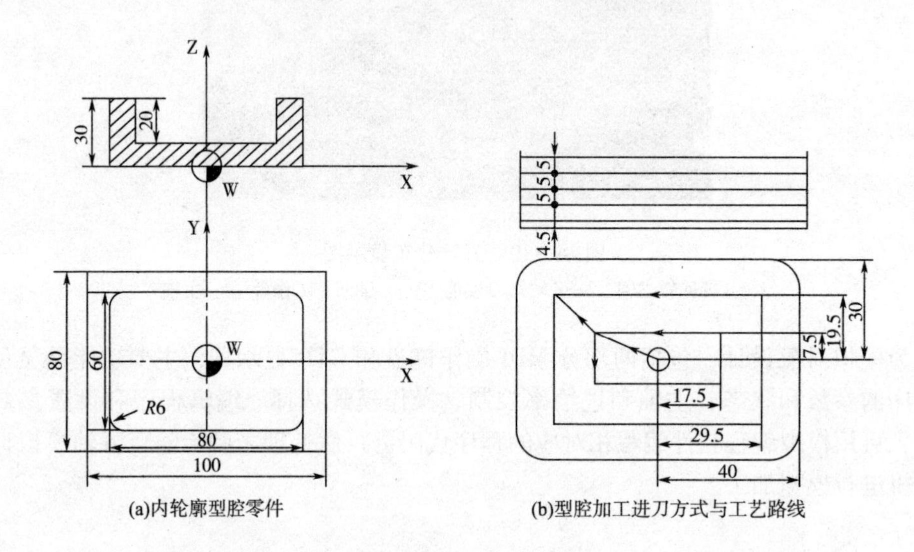

(a)内轮廓型腔零件　(b)型腔加工进刀方式与工艺路线

图 14－12　型腔零件

2. 工艺分析

（1）装夹定位：采用机用平口虎钳装夹。

（2）加工路线：粗加工分四层切削加工，底面和侧面各留 0.5mm 的精加工余量，粗加工从中心工艺孔垂直进刀，向周边扩展，如图 14－12 所示，所以应在腔槽中心钻好 ϕ20mm 工艺孔。

（3）加工刀具：粗加工采用 ϕ20mm 的立铣刀，精加工采用 ϕ10mm 的键槽铣刀。

3. 确定加工坐标原点

根据零件图，可设置程序原点为工件的下表面中心。

4. 编写加工程序

采用专业 CAD/CAM 软件 Solid Works 绘图，Power Mill 编程。

5. DNC 程序传送

第四节 实习安全操作规程

一、安全文明生产规定

安全生产是指在劳动过程中，要努力改善劳动条件，克服不安全因素，防止伤亡事故的发生，使劳动生产在保护劳动者的安全健康和国家财产及人民生命财产安全的前提下进行。

文明生产是指生产场地井然有序，生产过程按工艺、按要求有序进行。

二、加工中心操作规程

（1）机床通电后，检查各开关、按钮和键是否正常、灵活，机床有无异常现象。

（2）检查电压、气压、油压是否正常，有手动润滑的部位要先进行手动润滑。

（3）各坐标轴手动回机床参考点，若某轴在回参考点前已在零位，必须先将该轴移动离参考点一段距离后，再手动回参考点。

（4）在进行工作台回转交换时，台面上、护罩上、导轨上不得有异物。

（5）机床空运转要 15min 以上，使机床达到热平衡状态。

（6）程序输入后，应认真核对，保证无误，其中包括对代码、指令、地址、数值、正负号、小数点及语法的查对。

（7）按工艺规程安装找正夹具。

（8）正确测量和计算工件坐标系，并对所得结果进行验证和验算。

（9）将工件坐标系输入偏置页面，并对坐标、坐标值、正负号、小数点进行认真核对。

（10）未装工件以前，空运行一次程序，看程序能否顺利执行，刀具长度选取和夹具安装是否合理，有无超程现象。

（11）刀具补偿值（刀长、半径）输入偏置页面后，要对刀补号、补偿值、正负号、小数点进行认真核对。

（12）装夹工件时要注意螺钉压板是否与刀具发生干涉，检查零件毛坯和尺寸超常现象。

（13）检查各刀头的安装方向及各刀具旋转方向是否合乎程序要求。

（14）查看各刀杆前后部位的形状和尺寸是否合乎程序要求。

（15）镗刀头尾部露出刀杆直径部分，必须小于刀尖露出刀杆直径部分。

（16）检查每把刀柄在主轴孔中是否都能拉紧。

（17）无论是首次加工的零件，还是周期性重复加工的零件，首件都必须对照图样、工艺、程序和刀具调整卡，进行逐段程序的试切。

（18）单段试切时，快速倍率开关必须打到最低挡。

（19）每把刀首次使用时，必须先验证它的实际长度与所给刀补值是否相符。

（20）在程序运行中，要观察数控系统上的坐标显示，可了解目前刀具运动点在机床坐标系及工件坐标系中的位置。了解程序段的位移量，还剩余多少位移量等。

（21）程序运行中也要观察数控系统上的工作寄存器和缓冲寄存器显示，查看正在执行的程序段各状态指令和下一个程序段的内容。

（22）在程序运行中要重点观察数控系统上的主程序和子程序，了解正在执行主程序段的具体内容。

（23）试切进刀时，在刀具运行至工件表面 30～50mm 处，必须在进给保持下，验证 Z 轴剩余坐标值和 X、Y 轴坐标值与图样是否一致。

（24）对一些有试刀要求的刀具，采用“渐近”方法。如镗一小段长度，检测合格后，再镗到整个长度。使用刀具半径补偿功能的刀具数据，可由小到大，边试边修改。

（25）试切和加工中，刃磨刀具和更换刀具后，一定要重新测量刀长并修改好刀补值和刀补号。

（26）程序检索时应注意光标所指位置是否合理、准确，并观察刀具与机床运动方向坐标是否正确。

（27）程序修改后，对修改部分一定要仔细计算和认真核对。

（28）手轮进给和手动连续进给操作时，必须检查各种开关所选择的位置是否正确，弄清正、负方向，认准按键，然后进行操作。

（29）全批零件加工完成后，应核对刀具号、刀补值，使程序、偏置页面、调整卡及工艺中的刀具号、刀补值完全一致。

（30）从刀库中卸下刀具，按调整卡或程序清单编号入库。

（31）卸下夹具，某些夹具应记录安装位置及方位，并做出记录、存档。

（32）清扫机床并将各坐标轴停在中间位置。

思考与练习

1. 根据加工中心的用途和功能，加工中心可分为哪几种？

2. 加工中心在加工之前为什么要对刀？

3. 加工中心常用的对刀方法有哪几种？

4. 五轴加工中心的 B、C 轴分别是指哪个轴？

第十五章 数控电加工

PPT课件

第一节 概 述

电加工是特种加工技术的一种，是利用电极与工件之间的放电腐蚀效应的一种加工方式。加工过程中，工具不是利用机械能来进行切割，整个切削过程中跟工件之间没有直接接触，故加工用的工具硬度不必大于被加工材料的硬度，这就使高硬度、高强度、高韧性材料的加工变得容易。电加工放电加工可以用来加工传统切削方法难以加工的超硬材料和复杂形状的工件，广泛应用在模具制造、机械加工行业，通常用于加工导电的材料。

一、电加工基本原理及分类

（一）电加工基本原理

电加工与金属切削加工的原理完全不同，是在加工过程中通过工具电极和工件电极间脉冲放电时的电腐蚀作用进行加工的一种工艺方法。电加工时，每一个脉冲放电释放的能量使工件表面放电点间的介质电离击穿，造成放电点的高温，高温对工件进行熔化甚至气化，最后这些金属被抛离出而形成一个凹坑。无数个脉冲连续放电产生无数个凹坑的叠加，就能达到电加工蚀除材料的效果。电加工蚀除的微观过程是热（主要是表面热源）和力（电场力、磁场力、热力、流体力学）等综合作用的过程。这一过程大致可分为以下相互独立又相互联系的几个阶段：电离击穿、脉冲放电、金属熔化和气化、气泡扩展、金属抛出及消电离恢复绝缘强度。

（二）电加工机床的分类及结构

电加工类别较多，主要有数控电火花成型加工、数控电火花线切割加工等。

1. 数控电火花成型加工

数控电火花成型加工机床主要由主机、脉冲电源和机床电气系统、数控系统和工作液循环过滤系统等部分组成。数控电火花成型机床（除穿孔机床可单列为一种外）按大小可分为小型、中型及大型三类；也可按精度等级分为标准精度型和高精度型；还可按工具电极自动进给系统的类型分为液压、步进电机、直流伺服电机驱动型；随着模具制造的需要，现已有大批三坐标数控电火花机床用于生产，带电极工具库且能自动更换电极工具的电火花加工中心也在逐步投入使用。图15－1为机床结构简图与DK7145电火花成型机床实物图。

（1）机床本体。机床本体由床身、立柱、主轴头、工作台等组成。附件包括用以实现工件和电极的装夹、固定和调整其相对位置的机械装置，可调节工具电极角度的夹头属机床附件。

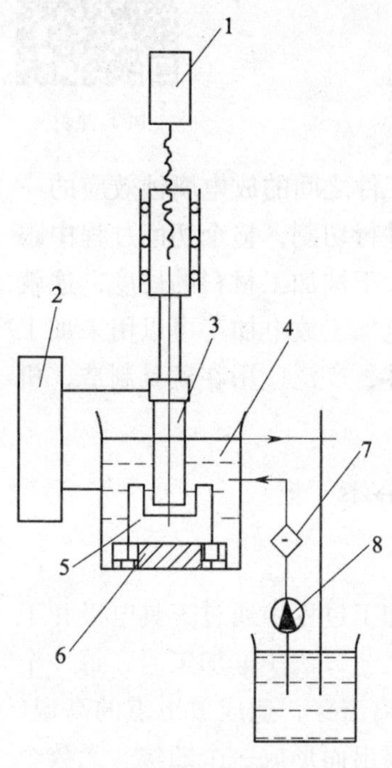

(a)机床结构简图

(b)DK7145电火花成型机床外观

图 15－1　电火花成型机床

1—自动进给装置　2—脉冲电源箱　3—工具电极　4—工作液　5—工件

6—工作台　7—过滤网　8—工作液泵

（2）脉冲电源。脉冲电源的作用是将工频交流电转变成一定频率的定向脉冲电流，提供电火花成型加工所需能量。

（3）数控系统（自动进给调节系统）。它的任务是通过改变、调节主轴头（电极）进给速度，使进给速度接近并等于蚀除速度，以维持一定的“平均”放电间隙，保证电火花加工正常而稳定进行，以获得较好的加工效果。常用自动进给调节系统有电液自动控制系统和电—机械式自动进给调节系统，数控电火花机床普遍采用电—机械式自动进给调节系统。

（4）工作液循环过滤系统。工作液作为放电介质，在加工过程中还起着冷却、排屑等作用。常用的工作液是黏度较低、闪点较高、性能稳定的介质，如煤油、火花油、去离子水和乳化液等。

工作液循环过滤系统由工作液箱、液压泵、电机、过滤器、工作液分配器、阀门、油杯等组成，它的作用是强迫一定压力的工作液流经放电间隙将电蚀产物排出，并且对使用过的工作液进行过滤和净化。

2. 电火花线切割加工

线切割加工是利用移动的金属丝作工具电极，并在金属丝和工件间通以脉冲电流，利用脉冲放电产生的高温，熔化甚至气化工件，以达到切割的效果，因此称为电火花线切割加工。图 15－2 为线切割加工示意图。

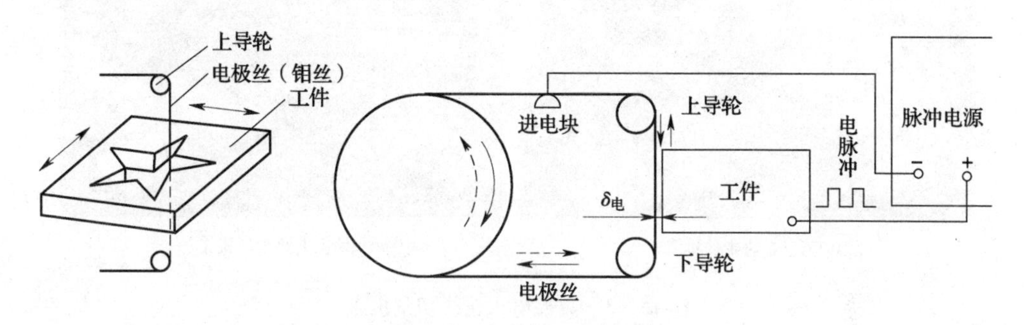

图 15－2　线切割加工示意图

目前普遍使用的是数控电火花线切割机床，它既是数控机床，又是特种加工机床。根据电极丝的运行速度和走丝形式，数控电火花线切割机床通常分为高速走丝电火花线切割机床（俗称快走丝）和低速走丝电火花线切割机床（俗称慢走丝）两大类。事实上，在现行有效的“特种加工行业”标准中（例如，GB/T 7925－2005），已经不以走丝速度来划分线切割机床类型，而是分为“单向走丝型”（慢走丝）和“往复走丝型”（快走丝、中走丝）两类。

快走丝，其电极丝做高速往复运动，一般走丝速度为 6～11m/s，电极丝可重复使用，加工精度可达到 0.01mm，表面粗糙度可达到 *R*a2.5μm，电极丝常用钼丝，工作液常用乳化液。但快速走丝容易造成电极丝抖动和反向时停顿，使加工质量下降，这种机床是我国生产和使用的主要机种，也是我国独创的电火花线切割加工模式。

慢走丝，其电极丝作低速单向运动，一般走丝速度低于 0.2m/s，为了控制精度电极丝只用一次，加工精度可达到 0.001mm，表面粗糙度可达到 *R*a0.3μm，电极丝常用铜丝，工作液常用去离子水。工作平稳、均匀、抖动小、加工质量较好，是国外生产和使用的主要机种。

所谓“中走丝”并非指走丝速度介于高速与低速之间，而是复合走丝线切割机床，其走丝原理是在粗加工时采用 8～12m/s 高速走丝，精加工时采用 1～3m/s 低速走丝，这样工作相对平稳、抖动小，并通过多次切割减少材料变形及钼丝损耗带来的误差，使加工质量也相对提高，加工质量可介于高速走丝机与低速走丝机之间。因而可以说，“中走丝”实际上是往复走丝电火花线切割机借鉴了一些低速走丝机的加工工艺技术，并实现了无条纹切割和多次切割，可以称作“能多次切割的快走丝”。它具有低损耗、高速加工、低粗糙度、高效节能等特点。三次加工后，表面粗糙度可达到 $Ra1.0\mu m$。

(a)苏三光快走丝机床

(b)正太快走丝机床

图 15－3　数控电火花线切割机床

如图 15－3 所示，数控电火花线切割机床结构与数控电火花机床工作方式与结构基本相同，也是由：机床本体、脉冲电源、数控系统、工作液循环过滤系统组成。不同之处主要体现以下几个方面：

（1）线切割用金属丝作电极，电火花必须成型电极。

（2）线切割能加工以直线为母线形成的贯通截面，电火花能加工一定深度的深浅不一图案或微小孔。

（3）工作液不同，电火花采用油类，线切割用水类（快走丝用乳化液，慢走丝用去离子水）。

二、电加工特点

随着工业生产的发展和科学技术的进步，具有高熔点、高硬度、高强度、高脆性，高黏性和高纯度等性能的新材料不断出现。具有各种复杂结构与特殊工艺要求的工件越来越多，这就使得传统的机械加工方法不能加工或难以加工。因此，人们除了进一步发展和完善机械加工方法之外，还努力寻求新的加工方法。电加工能够适应生产发展的需要，并在应用中显示出很多优异性能，因此，得到了迅速发展和日益广泛的应用。与传统的金属加工方法相比较，电加工具有如下特点：

（1）加工对象必须是导电体，不导电则无法产生放电而达到加工效果。

（2）电加工是直接利用电能和热能来去除金属材料，与工件材料的强度和硬度等关系不大，因此可以用软的工具电极加工硬的工件，实现“以柔克刚”。即电加工可以加工任何难加工的金属和导电材料，甚至可以加工聚晶金刚石、立方氮化硼等超硬材料。材料硬度不受限制，高硬度、高强度、高韧性材料的加工也容易。

（3）利用电蚀原理加工，电极与工件不直接接触，二者之间的作用力很小，因而工件的变形很小，对夹具不需要太高的强度。

（4）电加工属不接触加工，工具电极和工件之间不直接接触，二者之间宏观作用力极小。火花放电时，局部瞬时爆炸力的平均值很小，不足以引起工件的变形和位移。因此可以加工薄壁，弹性，低刚度，微型小孔等对受力较为敏感的零件。常用于加工用传统切削加工方法难以加工或无法加工的微细异形孔、窄缝和形状复杂的工件。

（5）自动化程度高，操作方便。直接利用电、热能进行加工，可以方便地对影响加工精度的加工参数（如脉冲宽度、间隔、电流）进行调整，有利于加工精度的提高，便于实现加工过程的自动化控制。

三、电加工的应用范围

基于电加工机床的特点，电加工的主要用途有以下几项：

（1）制造冲模、塑料模、锻模和压铸模。

（2）加工小孔、畸形孔以及在硬质合金上加工螺纹螺孔。

（3）在金属板材上切割出零件。

（4）加工窄缝。

（5）磨削平面和圆面（电火花磨削机床）。

（6）新产品试制及难加工零件。

（7）其他（如强化金属表面，取出折断的工具，在淬火件上穿孔，直接加工型面复杂的零件等）。

第二节　电加工工艺

电火花

一、电火花成型加工工艺

（一）电极

1. 电极材料的选择

电火花成型加工生产中为了得到良好的加工特性，电极材料的选择是一个极其重要的因素。它应具备加工速度高、电极消耗量小、电极加工性好、导电性好、机械强度好和价格低廉等优势。现在广泛使用的电极材料主要有以下几种：

（1）铜：铜电极是应用最广泛的材料，采用逆极性（工件接负极）加工钢时，可以得到很好的加工效果，选择适当的加工条件可得到无消耗电极加工（电极的消耗与工件消耗的重量之比 $<1\%$ ）。

（2）石墨：与铜电极相比，石墨电极加工速度高，价格低，容易加工，特别适合于粗加工。用石墨电极加工钢时，可以采用逆极性（工件接负极），也可以采用正极性（工件接正极）。从加工速度和加工表面粗糙度方面而言，正极性加工更有利，但从电极消耗方面而言，逆极性加工电极消耗率较小。

（3）钢：钢电极使用的情况较少，在冲模加工中，可以直接用冲头作电板加工冲模。但与铜及石墨电极相比，加工速度、电极消耗率等方面均较差。

（4）铜钨、银钨合金：用铜钨（Cu－W）及银钨（Ag－W）合金电极加工钢料时，特性与铜电极倾向基本一致，但由于价格很高，所以大多只用于加工硬质合金类耐热性材料。除此之外还用于在电加工机床上修整电极用，此时应用正极性

2. 加工效果指标

（1）加工速度。对于电火花成型机来说加工速度是指在单位时间内工件被蚀除的体积或重量。一般用体积加工速度表示。

（2）工具电极损耗。在电火花成型加工中，工具电极损耗直接影响仿形精度，特别对于型腔加工，电极损耗这一工艺指标较加工速度更为重要。

电极损耗分为绝对损耗和相对损耗。绝对损耗最常用的是体积损耗 Ve 和长度损耗 Veh 两种方式，它们分别表示在单位时间内，工具电极被蚀除的体积和长度。在电火花成型加工中，工具电极的不同部位，其损耗速度也不相同。

在精加工时，一般电规准选取较小，放电间隙太小，通道太窄，蚀除物在爆炸与工作液作用下，对电极表面不断撞击，加速了电极损耗，因此，如能适当增大电间隙，改善通道状况，即可降低电极损耗。

（3）表面粗糙度。表面粗糙度是指加工表面上的微观几何形状误差。对电加工表面来讲，即是加工表面放电痕（坑穴的聚集），由于坑穴表面会形成一个加工硬化层，而且能存储润滑油，其耐磨性比同样粗糙度的机加表面要好，所以加工表面允许比要求的粗糙度大些。而且在相同粗糙度的情况下，电加工表面比机加工表面亮度低。工件的电火花加工表面粗糙度直接影响其使用性能，如耐磨性，配合性质，接触刚度，疲劳强度和抗腐蚀性等。尤其对于高速、高洁、高压条件下工作的模具和零件，其表面粗糙度往往是决定其使用性能和使用寿命的关键。

（二）电参数

1. 程序段

表示不同深度所选用的电参数。

2. 脉冲电流

表示放电时两电极之所使用的电流。

3. 脉冲宽度（周率）

表示放电电压波形之通道时间。

4. 脉冲间隙

表示放电电压波形之通道时间之间的间隔时间。

5. 电压

外电源输送给机床的电压。

以上各项电参数都不是互相独立的，而是互相关联的。

二、数控电火花线切割加工工艺

电火花线切割加工，一般作为工件加工中的最后工序；加工精度快走丝可达到0.01mm，慢走丝可达到0.001mm；表面粗糙度快走丝可达到$Ra2.5\mu m$，慢走丝可达到$Ra0.3\mu m$。而要达到加工零件的工艺指标如精度及表面粗糙度的要求，应合理控制线切割加工时的各种工艺参数（电参数、切割速度、工件装夹等）。

线切割

电参数包括脉冲宽度t_1、脉冲间隔t_0、峰值电压U_i、峰值电流I_m等。电参数与加工工件技术工艺指标的关系是：增大峰值电流I_m、增加脉冲宽度t_1、减小脉冲间隔t_0及增大脉冲峰值电压U_i等，均可提高切割速度，但相应地会降低加工表面的粗糙度。

要求切割速度高时，选择大电流和脉宽、高电压和适当的脉冲间隔；要求表面粗糙度好时，选择小的电流和脉宽、低电压和适当的脉冲间隔；切割厚工件时，应选用大电流、大脉宽和大脉冲间隔以及高电压。

线切割机床一般能加工锥度截面，但是一般是±3°/50mm、±6°/50mm、±9°/50mm，个别机床能加工±15°/100mm和±20°/80mm，但机床非常昂贵。

第三节　电加工机床的上机实训

一、电火花机床的上机实训

（一）电火花机床的基本操作

1. 开机及准备工作

检查机床电源线无误后，旋开红色急停按钮，按下绿色开机按钮，等开机后进行归原点操作。

2. 安装电极和工件

按照正确的方法装夹电极和工件，但是注意不要两只手同时触碰电极和工件，防止发生触电现象。

3. 工具电极工艺基准的校正

在电火花加工中，为了保证电极形状可以完整地加工在工件上，工具电极的工艺基准必须平行于机床主轴头的垂直坐标，这时往往需要人工校正。校正电极并调节主轴行程至合适位置，机床手控盒面板置于拉表状态，利用百分表（参见第一章的使用介绍）找正电极，调节电极夹头上的调节螺钉，分别调节电极两个方向的倾斜和电极旋转，以找正电极。

4. 对刀

找正加工基准面和加工坐标将工件装夹在工作台上，用碰边定位方法找正加工位置。首先使机床置于对刀状态，摇动横向或纵向行程使电极位于工件外面，控制主轴向下运动使电极停在低于工件加工面的位置，摇动行程使电极靠近工件，当蜂鸣器响时记下此时位置。对于以所碰边为定位的尺寸，可以摇动行程，从机床上读出移动值，而定出加工位置；需要取中的工件，可以先从一边取到位置，把此点清零后，再从对边依此方法对出另一边位置，按下 1/2 键，即可定出加工中心。

5. 主要电参数的选择

设置电加工规准和各个电参数。

6. 放电加工

完成设定并对正主轴起始位置后，按下加工键后开始注入工作液，主轴下降后进行放电加工。

7. 停机拆卸

零件加工结束后，取下工具电极及工件电极。加工完所有的零件后，应切断控制柜电源、机床电源。

（二）电火花加工实训

1. 实训一：紫铜棒电极加工

（1）电极材料：紫铜，电极形状：如图 15－4 所示。

工件材料：镀锌钢板，毛坯尺寸：（30×30×1）mm，如图 15－5 所示。

图 15－4 紫铜电极

图 15－5 工件毛坯

（2）加工深度：0.5mm。

（3）加工方式：粗—中—精，一次完成，共分为以下 5 段。

①设定粗加工电流＝6.5A，周率＝180μs，效率＝70%；

②设定中加工电流＝5A，周率＝150μs，效率＝70%；

③设定中加工电流=4A，周率=120μs，效率=60%；
④设定精加工电流=3.5A，周率=90μs，效率=60%；
⑤设定精加工电流=3A，周率=60μs，效率=50%。
（4）电参数设定见表15－1。

表15－1　电火花加工参数表（紫铜）

程序段	深度	脉冲电流	脉冲间隔	效率	放电间隙	电压
1	0.350	6.5	180	7	40	1
2	0.400	5.0	150	7	40	1
3	0.450	5.0	120	6	40	1
4	0.475	3.5	90	6	40	0
5	0.500	3.0	60	5	40	0

（5）加工后结果如图15－6所示。

图15－6　加工后的零件

（6）电火花加工作品展示，如图15－7所示。

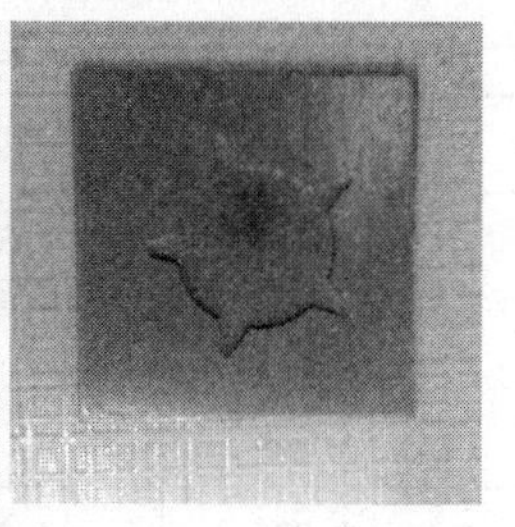

图15－7　电火花加工作品展示

2. 实训二：紫铜板电极加工
（1）电极材料：紫铜板，电极形状：如图15－8所示。
工件材料：铝棒，毛坯尺寸：直径20mm，如图15－9所示。

图 15 - 8　紫铜板电极

图 15 - 9　工件毛坯

（2）加工深度：1mm。

（3）加工方式：粗—中—精，一次完成，共分为以下 5 段。

①设定粗加工电流 = 4.5A，周率 = 150μs，效率 = 70%；

②设定中加工电流 = 4A，周率 = 120μs，效率 = 70%；

③设定中加工电流 = 4A，周率 = 100μs，效率 = 60%；

④设定精加工电流 = 3.5A，周率 = 80μs，效率 = 60%；

⑤设定精加工电流 = 3A，周率 = 60μs，效率 = 50%。

（4）电参数设定，如表 15 - 2 所示。

表 15 - 2　电火花加工参数表（紫铜）

程序段	深度	脉冲电流	脉冲间隔	效率	放电间隙	电压
1	0.850	4.5	150	7	40	1
2	0.900	4	120	7	40	1
3	0.950	4	100	6	40	1
4	0.975	3.5	80	6	40	0
5	1.000	3	60	5	40	0

（5）加工后结果，如图 15 - 10 所示。

（6）电火花加工作品展示，如图 15 - 11 所示。

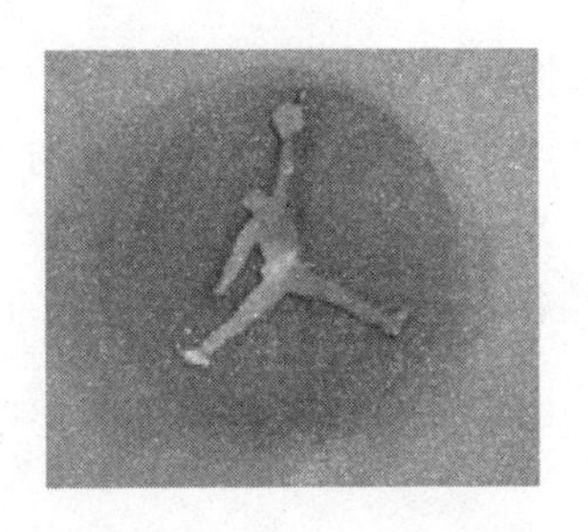

图 15－10　加工后的零件

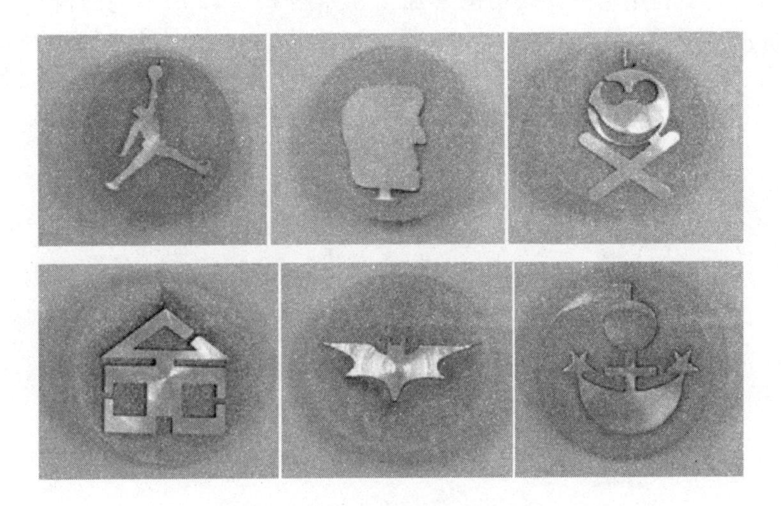

图 15－11　电火花加工作品展示

二、线切割机床的上机实训

（一）线切割机床的基本操作

数控线切割机床的设备操作规程如下：

（1）合上机床电源总开关，按下计算机启动按钮，机床进入系统控制状态，手工或利用 CAD/CAM 完成程序编制及加工中必要的参数设置工作。

（2）测试机床，检查机床各部分是否正常，如工作台工作方向是否正确，限位开关动作是否可靠，丝筒运行是否正常，工作液供给是否充足通畅等，同时要按要求对机床需要润滑的部位进行润滑处理。

（3）根据机床的功能进行手动上丝或机动上丝操作，根据零件切割要求，选择合适的方法对工作台、电极丝找正。

（4）安装好工件，根据工件厚度将 Z 轴调整到适合的位置，对于有锁紧要求的机床还要进行锁紧。

（5）根据有关参数，将电极丝移到起点位置。

（6）通常在加工前要效验加工程序的正确性，以防止在加工过程中出现错误或者废品。程序无误后再将机床设定到加工状态。

（7）运行程序，开始加工，调节上、下喷嘴的喷液流量。观察切割情况，在必要情况下，在合适的位置可以对电参数进行调整，并做好相关记录。

（8）工后对工件进行检测，根据检测结果及加工中参数修正情况，对程序进行编辑完善。

（二）线切割加工实训

1. 零件图工艺分析

假如我们要利用电火花线切割来加工，如图 15－12 所示的凸模，首先进行工艺分析：

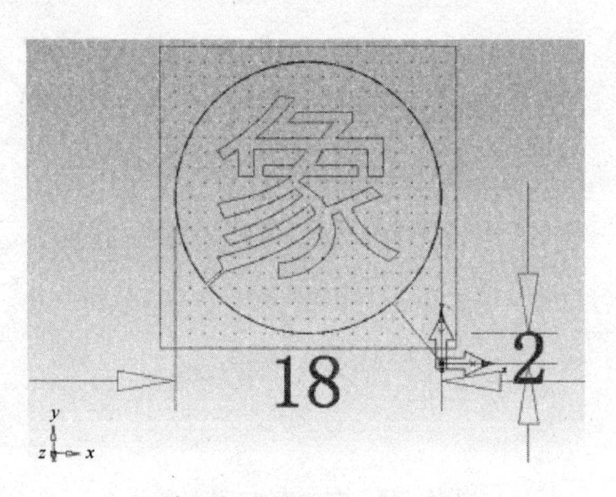

图 15－12　待加工零件

（1）坯料的选择

在制造时可选用锻造性能好、淬透性好、热处理变形小的合金工具钢（如 Cr12、Cr12MoV、CrWMn）作模具材料。学生实习也可以选择不锈钢片进行切割加工，利用剪板机或锯床预先切好所需数量的材料。我们一般用（100×50×1）mm 的镀锌钢板来进行切割。

（2）确定加工电参量

加工时，可改变的参数主要有峰值电流、脉冲宽度、脉冲间隔、进给速度，实际加工中可根据加工条件和机床性能来选择电参量。

（3）偏移量的确定

在高速走丝机床上采用一次切割成型，补偿量按“补偿量＝电极极丝半径＋单边放电间隙＋加工预留量”的公式计算。

2. 确定装夹位置及走刀路线

为了减小材料内部组织及内应力对加工精度影响，要选择合适的走刀路线。一般我们建议在材料右边（正 X）夹持工件，从下方（负 Y）2～3mm 作为切割起点（最好是右下角，可以避免切到右边的导轨），加工顺序选用正向割（切入后顺时针开切）。

3. 程序编制及传输

软件编程一般分手工编程和软件自动编程两种，这里采用软件自动编程的方法。数控电火花线切割的自动编程软件常用的有 FeatureCAM 和 CAXA 线切割两种。我们利用 FeatureCAM 软件完成图形的编辑、生成曲线、设定特征、设定刀具补偿、刀具路径仿真等步骤，并生成程序文件（一般是 *. ISO 文件）。

接着就是传输代码。如果是直接在机床内置的计算机内画图的，只需直接把代码文件保存在相应位置，加工时直接调出即可；假如用的是外部计算机，我们可以通过网络、U 盘或软盘将代码文件传输入机床进行加工，具体途径可参考机床文件说明。

（1）苏三光 BKDC 系统操作：

①按下电气柜左侧电源，然后按下显示面板的白色键开机。

②开机后，旋开显示面板的红色急停按钮，按下绿色复位键，键盘回车键。

③在待机状态下，选择【F1 文件】—【F1 装入】—U（USB 传输）/L（宽带传输）/A（软盘传输）。

④选择对应传输方式后，找到所需要的程序文件（*. ISO 文件），回车确认，如有同名文件则选择覆盖替代。

⑤【F8 退出】—【F7 运行】—选择刚刚保存的文件，回车确认—【F1 画图】将图形预览显示—【F5 倍放大】/【F4 倍缩小】调整图形的显示—【F8 退出】。

⑥按下显示面板的红色急停按钮。

（2）正太 HL 系统操作：

注：屏幕显示浅蓝符号（书本加粗标示）为快捷键（以下正太 HL 系统操作适用）。

①插入 U 盘，旋开显示面板的红色急停按钮，按下绿色键开机，按下电脑主机电源。

②选择【1. RUN 运行】—【2. USB，no LAN】。

③开机后，选择【File 文件调入】—【F4 > dir 调盘】—【U：\ WSNCP 盘】。

④找到所需要的程序文件（*. ISO 文件），此时不要按下回车键—【F3 > save 存盘】—【D：虚拟盘】—【Esc 退出】。

⑤【Trans 格式转换】—【G to b】—选择刚刚保存的*. ISO 文件，回车确认—【使用绝对坐标】—【1000：1（μm）】—【Esc 退出】。

⑥【Work 加工】—【Cut 切割】—选择刚刚转换成的*. B 文件，回车确认—【+放大】/【-缩小】/【键盘方向键】平移，适当调整图形的显示—【F12 lock 进给】。

4. 装夹

（1）利用悬臂式装夹，将需要的夹具装好。

（2）将工件放在工作台右边导轨上，工件尽量往左边伸出，装夹部分仅留够夹具固定即可。

（3）校正工件下边和左边分别与工作台的 X 向和 Y 向平行（精度要求不高时可以目测）。

（4）用夹具固定工件并夹紧，由于加工时作用力不大，不需要拧的非常紧。

（5）采用手动定位或自动定位，将电极丝定位到切割起点处。原则上要求把图形切割在毛坯里面。在这个例子里，X 向尺寸是 18mm，我们将电极丝定位到距离工件左边沿 20mm 处（余量 ~2mm），距离工件下边沿 1 ~ 2mm 处（切割引入线 ~3mm）。

（6）锁定电极丝位置：拔出 X 与 Y 轴的连接销钉（苏三光）/按下键盘 F12（正太）。

5. 加工和参数调整

（1）苏三光 BKDC 系统操作：

①旋开显示面板的红色急停按钮，按下绿色复位键，键盘回车键。

②【F3 电参数】—按照指导老师给的参数进行调整—【F8 退出】。

③旋开机床面板的急停按钮，按下绿色键开机床。如果之前没关的跳过此步。

④【F7 正向割】开始加工。

（2）正太 HL 系统操作：

①旋开机床面板的红色急停按钮，按下方绿色键开机，按右边两个绿色键开运丝与工作液。

②【F1 start 开始】—【起始段】默认回车—【终点段】默认回车。

③【F11 H. F. 高频】开始加工。

6. 停机和拆卸

（1）苏三光 BKDC 系统操作：

①加工结束后等储丝筒自动停止（一般在靠近下方停）。

②【F8 退出】—快速回车确认—【F8 退出】。

③按下显示面板的急停（红色）按钮。

④插入 X 与 Y 轴的连接销钉，并卡到卡位上。

⑤往刻度减少方向（顺时针）摇动 Y 轴手轮，将电极丝往下方负 Y 退出足够距离。

⑥往刻度减少方向（逆时针）摇动 X 轴手轮，将电极丝往左方负 X 退出足够距离。

⑦松开夹具，往上方正 X 取出工件，拣出零件。

（2）正太 HL 系统操作：

①加工结束后等储丝筒靠近下方手动停止运丝，并停止工作液。

②【空格】—【End 停止】—【Esc 退出】。

③解除【F12 lock 进给】锁定。

④往刻度减少方向（顺时针）摇动 Y 轴手轮，将电极丝往下方负 Y 退出足够距离。

⑤往刻度减少方向（逆时针）摇动 X 轴手轮，将电极丝往左方负 X 退出足够距离。

⑥松开夹具，往上方正 X 取出工件，拣出零件。

第四节　实习安全操作规程

（1）操作人员开机前，须熟悉所操作机床的结构、原理、性能及用途等方面的知识，按照工艺规程做好加工前的一切准备工作，严格检查工具电极与工件电极是否都已校正和固定好。

（2）每次开机后，须进行回原点操作，并观察机床各方向运动是否正常。

（3）在电极找正及工件加工过程中，禁止操作者同时触摸工件及电极，以防触电；电极丝运转时，不要过于靠近丝对的正前方或者正后方，保持 50cm 以上的安全距离。

（4）加工过程中，操作人员禁止擅自离开操作岗位，禁止在机床周边嬉闹、推撞，防止各种意外事故。如有以下情况应暂停加工并找指导老师寻求帮助：电极丝断、无工作液、电火花异常、加工方向错乱等。

（5）禁止未经培训人员操作或维修本机床。

（6）加工结束后，应切断控制柜电源、机床电源。

（7）工程训练完毕后要认真清理机床及周围环境卫生，关闭电源，经指导人员同意后方可离开。

思考与练习

1. 简述电加工的基本原理。
2. 简述电加工的特点和应用范围。
3. 电加工设备一般由哪几部分组成？
4. 简述电火花成型加工机床的分类方法。
5. 线切割加工的机床一般分成几类？我国以什么为主？
6. 电火花成型加工的电参数有哪些？
7. 电火花成型加工需要注意哪些安全问题？
8. 线切割加工的刀具补偿量（偏移量）是怎么计算的？

第十六章 快速成型技术

PPT 课件

第一节 概 述

快速成型（Rapid Prototyping，简称 RP）是 20 世纪 80 年代末期开始商品化的一种高新制造技术，70 年代末到 80 年代初期，美国和日本相继提出了快速成型的概念。在 1986 年，美国 3D Systems 公司推出商品化样机 SLA－1，这是世界上第一台快速原形系统，该系统获得了专利，这是 RP 技术发展的里程碑。

一、快速成型技术原理

快速成型是一种集计算机辅助设计（CAD）、计算机辅助制造（CAM）、计算机数字控制（CNC）、激光、精密伺服驱动、新材料等先进技术于一体的加工方法。快速成型的加工原理是依据计算机设计的三维模型，进行切片处理，逐层加工，层叠增长。快速成形技术的本质是用材料堆积原理制造三维实体零件，如图 16－1 所示。

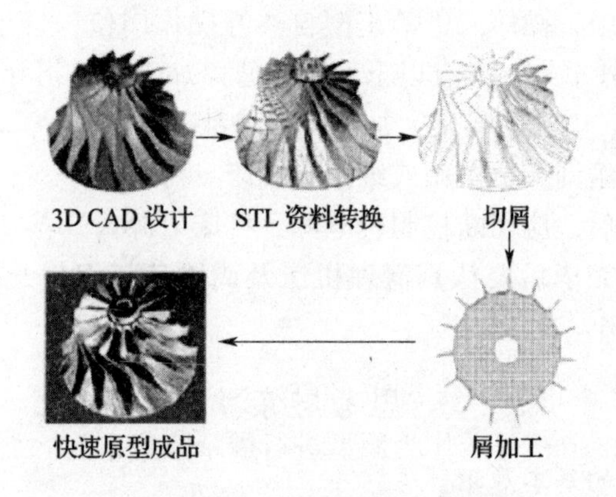

图 16－1 快速成型原理图

根据成型原理，快速成型的操作步骤如下：

(1) 快速成型首先要求准备好三维模型。利用设计软件完成模型的设计，常用的 CAD 软件，有 SolidWorks、Pro/E、UG、Catia 等。也可以是通过逆向工程获得的计算机模型。其中模型的文件格式一般以快速成型的通用格式 STL 来保存。STL 是模型的离散化处理计算，将三维实体表面用一系列相连的小三角形逼近。

（2）将 STL 模型导入 RP 软件进行加工参数的计算。将模型从三维变成二维的截面轮廓信息，沿模型的高度方向把模型分割成连续的截面片层，进行切片计算（图 16－2），求得二维层面数据，生成加工路径。

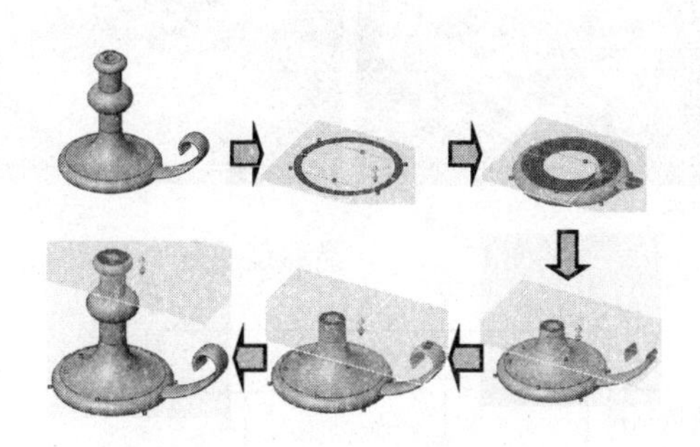

图 16－2　零件的切片处理

（3）在 RP 软件中完成从 CAD 模型到生成最终数控代码的操作。生成的 NC 指令传送到设备，控制设备的加工运行。

二、快速成型的特点

与传统材料加工技术相比，快速成型技术主要具有以下几个优点：

（1）快速性（几小时到几十小时）。

（2）可以制造任意复杂形状的三维实体。

（3）用 CAD 模型直接驱动，实现设计与制造高度一体化，其直观性和易改性为产品的完美设计提供了优良的设计环境。

（4）成型过程无须专用夹具、模具、刀具，既节省了费用，又缩短了制作周期。

（5）技术的高度集成性。

三、快速成型技术的应用

1. 快速原型

快速成型能快速的将设计的概念模型转换成实体原型，验证概念设计，相关功能的测试，装配的分析等或作为原型进行展示收集市场信息。快速成型技术在设计检验、市场预测、工程测试（应力分析和风道等）、装配测试等方面得到广泛的应用，缩短产品的开发周期、降低开发成本，对改善产品的设计有巨大的作用。图 16－3 为产品原型制造图例。

2. 快速制模

应用快速成型方法快速制作模具的技术称为快速制模制造（RT）。该技术能快速制造出小批量的塑料零件或金属零件，以进行功能测试和小批量试销，能有效缩短新产品开发及其模具的制造周期。常用的快速制模方法有软模、桥模和硬模。图 16－4 为快速模具制造的关系图。

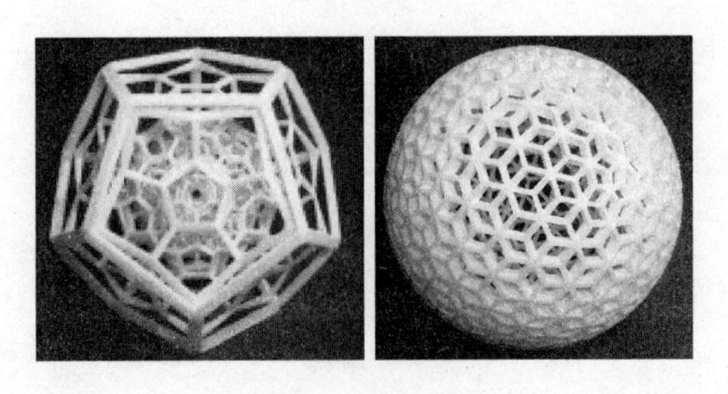

图 16－3　产品原型制造

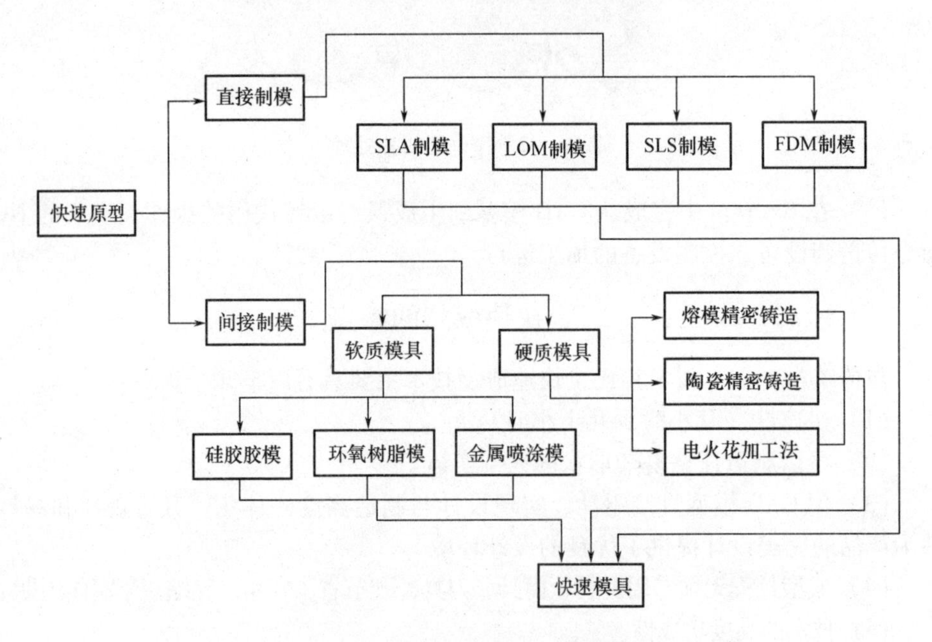

图 16－4　快速模具制造流程图

图 16－5 为采用快速铸造技术生产的四缸发动机的蜡模。

图 16－5　采用快速铸造技术生产的四缸发动机的蜡模

软模通常指的是硅橡胶模具。用 SLA、FDM、LOM 或 SLS 等技术制造的原型，再翻成硅橡胶模具后，向模中灌注双组分的聚氨酯，固化后即得到所需的零件。利用原型件，通过快速真空注型技术制造硅橡胶模具，可用于 50 ~ 500 件一下树脂样品或零件的制造。

桥模是指介于试制用软模与正式生产模之间的一种模具，可直接进行注塑生产，其使用寿命目标为提供 100 ~ 1000 个零件，这些零件用与最终零件生产期望的产品材料制成，具有经济快速的特点。

硬模通常指的是用间接方式制造金属模具和用快速成型直接加工金属模具。目前，有用 SLA，FDM 和 SLS 方式加工出蜡或树脂模型，利用熔模铸造的方法生产金属零件；利用 SLS 方法，选择合适的造型材料，加工出可供浇注用的铸造型腔。

3. 医学、生物制造工程和美学等

快速成型技术可快速制作艺术模型、生物模型、考古模型和医学模型等。在医学上，可根据 CT 扫描采集的数据，利用快速成型技术，可快速地制造医学模型，帮助医生进行病情诊断和确定治疗方案。如图 16 - 6 所示为快速成型制造的人造骨头的图例。

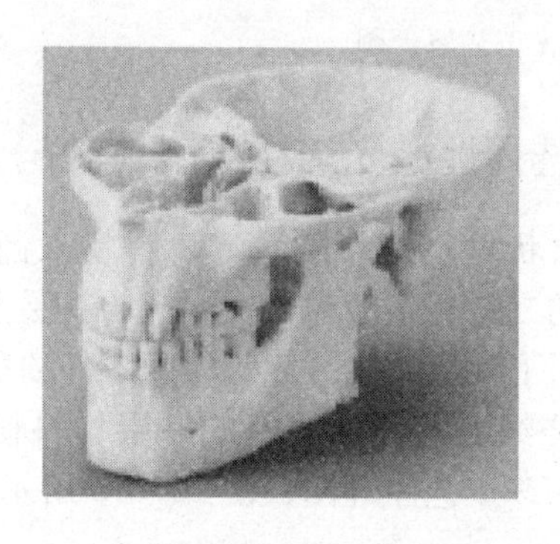

图 16 - 6　RP 模型帮助手术计划的头骨骼模型

第二节　主要的快速成型工艺

快速成型的加工方法是堆积材料成型法。自从 20 世纪 80 年代中期 SLA 光成形技术发展以来，到 90 年代后期，经过美国、日本及德国等国家的研究，开发了十几种不同的快速成型技术。其中典型的有液态树脂光固化成形、选择性激光烧结成形、薄材叠层成形、熔丝沉积成形和 3DP 打印成形。

一、光固化成型（SLA）技术

光固化（SLA）成型技术是最早出现的一种快速成型方法。基于 SLA 态光敏树脂的光聚合原理工作的。激光根据零件的截面轮廓为轨迹对液态材料表面进行扫描，扫描到的材料从液态变成固态，从而形成一个薄层截面。重复操作，逐层堆积为实体零件，其工艺原理如图 16－7 所示；图 16－8 是 SLA 成型机。

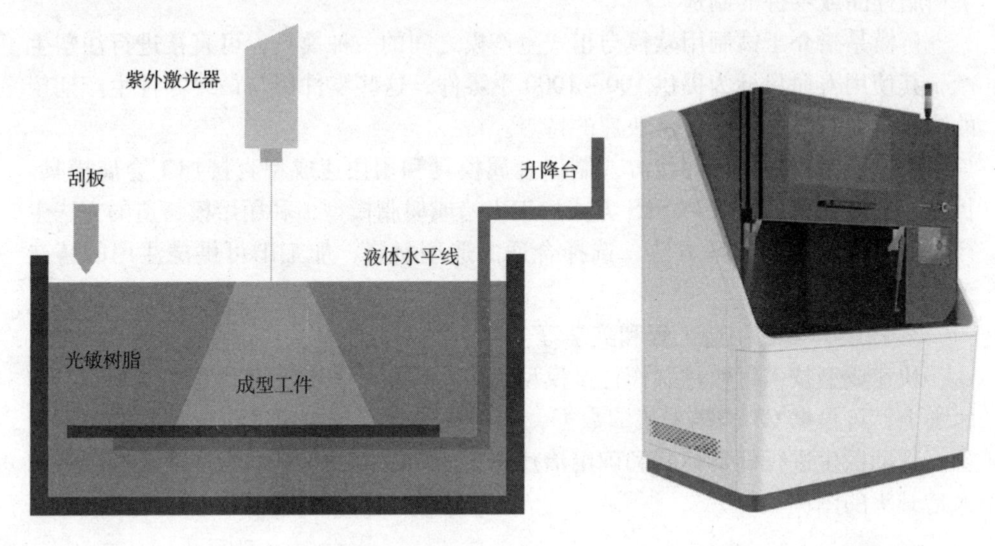

图 16－7　SLA 工艺原理图　　图 16－8　SLA 成型机

二、选择性激光烧结成型（SLS）技术

SLS 工艺是利用粉末状材料成型的。将材料粉末铺洒在已成型零件的上表面，并刮平；用高强度的二氧化碳激光器在刚铺的新层上扫描出零件截面；材料粉末在高强度的激光照射下被烧结在一起，得到零件的截面，并与下面已成型的部分连接；当一层截面烧结完后，铺上新的一层材料粉末，选择地烧结下层截面，如图 16－9 所示为 SLS 工艺原理图；图 16－10 所示是 SLS 成型机。

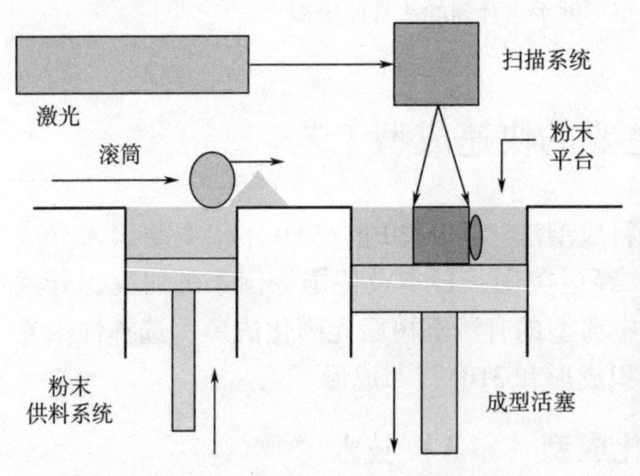

图 16－9　SLS 工艺原理图

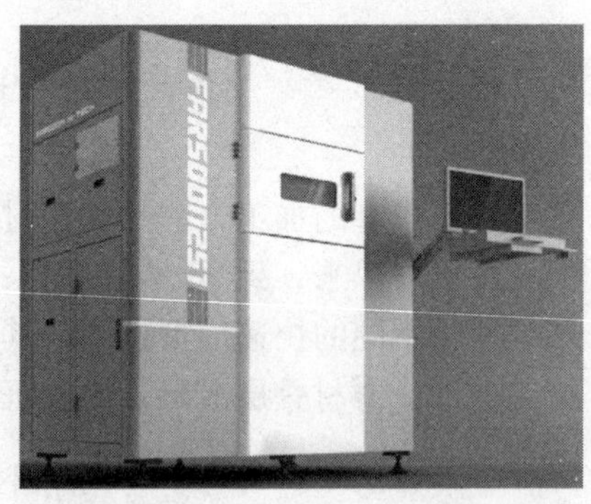

图 16－10　SLS 成型机

激光选择性烧结技术常用原料是塑料、陶瓷、金属以及它们的复合物的粉体。

三、薄材叠层成型（LOM）技术

LOM 是对薄片材料进行切割。先将单面涂有热熔胶的片材通过加热辊加压黏结在一起，位于其上方的激光器或超硬质刀按照 CAD 模型的切片数据，将该层片材切割成零件的内外轮廓，如此重复操作，直至完成整个模型的制作，如图 16－11 为 LOM 工艺原理图。

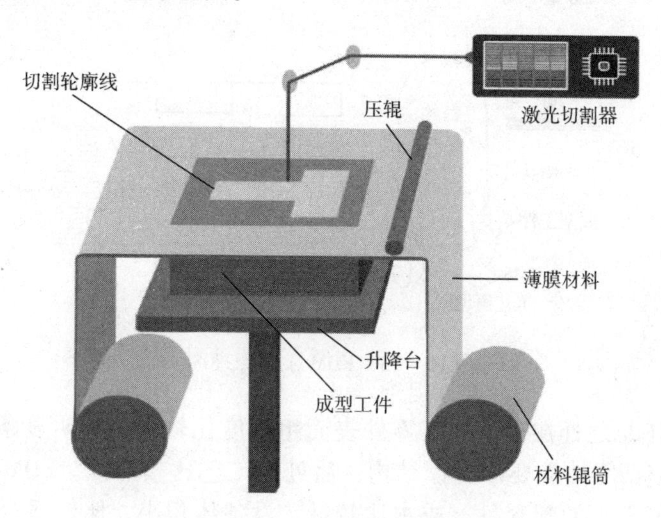

图 16－11　LOM 工艺原理图

LOM 常用的材料是纸、金属箔、塑料膜、陶瓷膜等。LOM 工艺只须在片材上切割出零件截面的轮廓，而不用扫描整个截面。因此成形厚壁零件的速度较快，易于制造大型零件。该技术成本价格高、材料浪费大，系统设备比较复杂。图 16－12 为 LOM 成型机。

图 16－12　LOM 成型机

四、熔丝沉积成型（FDM）技术

FDM 的材料一般是热塑性材料，如蜡、ABS、尼龙等。以丝状供料。材料在喷头内被加热熔化。喷头沿零件截面轮廓和填充轨迹运动，同时将熔化的材料挤出；材料迅速凝固，并与周围的材料凝结，快速冷却后形成一层截面。然后重复以上过程，继续熔喷沉积，直至形成整个实体造型，工艺原理如图 16－13 所示。图 16－14 为 FDM 成型机。

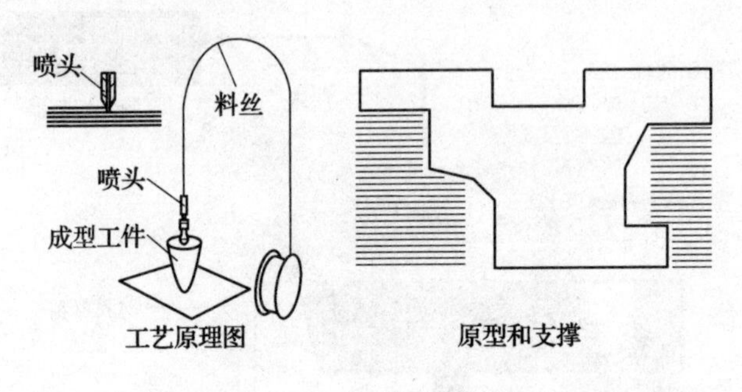

图 16－13　FDM 工艺原理图

FDM 的不足之处在于：加工零件表面粗糙度比较大，有明显条纹；成型时间比较久；复杂零件需要加支撑结构，后处理工艺比较麻烦。FDM 快速成型机适合加工中等大小的塑料件，成本比较低，设备体积小，比较适合办公环境内使用。

图 16－14　FDM 成型机

五、三维立体打印（3DP）技术

3DP 技术一种基于微滴喷射的技术，采用独特的喷墨技术。三维打印工艺使用喷头喷出粘结剂，选择性地将粉末材料粘结起来（可以使用的原型材料有石膏粉、淀粉、热塑材料等)，工艺原理图如图 16－15 所示。该工艺的特点是成型速度快，成型材料价格低，适合做桌面型的快速成型设备。并且可以在粘结剂中添加颜料，可以制作彩色原型，这是该工艺最具竞争力的特点之一，在产品设计产品模型制作中有广泛的应用。图 16－16 为 3DP 成型设备。

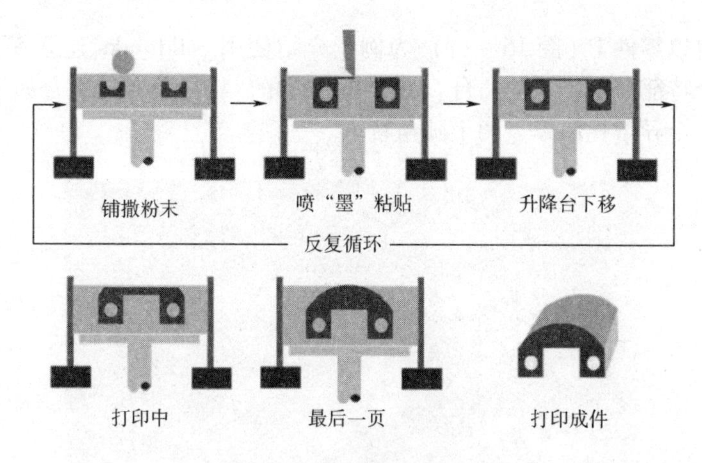

图 16－15　3DP 工艺原理图

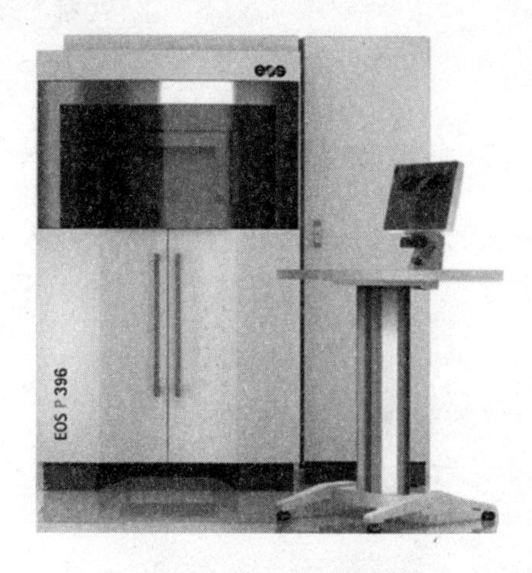

图 16－16　3DP 成型设备

第三节　Solidworks 软件建模

一、Solidworks 软件简介

Solidworks 是由 Solidworks 公司 1995 年推出的一款三维 CAD 软件，是基于特征的参数化实体建模设计工具。利用 Solidworks 可以创建三维实体模型，设计过

程中，实体之间可以存在约束关系，也可以不存在约束关系；同时，可以利用自动的或用户自定义的约束关系来体现设计意图。软件界面友好简洁，操作方便，建模速度快。Solidworks 发展非常迅速，应用相当广泛。

二、Solidworks 建模实例

下面将以零件 1（图 16－17）为例子介绍使用 Solidworks 建立零件。零件 1 使用到三个特征命令：拉伸凸台、异型孔、圆角。特征命令的组合如下：两个拉伸凸台、一个异型孔命令、两个圆角特征。

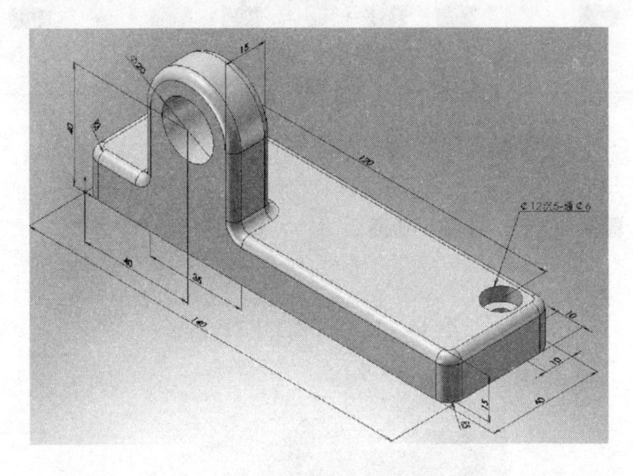

图 16－17　零件 1

（1）软件界面中点击新建，选择零件模板，进入零件的设计界面，如图 16－18 所示。下面建模中使用的特征成型步骤是：平面—特征—草图。

图 16－18　零件的设计界面

（2）第一个特征是 140×40 的矩形草图完成 15 深度的凸台。在设计树中点选“上视基准面”，在特征工具条点选“拉伸凸台”，系统自动转入草图的绘制状态，界面右上角出现草图确认角。

在草图的绘制状态下，点击草图工具条的矩形按钮，移动光标到界面的坐标点上单击鼠标，确定矩形的第一点，鼠标往外移动，单击鼠标确定第二点，绘制一个矩形。由于 solidworks 是由尺寸驱动的设计软件，因此，在绘制草图元素时，不需要按照精确尺寸来绘制草图，可通过尺寸的标注来驱动。

点击智能尺寸，分别标注矩形的两边线长度为 140 和 40，默认的单位为 mm。标注尺寸完成后，草图线的颜色从蓝色变成了黑色，这说明草图已经完全定义（图 16－19），单击草图确认角的确认按钮，完成草图的绘制。

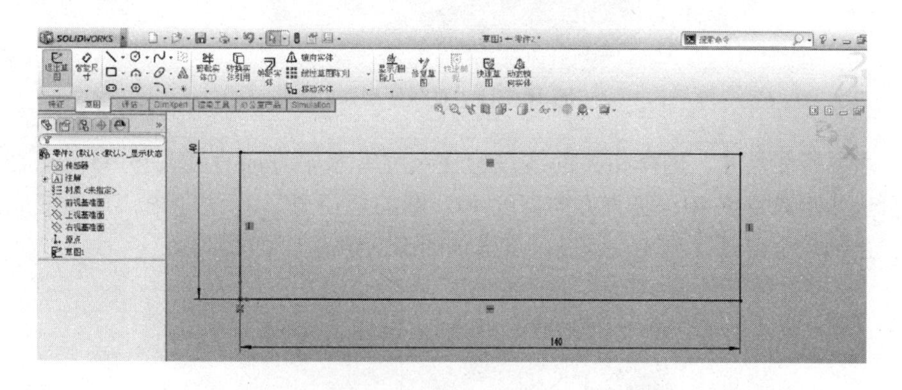

图 16－19　矩形草图

（3）退出草图，凸台的成型效果出来。既可在属性管理器中设定特征的各种参数，如图 16－20 所示，设定终止条件为给定深度，给定拉伸的深度为 15mm。也可在图形区域中拖动 3D 卡尺确定拉伸的方向和深度。

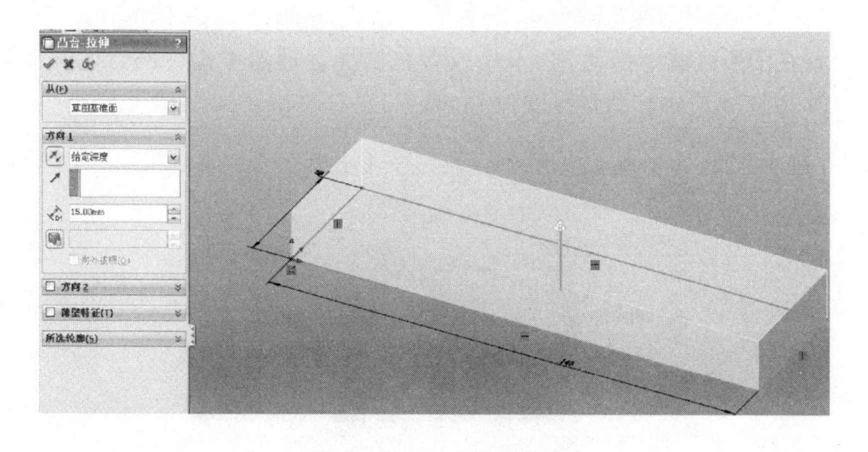

图 16－20　凸台特征参数

（4）选择前视基准面，点击拉伸凸台按钮，进入草图的绘制状态。在草图工具条上点击直线命令，回到绘图区域中捕捉与凸台边线的重合关系，绘制一条竖直状态的直线，在键盘上按下 A 键，光标向外移动，直线变成圆弧，如图 16－21 所示，绘制半圆。完成后，系统重回到直线命令，用直线封闭整个草图。点击圆的命令，绘制一个与圆弧同心的圆。

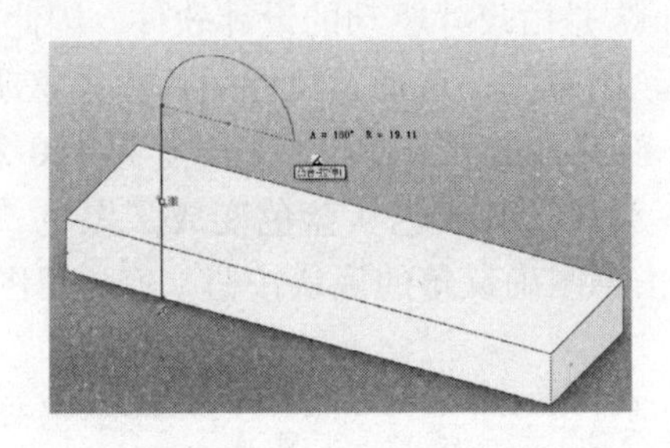

图 16－21　直线变圆弧

激活智能尺寸，选择相关的线段标注尺寸：水平方向直线长度 35，圆心与凸台边线距离定位 40，竖直方向高度 40，圆的直径 20。标注完毕，草图变成黑色，达到完全定义（图 16－22）。点击草图确认角退出草图。

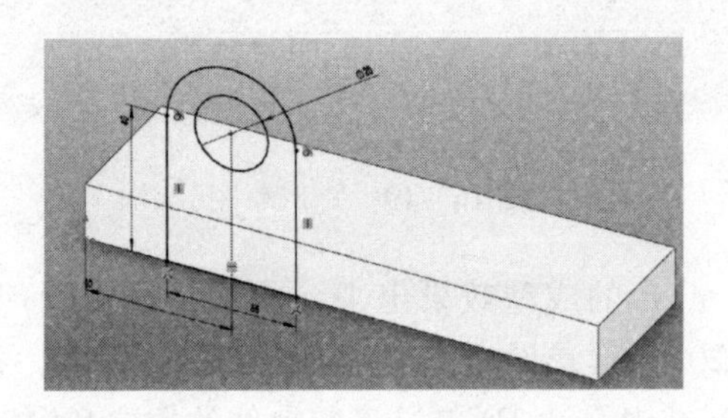

图 16－22　草图 2

（5）在图形区域中拖动 3D 卡尺或者在属性管理器中设定凸台的深度和方向。如图 16－23 所示，凸台深度为 15mm。

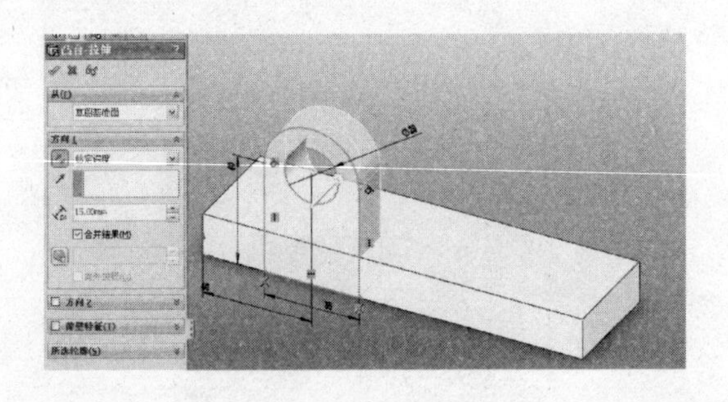

图 16－23　凸台 2 的参数

（6）点击第一个凸台的上平面，在特征工具条激活异型孔命令，在属性管理器类型面板中选择沉头孔类型，在孔规格中选择“显示零件自定义大小”，如图 16－24 所示，在对话框中输入孔的三个参数。

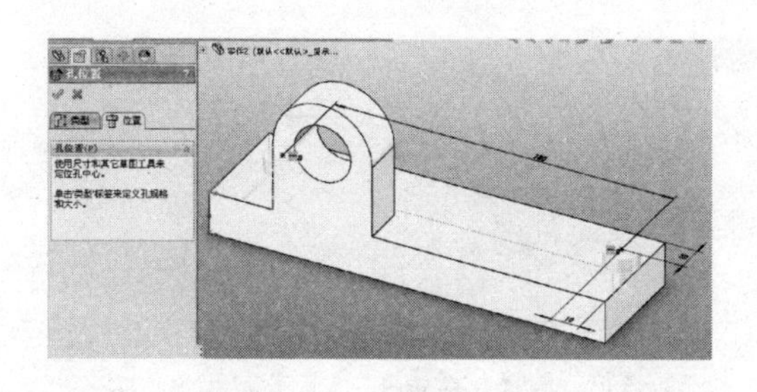

图 16－24　孔类型设置

完成后，激活属性管理器位置面板，光标移动到图形区域，在凸台的上平面任意添加两个点，完成两个孔的添加。使用智能尺寸命令给两个孔添加距离定位：孔跟凸台两边线的定位都为 10mm，两孔之间的距离为 120mm。按下 Ctrl 键，用鼠标选择两点，在属性管理器几何关系中选择水平关系。孔达到完全定义（图 16－25），确认退出异型孔命令。

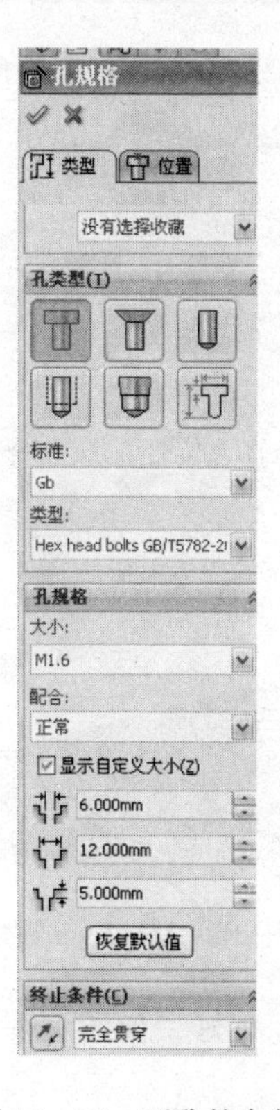

图 16－25　两孔的定位

（7）点击圆角命令，使用手工的等半径，修改圆角大小为5mm，用鼠标选择凸台的四条边线（图16－26），确认退出圆角命令。再次点击圆角，修改圆角大小为3mm，用鼠标选择凸台一平面（图16－27），确认退出。

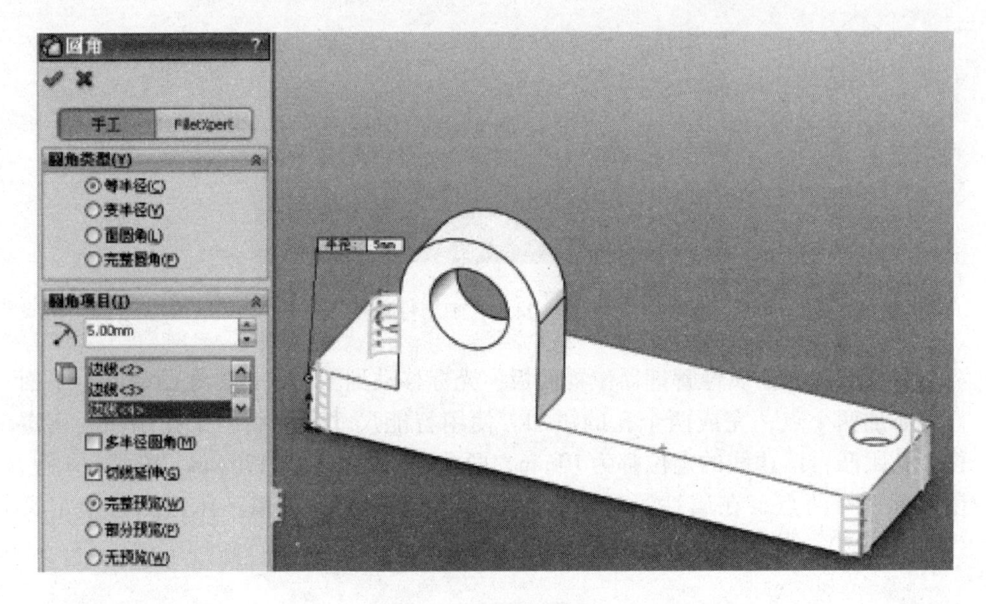

图16－26　5mm圆角

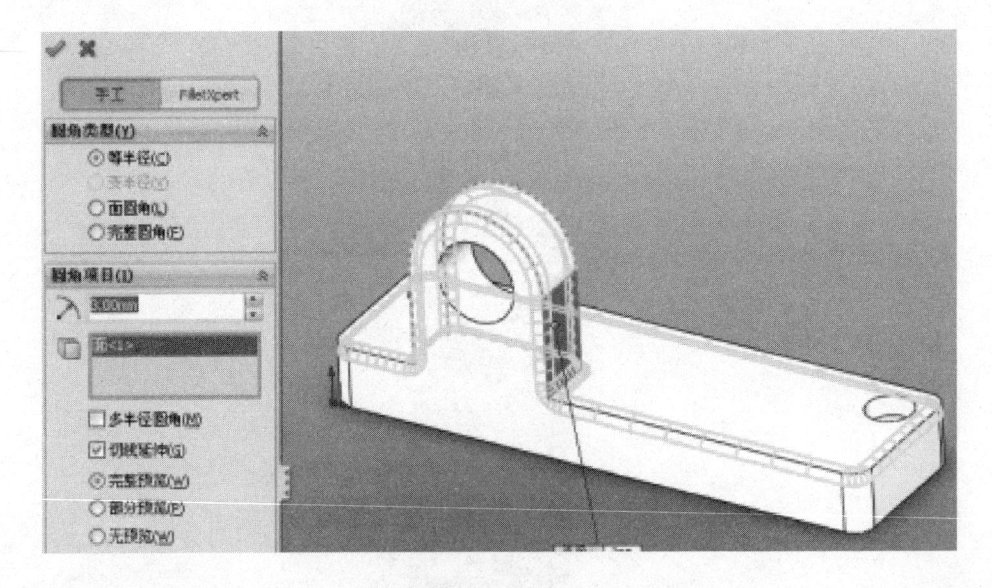

图16－27　3mm圆角

零件完成后，以STL格式保存好，如图16－28所示。

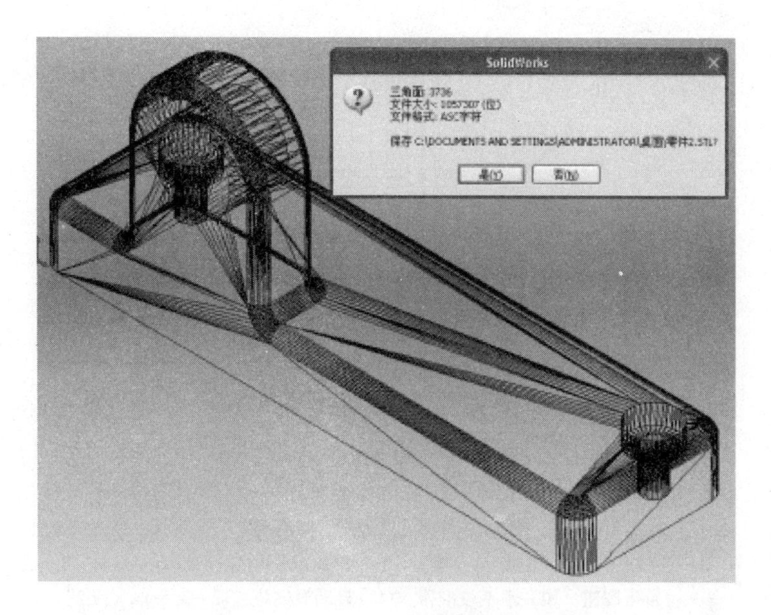

图 16－28　STL 模型

第四节　快速成型加工实训

实操中使用的设备是北京太尔时代科技有限公司生产的一款单喷头熔融挤压式三维打印机—UP！三维打印机，属于普及式三维打印机。打印机结构简单，为敞开龙门型机身，其打印机结构组成如图 16－29 所示。表 16－1 为 UP！三维打印机的性能指标。

表 16－1　　UP！三维打印机性能指标

序号	项目	规格
1	系统运行环境	Windows7、WindowsXP、MAC
2	分层软件	Model Wizard
3	文件输入格式	STL 格式
4	成型层厚（Z 轴）	0.15～0.40mm 可调成型分层厚度
5	成型件精度	约 ±0.20mm/100mm
6	成型速度	5～60cm^3/h
7	单喷头成型空间	140mm×140mm×135mm
8	设备尺寸	245mm×260mm×高 350mm
9	设备重量	约 5kg/毛重（含包装）7.5kg
10	成型材料和支撑材料	均为相同的 ABS 丝材（B601 丝材材料）
11	操作环境	温度 15～30°C；湿度 20%～50% RH

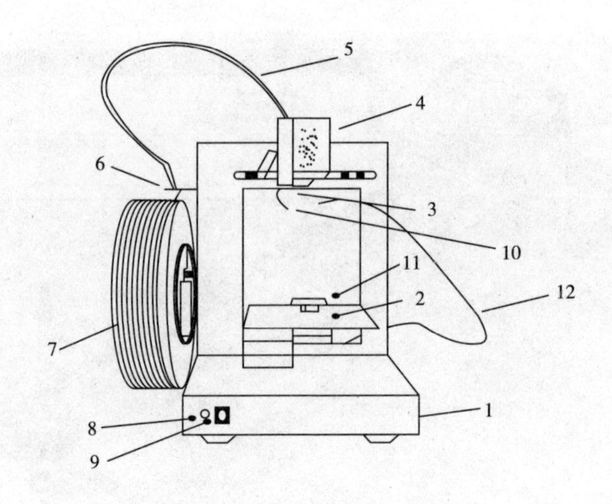

图 16－29　打印机结构组成

1—基座　2—打印平台　3—喷嘴　4—喷头　5—丝管　6—材料挂轴　7—丝材　8—信号灯　9—初始化按钮　10—水平校准器　11—自动对高块　12—3.5mm 双头线

一、开机的操作

检查 USB 连接线是否将打印机和计算机连接正常。打开打印机后面的主电源开关按钮。此时，打印机前面的信号灯为红色。

二、原型件的三维打印

（一）导入模型

启动计算机，双击 UP！软件，进入系统软件界面。UP！软件仅支持 STL 格式、UP3 格式和 UPP 格式。

（1）点击菜单中—文件/打开或者工具栏中点击按钮，选择一个要打印的模型。打开模型后，用鼠标左键点击模型，模型的详细信息会在界面上显示出来，如图 16－30 所示。如要卸载模型，可在模型上点击鼠标右键，在下拉菜单中选择卸载模型或者卸载所有模型。

（2）对模型进行加工角度和大小的调整。如图 16－31 所示，旋转模型可点击工具栏上的旋转按钮，在文本框中选择或者输入想要旋转的角度，然后选择按照某个轴旋转。缩放模型可点击缩放按钮，在工具栏中选择或者输入一个比例，然后再次点击缩放按钮缩放模型；如只沿着一个方向缩放，只需选择这个方向轴即可。注意，模型的大小不能超出设备的最大加工尺寸。

（3）点击工具栏最右边的自动布局按钮，软件会自动将模型调整到平台的合适位置。

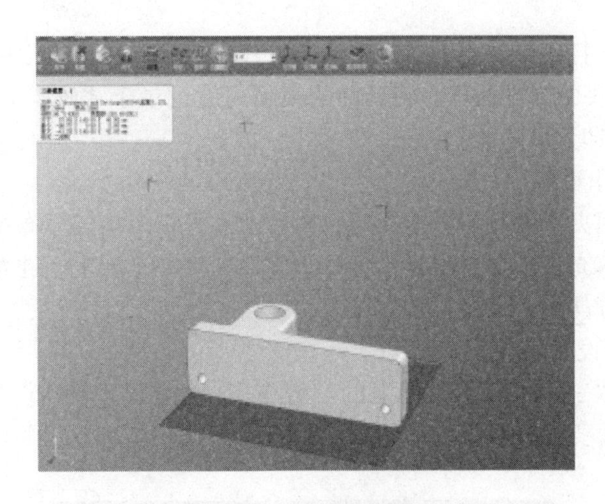

图 16－30　软件界面模型信息

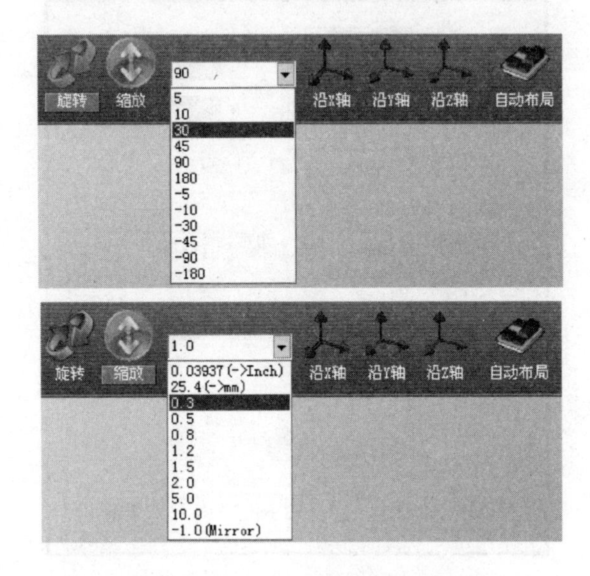

图 16－31　模型旋转和缩放

（二）准备打印

1. 初始化打印机

在 UP！软件上点击三维打印菜单下面的初始化选项，打印机发出蜂鸣声，打印喷头和打印平台将回到打印机的初始位置，初始化完成后将再次发出蜂鸣声。

2. 调平打印平台

检查喷嘴和打印平台四个角的距离是否一致，进行水平校准。

3. 校准喷嘴高度

为了确保打印的模型与打印平台粘结正常，防止喷头与工作台碰撞对设备造成损害，需要在打印开始之前进行喷头高度校准设置。该高度以喷嘴距离打印平台 0.2mm 时喷头的高度为佳。将当前的喷嘴高度记录于“喷嘴 & 平台”下的对话框中（3D 打印菜单—维护）。

4. 准备打印平台

打印前，用夹子将打印平板固定在平台上。平板上均匀分布孔洞，打印开始后，塑料丝将填充进板孔，这样模型可牢固地粘接在平板上。注意，夹子只能在工作台的前后方向进行夹紧。

（三）打印设置选项

点击软件“三维打印”菜单下的“设置”，将会出现图 16－32 的打印设置选项界面，接着要设置各个打印选项：

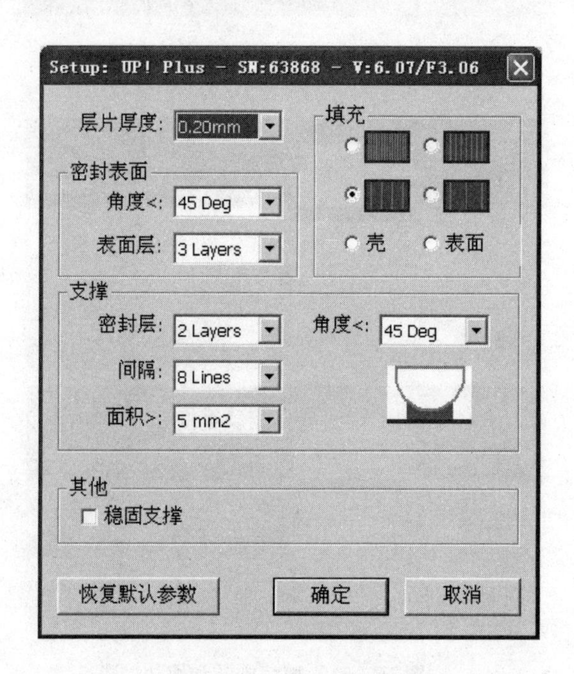

图 16－32　打印设置选项

1. 层片厚度

打印层厚可根据需求进行设置，每层厚度设定在 0.2 ~ 0.4mm。如果模型尺寸比较小，曲面比较多或带陡峭面时，为了确保加工精度，层厚可设置小一点，但相对的模型的加工时间会较长；如果模型尺寸比较大，直面较多或形状比较规则，层厚可取较大的数值。

2. 表面层

模型在高度方向上的表面密封层数。

3. 角度

为设定需要内部支撑的表面的最大角度（表面与水平面的角度）。当表面与水平面的角度小于该值时，必须添加支撑；反之，则不添加。

4. 填充

填充选项有四种方式填充内部支撑，如图 16－33 所示为设置不同的内部支撑密度：

a. 该部分的外部壁厚大概 1.5mm，内部为紧密结构填充，行距约为 0.1mm。

b. 该部分的外部壁厚大概 1.5mm，内部为网格结构填充，行距约为 0.2mm。

c. 该部分的外部壁厚大概 1.5mm，内部为中空网格结构填充，行距约为 0.4mm。

d. 该部分的外部壁厚大约 1.5mm，内部由大间距的网格结构填充，行距约为 0.6mm。

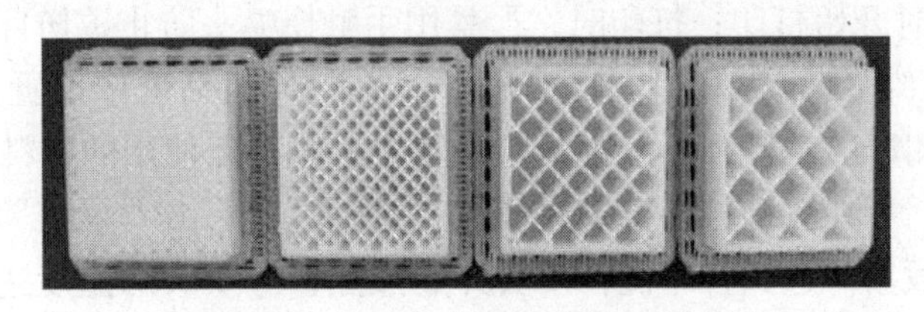

图 16－33　设置不同的内部支撑密度

5. 密封层

为避免模型主材料凹陷入支撑网格内，在贴近主材料被支撑的部分要做数层密封层。

6. 间隔

外部支撑材料线与线之间的距离。

7. 面积

外部支撑材料的表面使用面积。当选择 $6mm^2$ 时，悬空部分面积小于 $6mm^2$ 时不会添加支撑。

8. 支撑角度

为设定需要支撑的表面的最大角度（表面与水平面的角度），当表面与水平面的角度小于该值时，必须添加支撑。角度越大，支撑面积越大；角度越小，支撑越小。如图 16－34 所示，在表面和水平面的成型角度大于 10°的时候，支撑材料才会被使用。如果设置成 50°，在表面和水平面的成型角度大于 50°的时候，支撑材料才会被使用。

9. 其他选项

（1）稳固支撑：此选项建立的支撑较稳固，模型不容易被扭曲，但是支撑

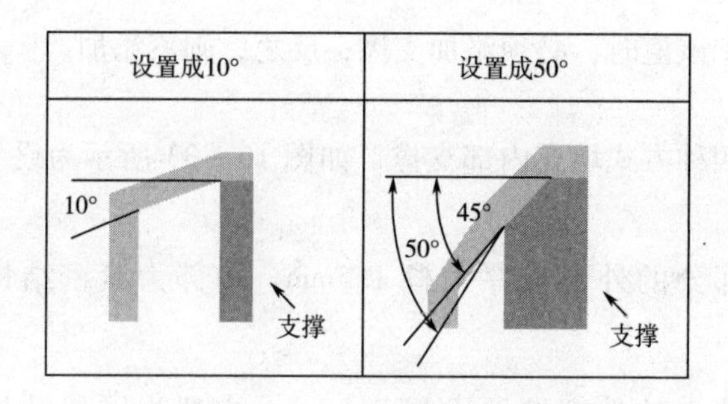

图 16－34　支撑角度设置

材料比较难被移除。

（2）壳：可提高中空模型的打印效率。

（3）表面：仅打印单层外壁。

（4）打印：

1）点击三维打印菜单的“平台预热 15 分钟”，打印机开始对平台加热。在温度达到 40℃时开始打印；打印时，严禁用手触摸喷头防止烫伤自己。

2）点击三维打印菜单的“打印预览”，在打印对话框中设置打印参数，点击“确定”，如图 16－35 所示。系统会估算出模型加工使用的材料用量和加工时间。如没问题，可在三维打印菜单中点击“打印”，点击“确定”。这时软件会将模型的分层数据传送到打印机，喷头开始加热，等喷头的温度达 260℃时打印机开始打印。

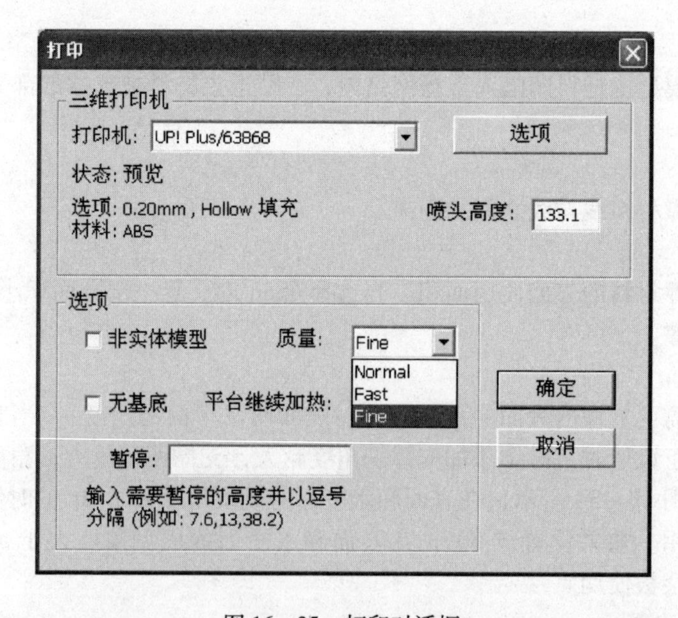

图 16－35　打印对话框

①质量。质量有普通、快速、精细三个选项，此选项将决定打印机的成型速度。通常情况下，打印速度越慢，成型质量越好。对于模型高的部分，以最快的速度打印会因为打印时的颤动影响模型的成型质量。对于表面积大的模型，由于表面有多个部分，打印的速度设置成“精细”也容易出现问题，打印时间越长，模型的角落部分更容易卷曲。

②无基底：在打印模型前将不会产生基底。

③平台继续加热：平台将在开始打印模型后继续加热。

在加工模型时要切不可用手去触摸喷头以防烫伤。当发生紧急情况时，打印机无应急按钮，这时要点击三维打印菜单的“维护”，在维护对话框上点击“停止”，可停止设备的加工，如图 16－36 所示。

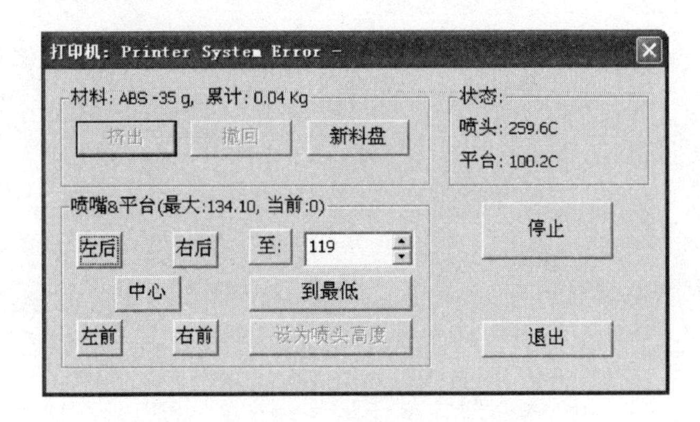

图 16－36　维护对话框

三、加工完成和后处理

（1）当模型完成打印时，打印机会发出蜂鸣声，喷嘴和打印平台会停止加热。

（2）把工作台上的夹子松开，从打印机上撤下打印平板。

（3）点击“系统初始化”，完成初始化后可关闭主机后面的电源开关。注意关闭 UP！三维打印机主机后面的电源开关时，要轻托工作平台，让其缓慢下降。

（4）用铲刀慢慢的来回撬松模型，取下模型后再进行支撑结构的剥离、表面打磨处理等。

第五节　实习安全操作规程

使用 UP！三维打印机加工操作时要注意以下的安全问题：

（1）喷嘴和打印平台很热，在打印操作时请使用手套。

（2）打印时，严禁用手触摸喷头，防止烫伤自己。

（3）加工完成后，移除模型之前要先将打印平板从工作台上撤下。

（4）支撑材料和工具都很锋利，对零件进行后处理时请佩戴手套，防止划伤自己。

（5）关闭 UP！三维打印机主机后面的电源开关时，要轻托工作平台，让其缓慢下降。

思考与练习

1. 快速成型是由哪些先进技术集成的？整个过程可分为哪三个步骤？
2. 快速成型技术主要包括哪几种，这几种方法的基本原理是什么？
3. 叙述从 CAD 模型到快速成型获得实体零件的整个过程。
4. 通过学习快速成型技术，简述其未来发展趋势。

第十七章 可编程序控制器（PLC）

PPT课件

第一节 概 述

可编程序控制器通常称为PLC（Programmable Logic Controller），它是一个以微处理器为核心的数字运算操作的电子系统装置，专为在工业现场应用而设计。

PLC是微机技术与传统的继电接触控制技术相结合的产物，它克服了继电接触控制系统中机械触点接线复杂、可靠性低、功耗高、通用性和灵活性差的缺点，充分利用了微处理器的优点，又照顾到现场电气操作维修人员的技能与习惯，特别是PLC的程序编制，不需要专门的计算机编程语言知识，而是采用了一套以继电器梯形图为基础的简单指令形式，使用户程序编制形象、直观、方便易学；调试与查错也都很方便。

一、PLC的特点

1. 可靠性高，抗干扰能力强

在硬件方面采用了电磁屏蔽、滤波、光电隔离等一系列抗干扰措施；在软件方面PLC进行故障检测、信息保护及恢复、设置警戒时钟、加强对程序的检查和校检、对程序和动态数据进行后备保护等，进一步提高了可靠性和抗干扰能力。

目前PLC的整机平均无故障工作时间可高达3万~5万小时以上。

2. 编程软件简单易学

PLC最常用的语言是面向控制的梯形图语言。它采用了与实际电气原理图非常接近的图形编程方式，既继承了传统的继电器控制线路的清晰直观，又符合大多数电气技术人员的读图习惯，不需要专门的计算机知识和语言，只需要具有一定的电工和工艺知识，即可在短时间内学会。

3. 通用性和灵活性好

当生产工艺改变、生产设备更新时，不必改变PLC的硬设备，只需改变相应的软件，就可满足新的控制要求。目前PLC产品已经标准化、系列化和模块化，用户可以根据不同的控制要求，不同的控制信号，方便地进行系统配置，组成各种各样的控制系统。

4. 体积小、重量轻、功耗低

PLC结构紧凑、体积小、功耗低，很容易嵌入机械设备内部，是实现机电一体化的理想的控制设备。

二、PLC 的结构及各部分的作用

PLC 的类型繁多，功能和指令系统也不尽相同，但结构与工作原理则大同小异，通常由主机、输入/输出接口、电源、编程器扩展器接口和外部设备接口等几个主要部分组成。PLC 的硬件系统结构，如图 17－1 所示。

1. 主机

主机部分包括中央处理器（CPU）、系统程序存储器和用户程序及数据存储器。CPU 是 PLC 的核心，它用以运行用户程序、监控输入/输出接口状态、作出逻辑判断和进行数据处理。PLC 的内部存储器有两类，一类是系统程序存储器，主要存放系统管理和监控程序及对用户程序作编译处理的程序，系统程序已由厂家固定，用户不能更改；另一类是用户程序及数据存储器，主要存放用户编制的应用程序及各种暂存数据和中间结果。

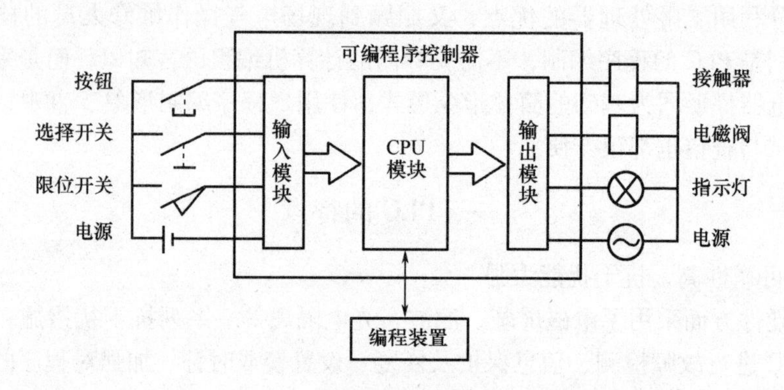

图 17－1　PLC 控制系统结构示意图

2. 输入/输出（I/O）接口

I/O 接口是 PLC 与输入/输出设备连接的部件。输入接口接受输入设备（如按钮、传感器、触点、行程开关等）的控制信号。输出接口是将主机经处理后的结果通过功放电路去驱动输出设备（如接触器、电磁阀、指示灯等）。

3. 电源

电源是指为 CPU、存储器、I/O 接口等内部电子电路工作所配置的直流开关稳压电源，通常也为输入设备提供直流电源。

4. 编程器

编程器是 PLC 的一种主要的外部设备，用于手持编程，用户可用以输入、检查、修改、调试程序或监示 PLC 的工作情况。除手持编程器外，还可通过适配器和专用电缆线将 PLC 与电脑连接，并利用专用的工具软件进行电脑编程和监控。

5. 输入/输出扩展单元

I/O 扩展接口用于连接扩充外部输入/输出端子数的扩展单元与基本单元

（即主机）。

6. 外部设备接口

此接口可将编程器、打印机、条码扫描仪等外部设备与主机相联，以完成相应的操作。

三、PLC 的工作原理

PLC 是采用“顺序扫描，不断循环”的方式进行工作的。即在 PLC 运行时，CPU 根据用户按控制要求编制好并存于用户存储器中的程序，按指令步序号（或地址号）作周期性循环扫描，如无跳转指令，则从第一条指令开始逐条顺序执行用户程序，直至程序结束；然后重新返回第一条指令，开始下一轮新的扫描。在每次扫描过程中，还要完成对输入信号的采样和对输出状态的刷新等工作。

扫描周期定义：在 PLC 运行时，CPU 从第一条指令开始按指令步序号作周期性的循环扫描，如果无跳转指令，则从第一条指令开始逐条顺序执行用户程序，直至遇到结束符后又返回第一条指令，周而复始不断循环，每一个循环称为一个扫描周期。

扫描周期的长短主要取决于程序的长短；一般 PLC 的扫描周期小于 60ms。

第二节　PLC 的编程元件

PLC 是采用软件编制程序来实现控制要求的。编程时要使用到各种编程元件，它们可提供无数个动合和动断触点。

三菱 PLC 编程元件的名称由字母和数字组成。字母代表功能，表示元件类型，如：输入继电器用“X”表示，输出继电器用“Y”表示；数字表示元件的序号，输入、输出继电器的元件号采用八进制数，遵循“缝八进一”的原则。其他编程元件的元件号采用十进制数。

1. 输入继电器（X）

输入继电器是 PLC 与外部用户设备连接的接口，用来接受按钮、选择开关、限位开关等发来的输入信号。必须注意：①输入继电器只受外部信号控制，不能由程序指令或其他部件驱动，在梯形图中只能作触点而不能作线圈。②输入继电器的触点在梯形图中的使用次数不受限制。③外部输入信号的持续时间必须大于一个扫描周期。

2. 输出继电器（Y）

输出继电器用来将 PLC 内部信号输出给外部负载。它的线圈由用户程序控制，其触点在梯形图中的使用次数不受限制。输出继电器无断电保持功能。

3. 辅助继电器（M）

辅助继电器是PLC中数量最多的一种继电器，供用户存放中间变量，相当于继电器控制系统中的中间继电器。它不能接收外部的输入信号，只由程序驱动；也不能直接驱动负载。有常开和常闭触点。

三菱FX系列PLC中有三种特性不同的辅助继电器：

通用辅助继电器：（为不带后备电池的RAM），无断电保持功能，PLC恢复工作时之前状态消失。电源掉电后所有的通用辅助继电器将变为OFF。

锁存辅助继电器：有断电保持功能，可保持断电前的状态，系统重新得电后，即可重现断电前的状态，并在该基础上继续工作。

特殊辅助继电器：一类反映PLC的工作状态或PLC为用户提供常用功能器件，如M8000：运行监视（在PLC运行中接通）；另一类是可控制的特殊功能辅助继电器，驱动后，PLC将做一些特定的操作，如M8034：输出禁止。

4. 状态继电器（S）

状态继电器是用于编制顺序控制程序的一种编程元件，它与步进梯形指令STL一起使用。

5. 定时器（T）

PLC定时器的作用相当于继电器系统中的时间继电器。当定时器的线圈被驱动时，定时器以增计数方式对PLC内部的时钟（1ms、10ms、100ms）进行累积，当计时的当前值与定时器的设定值相等时，其触点动作（常开触点闭合、常闭触点断开）；当定时器的线圈失电时，其触点立即复位。

FX系列PLC的定时器分为通用定时器和积算定时器。定时器的设定值可以用常数K或者数据寄存器（D）的内容来设定。T后面的数字表示定时器的定时类型和定时精度，K后面的为计数次数。定时时间的计算公式：定时时间 = 计数次数 × 定时精度。

各系列的定时器和元件编号，如表17－1所示。

表17－1　定时器

定时器类型 \ PLC	FX_{1N}，FX_{1NC}，$FX_{2N}$$FX_{2NC}$
100ms 通用定时器	200点，T0～199
10ms 通用定时器	46点，T200～T245
1ms 通用定时器	—
1ms 积算定时器	4点，T246～T249
100ms 积算定时器	6点，T250～T255

以通用定时器为例，如图17－2所示。

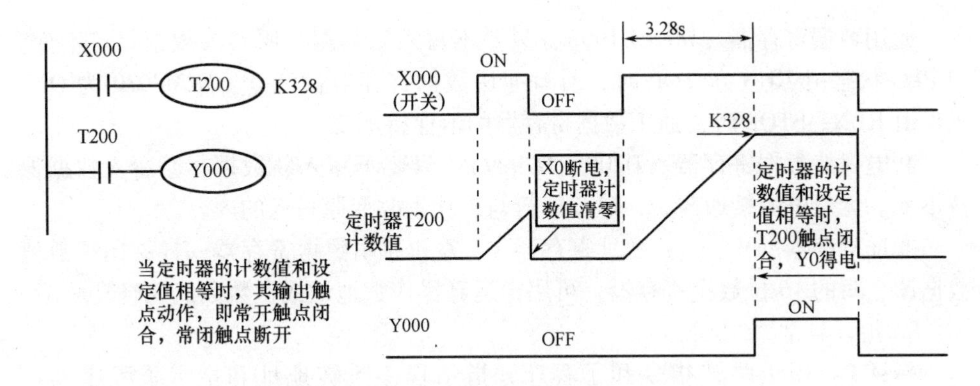

图 17－2　通用定时器的工作原理

当 X000 的常开触点为 ON 时，T200 的当前值从零开始，对 10ms 时钟脉冲进行累加计数。当前值等于设定值 328 时（即 3. 28s），定时器 T200 的常开触点闭合，Y0 得电。通用定时器没有保持功能，在输入电路断开或停电时被复位。

积算定时器：积算定时器具有断电保持功能，需要用复位指令（RST）使其强制复位。

6. 计数器（C）

计数器由计数装置和触点组成，计数装置用来改变触点的状态。当计数器达到设定值时，计数器触点动作，即常开触点闭合，常闭触点断开。以 16 位加计数器（C0～C199）为例，如图 17－3 所示。

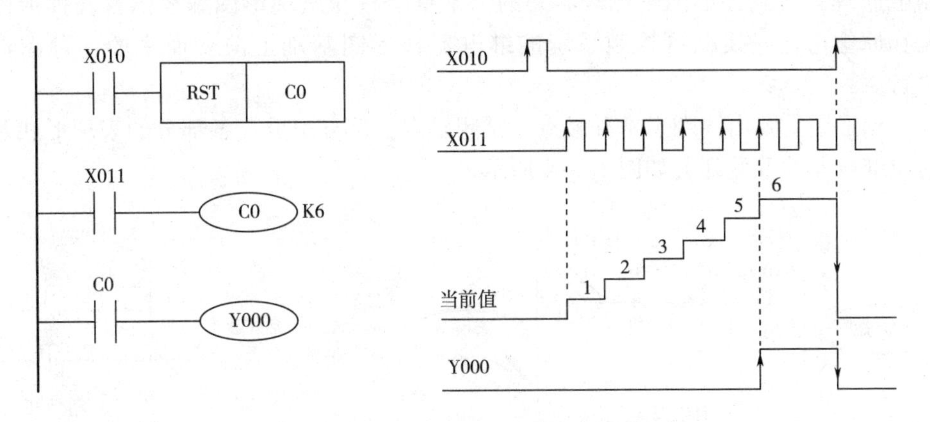

图 17－3　16 位加计数器的工作原理

7. 数据寄存器（D）

数据寄存器（D）在模拟量检测与控制以及位置控制等场合用来储存数据和参数。每个数据寄存器都是 16bit，其最高位为符号位。可以用两个数据寄存器组成 32bit 寄存器，其最高位为符号位。

通用数据寄存器（D0～D199）：只要不写入新数据，原写入数据保持不变。但PLC状态由RUN→STOP时，所有通用数据寄存器被清0。若M8030为ON，PLC由RUN→STOP时，通用数据寄存器的值保持不变。

断电保持数据寄存器（D200～D7999）：只要不写入新数据，原写入数据保持不变。无论电源接通与否，PLC运行与否均不改变原写入的内容。

变址寄存器（V、Z）：变址寄存器V、Z和通用数据寄存器一样，用于数值数据读、写的16位数据寄存器，可用于运算操作数地址或常数数值的修改。

8. 指针与常数

指针P：用于跳转指令和子程序，指示程序跳转地址和指示子程序入口地址。

指针I：用于中断，指示中断服务程序入口地址。

常数K：用于表示十进制常数。

常数H：用于表示十六进制常数。

第三节　PLC的编程及应用

一、PLC的编程

三菱FX系列PLC的编程语言主要有：梯形图编程语言、助记符语言、流程图语言。对继电接触控制技术较为熟悉的电气技术人员来说，从继电接触控制电原理图转到梯形图是比较容易的。本章节只介绍梯形图编程语言。梯形图是在原继电器—接触器控制系统的继电器梯形图基础上演变而来的一种图形语言。

梯形图主要由线圈、常开触点、常闭触点三部分组成。各部分的表现形式及对应继电器的等效开关如图17－4所示。

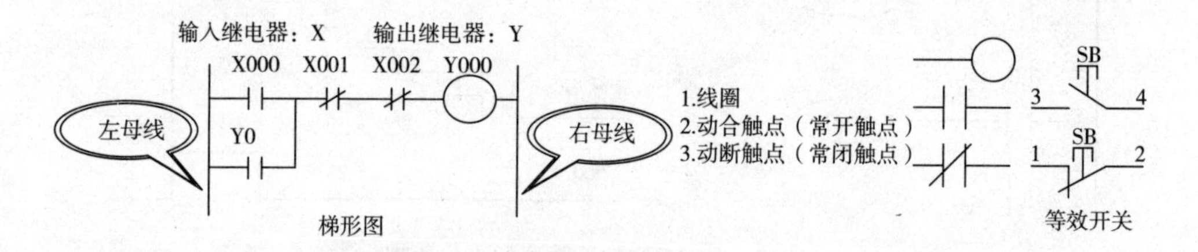

图17－4　梯形图及对应等效开关

时序图是用于辅助分析梯形图的一种工具。它由高水平线、低水平线、竖线三部分组成。高水平线表示线圈通电/触点动作；低水平线表示线圈断电/触点原态；竖线表示线圈通断电/触点闭断时刻，如图17－5所示。

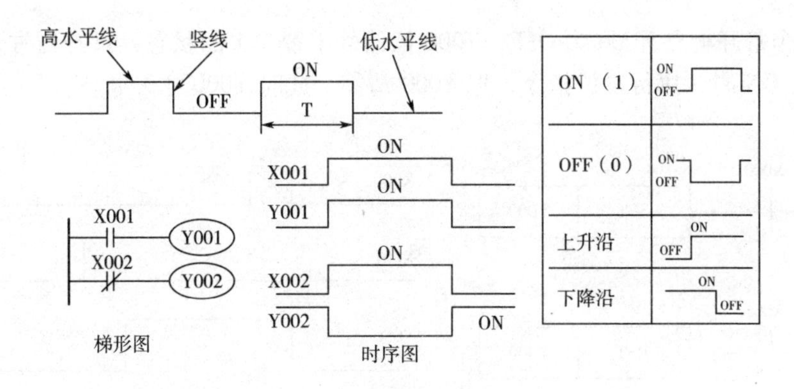

图 17－5　时序图工作原理

常开和常闭触点在不同状态下的动作，如表 17－2 所示。

表 17－2　　**触点动作示意图**

触点 / 状态	常开触点	常闭触点
ON（1）	允许电流通过	不允许电流通过
OFF（0）	不允许电流通过	允许电流通过

二、PLC 的基本电路

1. 自锁电路

如图 17－6 所示：当常开触点 X001 为 ON 时，线圈 Y000 得电，从而使 Y000 的常开触点闭合，此时，即使常开触点 X001 为 OFF，能流依然可以通过 Y000 的常开触点到达线圈，使得线圈 Y000 依然为得电的状态，实现自锁的功能；要使得线圈 Y000 为失电状态，则需要让常闭触点 X002 为 ON 的状态，则，X002 常闭触点断开，Y000 失电。

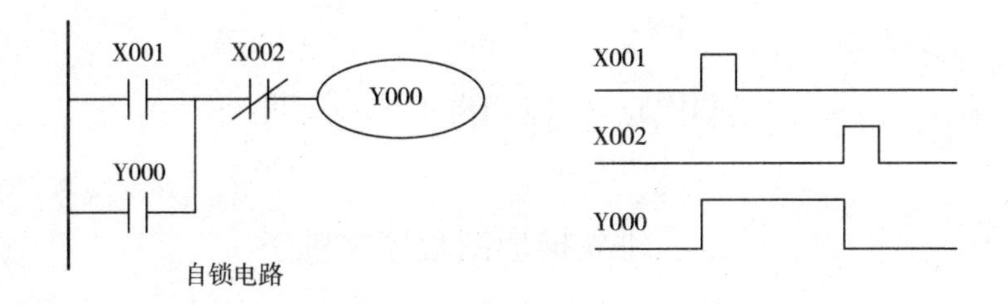

图 17－6　自锁电路

2. 置位复位电路

如图 17－7 所示：当常开触点 X000 为 ON 时，Y000 置为 1（得电状态），即使此时令常开触点 X000 为 OFF，Y000 依然处于置为 1 的状态；只有当常开触点 X001 为 ON 时，执行复位指令，把 Y000 清零，此时 Y000 才失电。

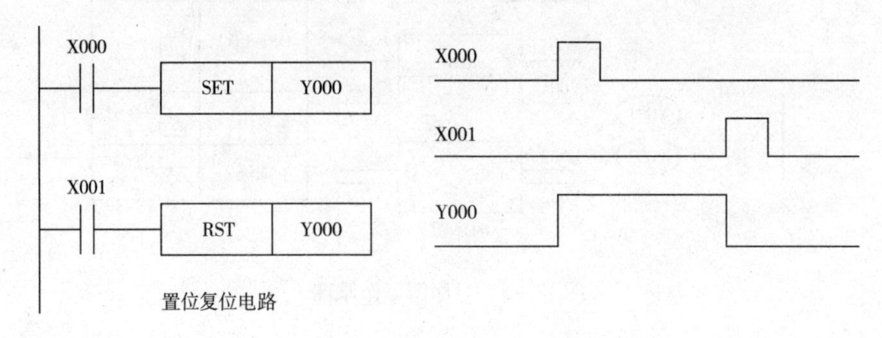

图 17－7　置位复位电路

3. 延时电路

如图 17－8 所示：当常开触点 X000 为 ON，启动定时器 T0，10×0.1＝1s 后，T0 的常开触点接通，启动定时器 T1，20×0.1＝2s 后，T1 的常开触点接通，线圈 Y000 得电。

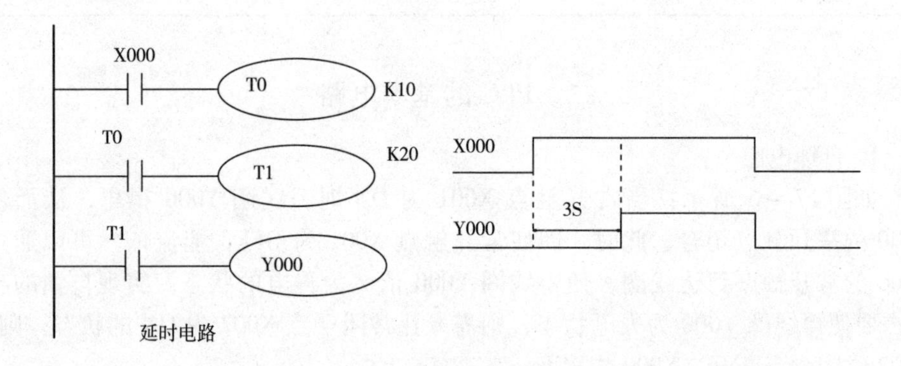

图 17－8　延时电路

第四节　PLC 的编程实训

一、建立梯形图程序文件

先进入 GX Developer 程序主界面，通过单击“工程”菜单中的“创建新工程（N）”，或者按下快捷键 Control＋N，或者单击标准工具条中的图标，就会出现如图 17－9 所示的创建新工程对话框，在下拉菜单中选择合适的 PLC 系列，选择合适的 PLC 类型；最后按确定，则可进入梯形图编程环境。

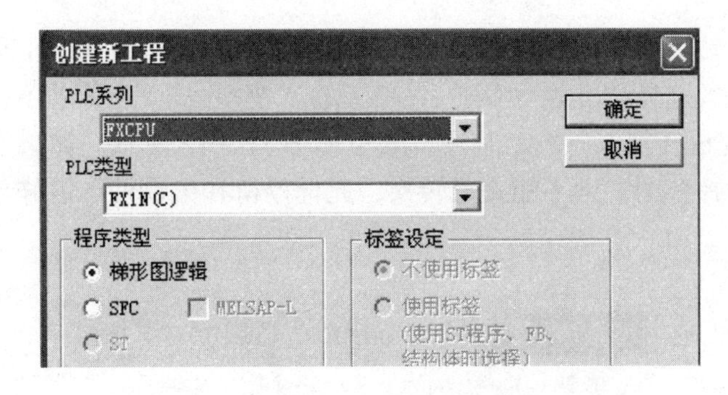

图 17－9　创建新工程

二、梯形图程序输入

梯形图程序的输入，可以用梯形图标记工具条中的图标按钮来输入，如图 17－10 所示。

图 17－10　梯形图标记工具条

例如，要输入 X1 的常开触点，则单击梯形图标记工具条中的图标，或者按下功能键 F5，则会在 GX Developer 编程环境中显示如图 17－11 所示的软元件输入框，输入 X1，按确定。

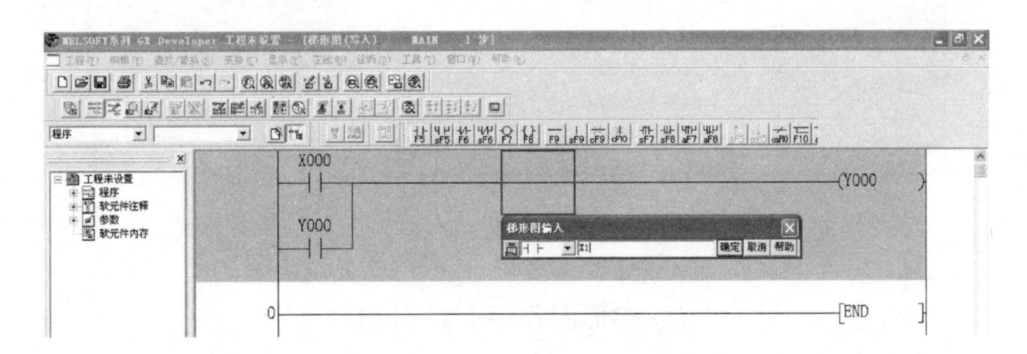

图 17－11　软元件输入

三、梯形图的变换

输入完 PLC 程序后，需要将梯形图转换为 PLC 内部格式。未转换时，梯形图背景呈灰色，转换完成后，梯形图背景呈白色。可以单击程序工具条中的程序变换图标，或者选择“变换（C）”菜单下的“变换（C）”菜单项，或者按下功能键 F4，来完成转换。“变换（C）”菜单如图 17－12 所示。如果有错误，或存在不能变换的梯形图，则不能完成转换，光标停留在出错处。需修正错误后，才能转换。

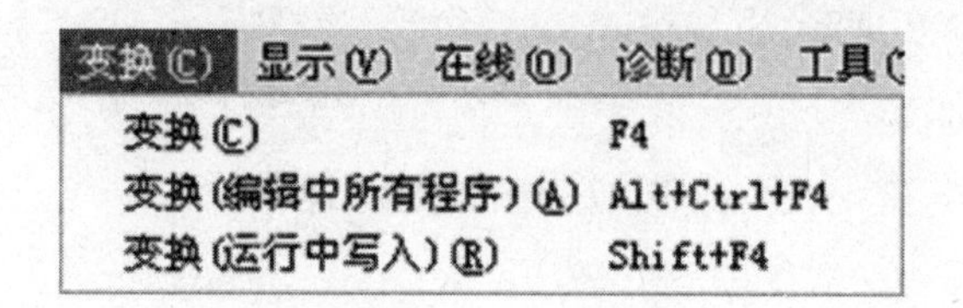

图 17－12　变换菜单

四、梯形图程序的存储

在梯形图转换后，通过单击“工程”菜单中的“保存工程（S）”，或者单击标准工具条中的图标，则会出现如图 17－13 所示的“另存工程”为对话框，选择合适的路径，设置工程名，最后按“保存”，选择“是”。

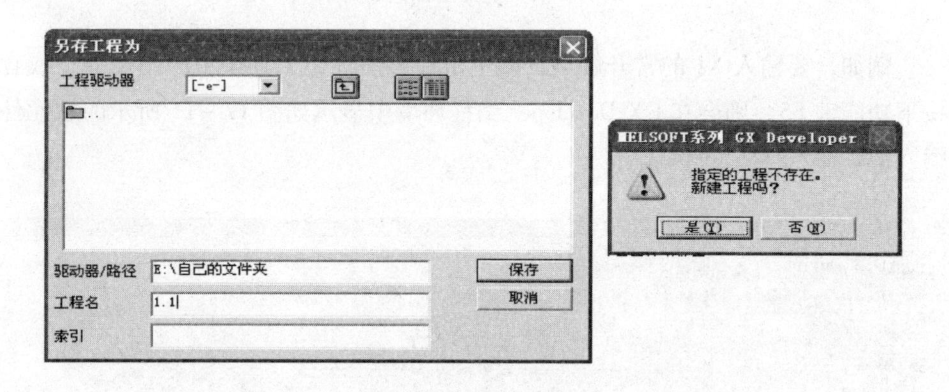

图 17－13　另存工程

五、梯形图程序下载到 PLC

在 PLC 实训室中，使用的是菱隆科技有限公司设计的 PLC 系统，对于梯形图下载到实验台进行演示，需要经过以下几个步骤：

（1）确保桌面上试验箱的电源开关以及前面的 THPLC－B 型实验台的电源开关都已经打开，检查接线是否正常。

（2）按一下桌面上试验箱中间的“申请/完成、取消”按钮，申请跟前面的 THPLC－B 型实验台进行通信。

（3）到教师桌面上点击应答器，如图 17－14 所示，只有“申请/完成、取消”按钮保持一直亮的电脑，才能够通信。

图 17－14　应答器

（4）在“在线”的下拉菜单中，点击“传输设置”，就会出现如图 17－15 所示的对话框。

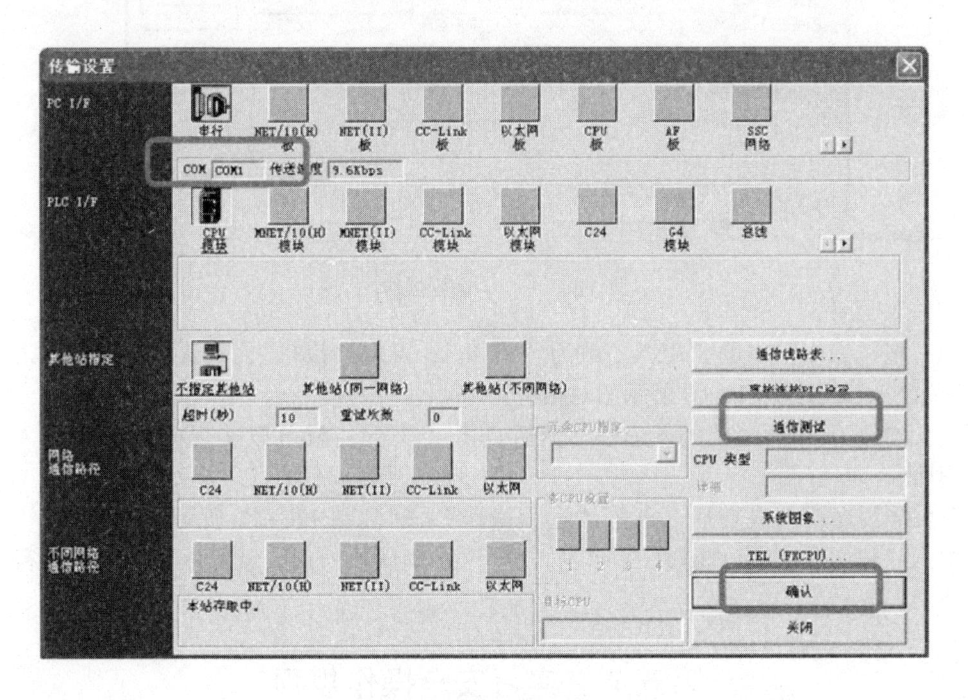

图 17－15　传输设置

双击“串行”所示图标，选择“COM1”端口，按“通信测试”，看是否连接成功。连接成功后，点击“确认”；若连接不成功，最大的可能是：试验箱的电源开关没有接通，接通后再次尝试“通信测试”。

（5）在“在线”的下拉菜单中，点击“PLC 写入”，就会出现如图 17－16 所示的对话框：

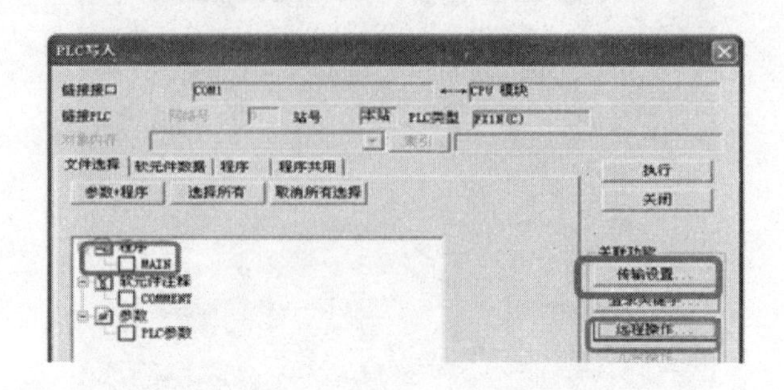

图 17－16　PLC 写入

点击“远程操作”，就会出现如图 17－17 所示的对话框。

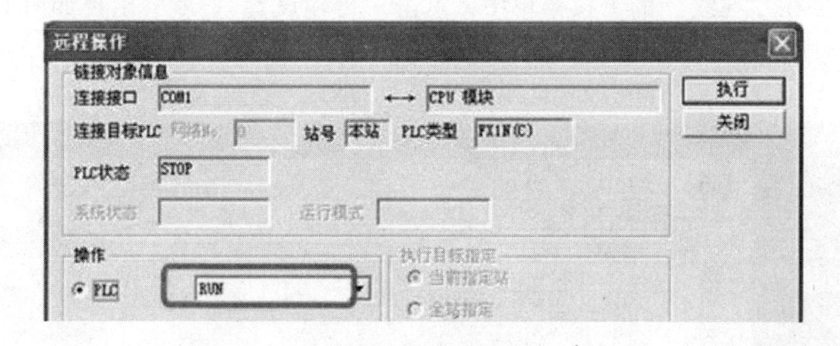

图 17－17　远程操作

把“操作”中的“RUN”改为“STOP”，点击“执行”，确认执行后，点击“关闭”，回到图 17－16 所示的对话框。

勾选“MAIN”前的复选框，然后点击“执行”就可以实现向 PLC 中写入程序。

当程序写入成功后，点击“远程操作”，回到图 17－17 所示，把“操作”中的“STOP”改为“RUN”，点击“执行”，确认执行后，就可以在实验台进行演示。

第五节　实习安全操作规程

（1）严格遵守《机械制造工程训练安全制度》。

（2）在实训过程中，最主要是防止触电，具体要求是不要随意挪动设备。

（3）实训前实训人员应认真检查电源、线路、设备是否正常，防止事故的发生。

（4）实训中出现异常现象，实训人员应立即断电，排除故障后方可继续实验。

（5）实训结束后，实训人员应认真检修设备及线路，如有异常情况，及时向教师说明，为下一次实训做好准备工作。

（6）实训指导人员有权拒绝一切违反安全操作规程的操作，并有权纠正违反安全操作规程的现象。

（7）爱护设备，不能用手按显示器的屏幕，不能用手指甲划触摸屏屏幕。

（8）实习所属计算机只能用于PLC编程、控制，不得作其他用途；使用时，不能编入与实习无关的程序；不允许私自带盘上机；不允许改变机器内部命令程序；不得随意改动控制系统、编程系统的技术参数，不能随意修改设备的接线，必须改动时要征得实习指导老师同意。

思考与练习

1. 简述PLC的定义及PLC的工作原理。
2. 简述通用定时器的工作原理。
3. PLC可以应用在哪些领域？
4. 在GX Developer中，编写完程序后，假如没有变换，直接保存，会出现什么情况？

参考文献

[1] 梁键钊，陈晓斌．机械工程实训：第2版［M］．北京：中国轻工业出版社，2016.

[2] 梁松坚，邹日荣．机械工程实训［M］．北京：中国轻工业出版社，2013.

[3] 张木青，于兆勤．机械制造工程训练：第3版［M］．广州：华南理工大学出版社，2010.

[4] 冯俊，周郴知．工程训练基础教程［M］．北京：北京理工大学出版社，2005.

[5] 高琪．金工实习教程［M］．北京：机械工业出版社，2012.

[6] 丁德全．金属工艺学［M］．北京：机械工业出版社，2000.

[7] 邓文英．金属工艺学［M］．北京：高等教育出版社，2000.

[8] 赵树忠．金属工艺实训指导［M］．北京：科学出版社，2010.

[9] 王丽宁．热加工实习［M］．北京：机械工业出版社，2010.

[10] 骆相生，许琳．金属压铸工艺与模具设计［M］．北京：清华大学出版社，2006.

[11] 安阁英．铸件形成理论［M］．北京：机械工业出版社，1990.

[12] 申开智．塑料成型模具：第3版［M］．北京：中国轻工业出版社，2013.

[13] 李奇，朱江峰．模具设计与制造［M］．北京：人民邮电出版社，2006.

[14] 陈剑鹤．模具设计基础［M］．北京：机械工业出版社，2003.

[15] 单岩，夏天．数控线切割加工［M］．北京：机械工业出版社，2006.

[16] 李立．数控线切割加工实用技术［M］．北京：机械工业出版社，2007.

[17] 李立．数控线切割加工禁忌与技巧［M］．北京：机械工业出版社，2010.

[18] 廖常初．FX系列PLC编程及应用：第2版［M］．北京：机械工业出版社，2012.